航空叶片机原理
（第3版）

胡　骏　王英锋　王志强　屠宝锋　编著

国防工业出版社

·北京·

内 容 简 介

本书系统介绍了航空叶片机的工作原理、工作特性以及基本的设计理论和设计方法，包括航空叶片机的基本设计体系、研究方法和发展方向。全书分为3篇，共15章：第一篇为叶片机中的气动热力学基础，包括第1章绪论、第2章叶片机中气体流动的性质和控制方程、第3章一维定常流动的基本方程和热力学图示；第二篇为压气机，包括第4章轴流式压气机的工作原理、第5章基元级的基本理论、第6章级的基本理论、第7章多级轴流式压气机、第8章离心式压气机、第9章压气机的特性和调节；第三篇为轴流式涡轮，包括第10章轴流式涡轮的工作原理、第11章基元级的基本理论、第12章级的基本理论、第13章多级轴流涡轮、第14章涡轮特性、第15章涡轮冷却。

本书主要是为飞行器动力工程专业相关课程教学编写的，也可作为电力、石油、化工、建筑等行业相关专业本科生和研究生的教学参考书。

图书在版编目（CIP）数据

航空叶片机原理 / 胡骏等编著. —3 版. —北京：
国防工业出版社，2024.8（重印）
ISBN 978-7-118-12380-7

Ⅰ. ①航… Ⅱ. ①胡… Ⅲ. ①航空发动机—叶片
Ⅳ. ①V232.4

中国版本图书馆 CIP 数据核字（2021）第 186674 号

※

国防工业出版社出版发行
（北京市海淀区紫竹院南路23号　邮政编码100048）
北京虎彩文化传播有限公司印刷
新华书店经售

*

开本 787×1092　1/16　印张 14½　字数 326 千字
2024 年 8 月第 3 版第 2 次印刷　印数 2001—3000 册　定价 58.00 元

（本书如有印装错误，我社负责调换）

国防书店：（010）88540777　　书店传真：（010）88540776
发行业务：（010）88540717　　发行传真：（010）88540762

前　言

人类实现有动力飞行已近120年的历史，飞机的发明、应用和迅速发展有力地推动了人类文明的进步，改善着人类生活的时空。作为飞机的"心脏"，航空发动机同样经历了辉煌的发展历程，每一次航空技术的重大进展，无不与航空发动机技术的突破相关。

目前，航空飞行器广泛使用的是带有压气机的燃气涡轮发动机。在燃气涡轮发动机中，风扇、压气机、涡轮和螺旋桨均属于叶片机。简单地从组成燃气涡轮发动机的主要部件中叶片机所占的比例，就不难理解叶片机是燃气涡轮发动机的主要部件。对于燃气涡轮发动机来说，叶片机很重要且更为实质的含义在于叶片机的性能好坏对燃气涡轮发动机的性能影响很大，而且叶片机的设计难度大，往往是发动机中设计难度最大的部件。本书的主要研究对象是航空燃气涡轮发动机采用的风扇、压气机和涡轮。

半个多世纪以来，航空燃气涡轮发动机技术始终沿着高推重比、低油耗、长寿命和高可靠性的方向飞速发展。航空燃气涡轮发动机的最大推力已由最初的 2~3kN 发展到现在的 570~600kN，几乎增大了 200 倍；耗油率由最初的大于 $0.1kg/(N \cdot h)$ 降到了 $0.035kg/(N \cdot h)$，降低了约 2/3；发动机的寿命也由最初的几十小时发展到了 20000~30000h，而推重比则由最初的小于 1 发展到了大于 10。

为了满足航空燃气涡轮发动机的发展需要，航空叶片机的风扇/压气机始终沿着高压比、高速度和高效率的方向不断发展，而涡轮沿着高进口温度、高速度和高效率的方向不断发展。风扇/压气机的总增压比已从20世纪40年代初的3~4发展到现在的25~60。为了减少轴向长度和质量，风扇/压气机的级负荷不断增大。涡轮的进气温度从20世纪40年代初的1073K发展到现在的1900~2000K，并且还出现了超声速涡轮级。

作为以流体为介质的能量传输和转换的旋转机械，叶片机在国民经济的其他众多领域内也有着广泛的应用，如地面燃气轮机、汽轮机、水轮机以及各类泵、鼓风机和通风机等。

正是在这种背景下，为了适应新技术的发展对于人才培养的要求，编者基于多年来从事飞行器动力工程专业教学和科研的经验，并综合了大量的国内外的相关教材和最新科研成果编写了本书。

本书以航空叶片机（压气机与涡轮）为对象，系统地介绍了压气机和涡轮的结构与工作原理。本书结合国内、外现代航空叶片机的发展特点，深入地介绍了压气机和涡轮基元级的工作原理，以及完全径向平衡方程及其工程应用，对单级和多级压气机、涡轮的特性及调节规律进行了深入的阐述。由于压气机与涡轮的内部流动规律存在许多类似之处，所以本书中主要的章节是压气机，在讲授涡轮时，应该适当地参阅压气机章节中内容。各章节附有若干思考题和习题，使学习者在学习有关理论的同时，得以一定的练习，牢固地掌握学到的知识。

本书可作为飞行器动力工程专业本科学生的必修课教材，也可作为航空发动机设计、试验和维护的有关专业人员的参考书，同时，对燃气轮机、汽轮机、水轮机以及各类泵、鼓风机和通风机等专业的研究人员具有一定的参考作用。

本书由胡骏主编，王英锋、王志强、屠宝锋参加编写。全书分为3篇，共15章，第1章～第7章由胡骏编写，第8章和第9章由王英锋编写，第10章～第12章由王志强编写，第13章～第15章由屠宝锋编写，全书由胡骏统稿。

由于编者水平有限，难免有不妥之处，敬请读者不吝批评指正。

编著者

2020年4月于南京

目 录

第一篇 叶片机中的气动热力学基础

第1章 绪论 ··· 3
1.1 燃气涡轮发动机的主要部件 ··· 3
1.2 航空叶片机的主要类型 ·· 7

第2章 叶片机中气体流动的性质和控制方程 ································· 9
2.1 叶片机中气体流动的性质 ··· 9
2.1.1 轴流式压气机的结构特点 ·· 9
2.1.2 空间的三维性 ·· 9
2.1.3 黏性和可压缩性 ··· 10
2.1.4 非定常性 ··· 10
2.2 叶片机中气体流动的控制方程 ··· 11

第3章 一维定常流动的基本方程和热力学图示 ···························· 13
3.1 一维定常流动的基本方程 ··· 13
3.1.1 连续方程 ··· 13
3.1.2 热焓方程 ··· 13
3.1.3 机械能形式的能量方程（伯努利方程）······················· 15
3.1.4 动量矩方程和轮缘功 ·· 16
3.2 流动过程的热力学图示 ·· 17
3.2.1 压缩过程 ··· 18
3.2.2 膨胀过程 ··· 20
思考题和习题 ·· 22

第二篇 压气机

第4章 轴流式压气机的工作原理 ··· 25
4.1 轴流式压气机的工作原理 ··· 25
4.2 压气机的性能参数 ··· 27

	4.2.1	增压比	27
	4.2.2	效率	27

第 5 章 基元级的基本理论 … 29

5.1 基元级 … 29
5.2 基元级的加功扩压原理 … 31
  5.2.1 工作轮的加功扩压原理 … 31
  5.2.2 整流器扩压原理 … 33
5.3 基元级速度三角形 … 33
  5.3.1 基元级的速度三角形 … 33
  5.3.2 决定速度三角形的主要参数 … 35
  5.3.3 预旋的作用 … 37
5.4 反力度 … 38
  5.4.1 反力度的意义 … 38
  5.4.2 反力度的计算公式 … 38
  5.4.3 基元级流动过程在焓熵图上的表示 … 39
5.5 叶型和叶栅的主要几何参数 … 40
  5.5.1 叶型的主要几何参数 … 40
  5.5.2 叶栅中决定叶型位置的几何参数 … 42
5.6 平面叶栅的气动力参数 … 42
  5.6.1 平面叶栅的气动参数 … 42
  5.6.2 平面叶栅中的流动过程 … 43
  5.6.3 扩散因子和基元级的绝热效率 … 48
5.7 平面叶栅风洞试验研究 … 53
  5.7.1 平面叶栅的风洞试验 … 54
  5.7.2 平面叶栅的正常特性线 … 55
  5.7.3 平面叶栅的额定特性线 … 60
  5.7.4 叶栅出口气流的落后角（偏离角） … 62
5.8 超声速基元级 … 63
5.9 压气机叶片叶型 … 66
  5.9.1 叶型的构造 … 67
  5.9.2 压气机叶片叶型 … 68
  5.9.3 控制扩散叶型 … 71
思考题和习题 … 71

第 6 章 级的基本理论 … 73

6.1 压气机中的三元流计算概述 … 74
6.2 完全径向平衡方程 … 75

6.3 简化径向平衡方程 77
6.4 等环量分布规律 79
6.5 等反力度分布规律 83
6.6 通用规律 85
6.7 级的流动损失 87
6.8 级的增压比和效率 91
思考题和习题 92

第7章 多级轴流式压气机 94

7.1 多级轴流式压气机的压比和效率 94
    7.1.1 增压比 π_C^* 95
    7.1.2 效率 $\eta_{i,C}^*$ 95
7.2 环壁附面层对轮缘功和流量的影响 97
    7.2.1 轮缘功修正系数 K_L 97
    7.2.2 流量储备系数 K_m 98
7.3 轴流式压气机的流程（或通道）形式 99
7.4 气动参数的分配 100
    7.4.1 轴向速度沿流程的变化规律 100
    7.4.2 轮缘功的分配规律 101
    7.4.3 其他参数的选择 101
思考题和习题 104

第8章 离心式压气机 105

8.1 离心式压气机的主要部件及其作用 105
8.2 离心式压气机中气体流动的特点 106
    8.2.1 进气装置中的气体流动 106
    8.2.2 工作轮中的气体流动 107
    8.2.3 气体在扩压器中的流动 111
    8.2.4 气体在出气管中的流动 112
8.3 离心式压气机的轮缘功和效率 113
    8.3.1 轮缘功 113
    8.3.2 效率 114
8.4 超音离心式压气机 115
    8.4.1 跨音导风轮 115
    8.4.2 高速高载荷工作轮 115
    8.4.3 超音扩压器 116
思考题和习题 117

第 9 章　压气机的特性和调节 ·· 119

9.1　压气机的工作范围 ·· 119
9.2　压气机的流量特性及其绘制 ··· 119
9.2.1　压气机的流量特性 ·· 119
9.2.2　流量特性的试验方法 ·· 121
9.3　流量特性线的变化特点 ·· 123
9.3.1　离心式压气机 ··· 124
9.3.2　单级轴流式压气机 ·· 125
9.3.3　多级轴流式压气机 ·· 125
9.4　压气机进口总压和总温对流量特性线的影响 ··· 126
9.5　相似理论在叶片机中的应用 ··· 127
9.6　压气机的通用特性线 ·· 130
9.7　压气机特性计算方法 ·· 133
9.7.1　一维平均流方法 ··· 133
9.7.2　二维轴对称方法 ··· 136
9.7.3　三维 CFD 方法 ··· 138
9.8　压气机中的不稳定流态 ·· 138
9.8.1　旋转失速现象与分类 ·· 139
9.8.2　喘振现象与分类 ··· 141
9.9　叶片机的气动弹性不稳定现象——颤振 ·· 144
9.10　进口流场畸变对压气机稳定性和性能的影响 ··· 145
9.10.1　畸变的形成及其分类 ·· 145
9.10.2　畸变对发动机工作的影响 ·· 148
9.11　非设计工况下多级轴流压气机中各级的工作特点 ··································· 153
9.11.1　在设计转速下，流量小于或大于设计流量时的工作情况 ··············· 153
9.11.2　当折合转速小于设计值时的各级工作情况 ······································ 155
9.11.3　当折合转速大于设计值时的各级工作情况 ······································ 156
9.12　燃气涡轮发动机上扩大压气机稳定工作范围的方法 ······························· 157
9.12.1　中间放气法 ··· 158
9.12.2　可转动的进口导流叶片和静子叶片 ··· 159
9.12.3　可变进口通道面积法 ·· 160
9.12.4　双转子（或三转子）方案 ·· 161
9.13　提高轴流式压气机稳定裕度的可能途径 ·· 162
9.13.1　适当选择气动设计参数 ·· 163
9.13.2　尽量推迟叶背分离的发生 ·· 163
9.13.3　机匣处理 ·· 165
思考题和习题 ·· 166

第三篇 轴流式涡轮

第 10 章 轴流式涡轮的工作原理 ····· 171
10.1 涡轮的工作原理 ····· 171
10.2 涡轮中气体流动所遵循的能量方程和动量矩方程 ····· 172
10.2.1 热焓方程式 ····· 173
10.2.2 机械能形式的能量方程式（伯努利方程式） ····· 173
10.2.3 动量矩方程 ····· 174

第 11 章 基元级的基本理论 ····· 176
11.1 决定基元级速度三角形的主要参数 ····· 176
11.2 反力度 ····· 177
11.3 涡轮叶栅中的流动 ····· 179
11.4 叶型损失及其工程估算 ····· 181
11.4.1 涡轮叶栅的出口速度计算 ····· 182
11.4.2 涡轮叶栅出气角计算 ····· 183

第 12 章 级的基本理论 ····· 186
12.1 级空间的气流组织 ····· 186
12.1.1 等环量叶片 ····· 186
12.1.2 等 α_1 叶片 ····· 188
12.1.3 通用扭向规律 ····· 188
12.1.4 可控涡设计概念 ····· 188
12.2 级的流动损失 ····· 189
12.3 涡轮效率和涡轮功率 ····· 190
12.4 单级涡轮气动设计简介 ····· 192
12.4.1 参数选择 ····· 192
12.4.2 单级涡轮气动计算的步骤 ····· 193

第 13 章 多级轴流涡轮 ····· 197
13.1 采用多级的原则 ····· 197
13.2 主要参数在各级中的分配 ····· 197
13.3 多级涡轮的绝热效率比平均级效率高 ····· 198

第 14 章 涡轮特性 ····· 201
14.1 涡轮的非设计工作状态 ····· 201

14.2 涡轮的相似工作条件 …………………………………………………… 202
14.3 单级涡轮的特性 ……………………………………………………… 203
14.4 多级涡轮的特性 ……………………………………………………… 205
14.5 涡轮特性线的其他形式 ……………………………………………… 208
14.6 用转动喷嘴环的方法调节涡轮 ……………………………………… 211

第 15 章 涡轮冷却 ………………………………………………………… 213
思考题和习题 …………………………………………………………… 215

参考文献 …………………………………………………………………… 218

第一篇

叶片机中的气动热力学基础

第1章 绪论

第2章 叶片机中气体流动的性质和控制方程

第3章 一维定常流动的基本方程和热力学图示

第1章 绪论

1.1 燃气涡轮发动机的主要部件

人类实现有动力飞行已有110多年的历史,飞机的发明、应用和迅速发展有力地推动了人类文明的进步,改善着人类生活的时空。作为飞机的"心脏",航空发动机同样经历了辉煌发展的一百多年,每一次航空技术的重大进展,无不与航空发动机技术的突破相关。

航空发动机是将燃料的化学能转变为轴功或飞机推进功的热力机械。在过去的100年里,人类所使用的航空发动机主要可分为活塞式和喷气式两大类,如图1-1所示。

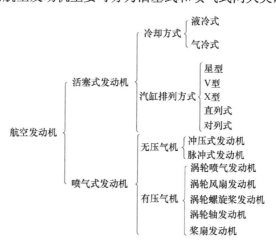

图 1-1 航空发动机的分类

目前,航空飞行器广泛使用的是上述带有压气机的航空发动机,这一类航空发动机也称为燃气涡轮发动机,因为这类发动机的压气机都是由燃气涡轮驱动的。

图 1-2 所示为一台混合排气的双涵道涡轮风扇发动机简图。气体从左前方进入发动机,首先经过风扇被压缩,其总温和总压升高。然后分为内涵和外涵两路,靠近旋转轴的内涵空气,经过高压压气机被进一步压缩,总温和总压进一步升高。高压气体进入燃烧室,与喷油嘴喷入的燃料混合、燃烧,变成高温、高压的燃气。高温、高压的燃气进入涡轮膨胀做功。最后在尾喷管中与风扇后离轴较远的外涵气流混合,并膨胀加速,高速排入大气。尾喷管高速排出燃气,燃气对发动机施以反作用力,推动飞机前进。

图 1-3 给出了其他3种形式的燃气涡轮发动机简图。比较这些发动机的结构不难发现,高压压气机、燃烧室和高压涡轮构成了这一类发动机的一个基本单元,其涡轮发出的功正好供给压气机消耗,独自成为一个能量平衡系统,而其作用就是产生一定量的高温、高压燃气,所以称为燃气发生器。又由于在其基础上,配备不同的部件即可组成各种形式的燃气涡轮发动机,所以又称为核心机。

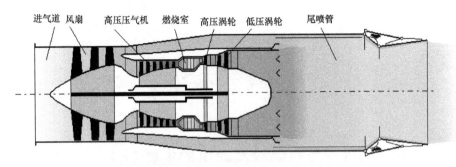

图 1-2 混合排气的双涵道涡轮风扇发动机简图

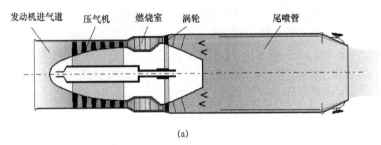

(a)

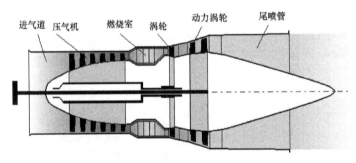

(b)

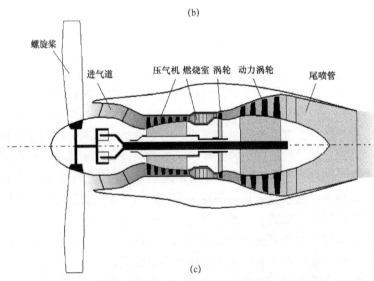

(c)

图 1-3 其他 3 种形式的燃气涡轮发动机

(a) 涡轮喷气发动机；(b) 涡轮轴发动机；(c) 涡轮螺旋桨发动机。

在上述燃气涡轮发动机中，风扇、压气机、涡轮和螺旋桨均属于叶片机。简单地从组成燃气涡轮发动机的主要部件中叶片机所占的比例，我们就不难理解为什么说叶片机是燃气涡轮发动机的主要部件了。对于燃气涡轮发动机来说，叶片机很重要且更为实质的含义在于叶片机的性能好坏对全台燃气涡轮发动机的性能影响很大，而且叶片机的设计难度大，往往是发动机中设计难度最大的部件。本书的主要研究对象是风扇、压气机和涡轮。

第二次世界大战结束之前，世界上批量生产的仅有两种型号航空燃气涡轮发动机，分别是英国生产的 Welland 发动机和德国生产的 Jumo 004 发动机。Welland 发动机采用单级双侧进气的离心式压气机，而 Jumo 004 发动机的压气机是轴流式的。两种发动机的性能比较如表 1-1 所列。

表 1-1　Jumo 004 和 Welland 发动机性能比较

性能指标		Junkers 004B (Jumo 004)	Welland
压气机	形式	轴流式	离心式
	增压比	3.1	4
	级数	8	1
	效率	0.80	0.75
涡轮	进气温度/K	1073	—
	级数	1	1
	效率	0.80	0.87
质量推力比		0.83	0.53
单位推力迎风面积/(m²/N)		0.000067	0.000144
耗油率/(kg/(N·h))		1.40~1.48	1.12
可靠性		低	高
寿命/h		25~35	100

然而，半个多世纪以来，航空燃气涡轮发动机始终沿着高推重比、低油耗、长寿命和高可靠性方向飞速发展。航空燃气涡轮发动机的推力已由最初的 2~3kN 发展到现在的 570~600kN，几乎增大了 200 倍；耗油率由最初的大于 0.1kg/(N·h)降到了 0.035kg/(N·h)，降低了约 2/3；发动机的寿命由最初的几十小时发展到了 20000~30000h；推重比则由最初的小于 1 发展到了大于 10。图 1-4 和图 1-5 分别显示了航空燃气涡轮发动机耗油率和推重比的发展趋势。

为了满足航空燃气涡轮发动机的发展需要，航空叶片机的风扇/压气机始终沿着高压比、高速度（包括气流速度和叶轮的旋转速度）和高效率的方向不断发展。风扇/压气机的总增压比已从 20 世纪 40 年代初的 3~4 发展到现在达 25~60。为了减少轴向长度和质量，风扇/压气机的级负荷不断增大。涡轮的进气温度从 20 世纪 40 年代初的 1073K 发展到现在的 1900~2000K，并且还出现了超声速涡轮发动机。表 1-2 列出了一些现代航空燃气涡轮发动机的压气机和涡轮的主要参数。

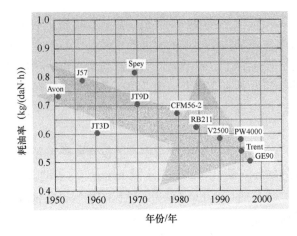

图 1-4 民用发动机耗油率的发展趋势

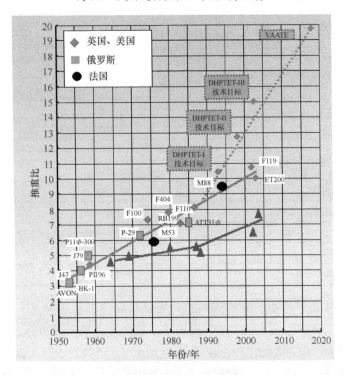

图 1-5 推重比的发展趋势

表 1-2 现代航空燃气涡轮发动机主要参数

飞 机	发动机型号	发动机形式	压气机			平均级增压比	涡轮前温度/K	涡轮
			总增压比	级 数				级 数
				风扇	压气机			
F-111	TF30	涡扇	17	3	12	1.208	—	1+3
F-15，F-16	F100	涡扇	23	3	10	1.273	1590	2+2
F-18	F404	涡扇	25	3	7	1.38	1650	1+1
B-52	J57	涡喷	14.3	—	9+7	1.181	—	1+2

(续)

飞　　机	发动机型号	发动机形式	压气机			平均级增压比	涡轮前温度/K	涡轮
			总增压比	级　数				级　数
				风扇	压气机			
波音747	JT9D	涡扇	22	1	3+11	1.229	1422	2+4
"幻影"	M53	涡扇	8.5	3	5	1.307	1473	1+1
	M88-3	涡扇	27.7	3	6	1.446	1850	1+1
"狂风"	RB199	涡扇	24	3	3+6	1.303	1530	1+1+2
米格-29	RD-33	涡扇	23.4	4	9	1.274	—	—
SU-27	AL-31F	涡扇	22.9	4	9	1.272	1650	1+1
	AL-41F	涡扇	29.4	—	—	—	1910	—
EF-2000	EJ200	涡扇	26	3	5	1.503	1803	1+1
F-22	F119	涡扇	26	3	6	1.436	1973	1+1
波音777	GE90	涡扇	46	1+3	10	1.315	—	2+6
波音777	Trent800	涡扇	39.3	1	8+6	1.277	—	1+1+5
波音787	GEnx-1B	涡扇	49	1+4	10	1.296	—	2+7
波音747	GEnx-2B	涡扇	52	1+3	10	1.326	—	2+6

1.2　航空叶片机的主要类型

风扇、压气机和涡轮有一个共同的特点，就是在旋转的轴或轮盘上装有许多叶片，能量的传输或转换是通过叶片和工质的相互作用实现的，将这一类机械统称为叶片机。在航空叶片机中，通常根据气流在叶片机中流动的方向分类，可分为轴流式、径流式、斜流式和混合式4类。

轴流式叶片机中的气流大体上是在任意回转面上沿旋转轴的轴线方向流动的，如图1-6所示，现代大中型航空燃气涡轮发动机几乎都采用轴流式压气机。航空燃气涡轮发动机中的涡轮在整个发展历史过程中，也几乎都采用轴流式。

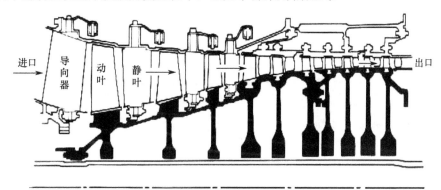

图1-6　轴流式压气机示意图

相对于径流式压气机，轴流式压气机具有以下优点。

(1) 迎风面积小。
(2) 适合于多级结构。
(3) 高压比时效率较高。
(4) 流通能力强。
(5) 在设计和研究方法上,可以采用叶栅理论。

径流式叶片机中的气流大体上是在垂直于旋转轴的平面内做径向流动,如图 1-7 所示,航空燃气涡轮发动机中的径流式压气机一般称为离心式压气机,而径流式涡轮称为向心涡轮。早期的航空燃气涡轮发动机大都采用离心式压气机,目前,只在小型涡轮螺旋桨发动机和涡轮轴发动机中才采用离心式压气机。

相对于轴流式压气机,离心式压气机的优点如下。
(1) 单级增压比高。
(2) 构造简单、制造方便。
(3) 叶片沾污时,性能下降小。
(4) 轴向长度小。
(5) 稳定工作范围大。

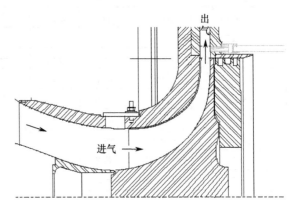

图 1-7 离心式压气机示意图

斜流式叶片机中的气流大致上是在与旋转轴成-倾斜角的回转曲面内流动,如图 1-8 所示。

混合式叶片机是指不同形式的级组成的叶片机。在现代航空燃气涡轮发动机的实际应用中,一般是由若干级的轴流式压气机加上一级离心式压气机组成混合式压气机,如图 1-9 所示。斜流式压气机和混合式压气机兼顾了轴流式和离心式压气机的优点与缺点。

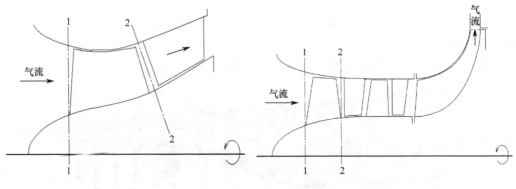

图 1-8 斜流式压气机示意图　　图 1-9 混合式压气机示意图

第2章 叶片机中气体流动的性质和控制方程

2.1 叶片机中气体流动的性质

叶片机是在旋转的轴或轮盘上装有许多叶片，并且叶片和流过的工质之间具有能量的传输或转换的一类机械，这类机械的基本功用和结构特点决定了其内部流动的复杂性，这里以轴流式压气机的内部流动为例给予说明。

2.1.1 轴流式压气机的结构特点

图2-1所示为一台轴流式压气机纵向剖面简图，在由机匣和轮毂形成的环形流道内存在着沿旋转轴方向顺序排列的若干排叶片。一般情况下，均为随转动轴旋转的转子叶排和与机匣连接静止不动的静子叶排交错排列，转子叶片通常也称为工作轮叶片或动叶，而静子叶片称为整流器叶片。与轴流式压气机内部流动性质有关的结构特点如下。

（1）旋转的工作轮叶排和静止不动的整流器叶排交错排列。
（2）叶排由几何参数相同的叶片沿圆周方向均匀排列形成。
（3）工作轮叶排和整流器叶排之间存在轴向间隙。
（4）工作轮叶排与机匣之间存在径向间隙。

此外，无论是工作轮叶片还是整流器叶片，其叶片表面都是空间曲面，这是由对于压气机的高负荷和高效率等性能要求所决定的，图2-2所示为一个典型的压气机叶片。

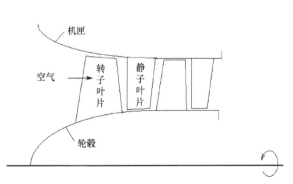

图2-1 轴流式压气机纵向剖面简图

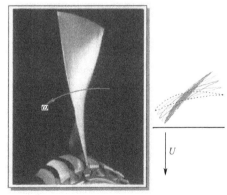

图2-2 典型的压气机叶片示意图

2.1.2 空间的三维性

1. 径向流动

1）轮毂和机匣形状的影响

由于轮毂和机匣的曲率较大，在接近轮毂和机匣处的流动存在较大的径向分速，一一般情况下，轮毂处气流的径向分速$(C_r)_h > 0$，而机匣附近气流的径向分速$(C_r)_t < 0$，所以气流沿径向速度变化较大。

2）叶片作用力的径向分力

压气机叶片沿半径方向是扭曲的，其叶片表面是一个一般的空间曲面，而非径向辐射面，叶片与气流相互作用的力垂直于叶片表面，因而存在一定的径向分力。在此径向分力的作用下，气流产生径向流动和沿径向流动参数的变化。在早期，压气机叶片对气流的径向作用力一般较小，但是随着以弯、掠为代表的三维叶片设计技术的不断发展，叶片的造型越来越三维化，叶片对气流的径向作用力也越来越明显。

3）离心力的作用

压气机工作时，转子叶排是旋转的，转子叶排的旋转必然会带动气流也沿周向旋转，气流在周向旋转时，必然会受到离心力的作用。在离心力的作用下，气流就会有径向运动的趋势。

2. 周向变化

为了能够实现对气流的加功增压作用，压气机叶片两个表面上的气流参数一定不同，只有这样才能形成叶片对气流的作用力，当动叶在力的方向上转动时，即可对气流做功，因而，在相邻两个叶片组成的一个叶片通道内，沿圆周方向气流参数是变化的。

3. 轴向变化

气流参数沿轴线方向的变化是比较容易理解的，压气机的基本功用就是沿轴向提高气体的压力，而且现代高性能燃气涡轮发动机对压气机的要求是要在更短的轴向长度内实现更大的增压，所以压力沿轴向的变化很大。为了兼顾压气机其他设计性能的要求，气流的速度和密度等一般也变化较大。

2.1.3 黏性和可压缩性

任何实际气体都具有黏性，气流在压气机内部的流动又是一个压力不断上升的逆压力梯度过程，因而，在许多流动现象中，黏性起着决定性的作用，无法忽略。

压气机的发展方向之一是"高速"，高速意味着气流的速度和叶轮的切线速度都很大。目前，一般风扇/压气机的进口级都为跨音级。也就是说，其转子尖部的气流相对马赫数（Ma）大于1.0，有的甚至在1.6以上，压缩性的影响显然是必须考虑的。

2.1.4 非定常性

无论是压气机转子还是静子中的流动，在静止的绝对坐标系中，都是非定常的。在压气机的转子中，由于在一个叶片通道中气流参数空间分布的周向不均匀，而且该叶片通道还在随转子转动，所以绝对坐标系中某一固定点的参数将随时间周期性变化。

至于静子内部流动的非定常性就比较容易理解了。一般情况下，静子的上游为转子，转子内部参数的不均匀和转子的转动造成了转子出口和静子进口流场的周期性变化，从而使得静子内部流动非定常。

除此之外，压气机内部还存在着如间隙涡、角涡和通道涡等复杂的涡系，以及激波和附面层的相互干扰、动—静叶相互干涉等复杂流动现象。图2-3给出了转子叶片通道内复杂的流场结构示意图。

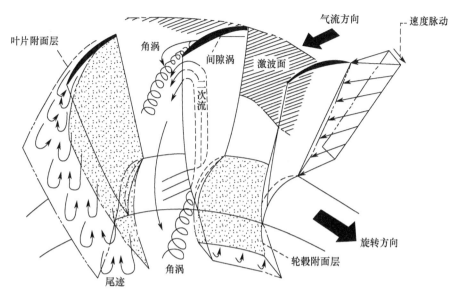

图 2-3 转子叶片通道内复杂的流场结构示意图

2.2 叶片机中气体流动的控制方程

2.1 节以轴流式压气机为例,详细说明了叶片机内部流动的三维、可压缩和非定常性,而且黏性的影响不能忽略。显然,要严格地描述叶片机内部的气流流动规律,就必须采用三维、可压缩、非定常的维纳-斯托克斯(N-S)方程、连续方程和能量方程。

连续方程为

$$\frac{\partial \rho}{\partial t}+\nabla \cdot(\rho \boldsymbol{C})=0 \tag{2-1}$$

动量方程为

$$\frac{\partial \boldsymbol{C}}{\partial t}+(\boldsymbol{C}\cdot\nabla)\boldsymbol{C}=-\frac{1}{\rho}\nabla P+\boldsymbol{f} \tag{2-2}$$

能量方程为

$$\frac{\mathrm{D}h^{*}}{\mathrm{D}t}=\frac{\mathrm{D}q}{\mathrm{D}t}+\frac{1}{\rho}\frac{\partial P}{\partial t}+\boldsymbol{f}\cdot\boldsymbol{C}+\frac{\varPhi}{\rho} \tag{2-3}$$

式中:$\boldsymbol{f}$ 和 $\varPhi$ 分别为黏性应力和黏性耗散项。

上述方程组虽然严格、准确地描述了叶片机内部流动的规律,但却是含有 4 个独立自变量的非线性偏微分方程组。对于叶片机来说,还存在着边界条件和初始条件极其复杂的困难,以及不同长度尺度和时间尺度的影响等。所以,要想直接求解上述方程组完成叶片机性能的优化设计,无论是叶片机的设计理论发展的初期还是目前,计算技术水平都有难以克服的困难。所以,在叶片机的发展过程中,也就形成了根据长期的实践经验,结合设计理论的进展,对各种因素进行具体分析,抓住主要矛盾,设法把问题合理地简化到既可以求解又能很好地反映出问题主要特性的研究方法和设计体系。

目前的叶片机气动设计仍然是设计、分析和改进的交互迭代过程。由于 20 世纪 90 年代中后期，全三维计算流体动力学（CFD）技术在叶片机气动设计中的成功应用和快速发展，有力地推动了叶片机气动设计体系的发展和完善。可以认为，目前的叶片机气动设计体系是基于平面叶栅理论发展起来的二维或者准三维的设计体系，再辅助以全三维的 CFD 计算分析。从基于实验数据和设计经验的简单的一维程序到理论上相对比较完善的复杂的三维 CFD 程序，在整个叶片机设计流程中都体现着各自的价值，发挥着重要的作用。图 2-4 给出了一个目前比较典型的压气机气动设计体系的简图。

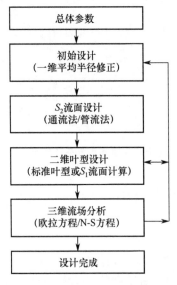

图 2-4　典型的压气机气动设计体系的简图

第3章 一维定常流动的基本方程和热力学图示

3.1 一维定常流动的基本方程

由一维流动的控制方程、大量的实验数据以及长期工作实践的经验组成的一维流动分析方法，在叶片机设计中，至今仍然起着非常重要的作用。一维流动分析方法主要用于叶片机设计初始阶段的设计方案分析和设计参数优化，根据一维流动分析的结果可以初步确定出叶片机类型、流道形状、级数、各叶片排的叶片数、沿流程各截面中径处气流参数等。

在这一节里，将根据流体力学中气流流动的一维方程，结合叶片机的特点，给出适合分析叶片机一维定常流动的基本方程。一维定常流动假设气流参数沿周向和径向的分布均匀且不随时间变化，也可以作为描述各截面平均参数沿轴线方向变化的控制方程。

3.1.1 连续方程

对于定常流动，气流流过叶片机任一截面的流量 $\dot{m}$ 与时间无关，并且可描述为

$$\dot{m} = \rho C_a A = K \frac{P^*}{\sqrt{T^*}} q(\lambda) A \sin\alpha \tag{3-1}$$

式中：α 为速度 C 与圆周方向的夹角；K 为常数。

同一流道中的任意两个截面 1—1 和 2—2（图 1-9）的流量连续方程可写为

$$\dot{m}_1 = \dot{m}_2 \tag{3-2}$$

或者

$$\rho_1 C_{1a} A_1 = \rho_2 C_{2a} A_2 \tag{3-3}$$

3.1.2 热焓方程

在叶片机中，气体既要流过静止的静子部件，又要流过旋转的转子部件。为了简化问题，往往需要针对具体问题选择定坐标系或动坐标系描述气体的运动。叶片机中采用的动坐标系一般是随转子匀速旋转的坐标系，本书所涉及的有关相对运动内容均为与此动坐标系相关的内容。

能量方程是对某一流体微团根据能量不灭定律得出的能量平衡关系式。针对叶片机中气体流动的特点，下面分别给出能量方程在定坐标系和动坐标系中的表达式。

1. 定坐标系

假设流过叶片机的单位质量气体与外界的热交换量为 $\pm q$、机械功的交换为 $\pm L_u$，则定坐标系中热焓形式的能量方程可表示为

$$\pm q \pm L_u = h_2 - h_1 + \frac{C_2^2 - C_1^2}{2} = h_2^* - h_1^* \tag{3-4}$$

式中：C 为气流的速度；h 为单位质量气体的焓；下标 "1" 和 "2" 分别表示控制体的进出口截面，上标 "*" 表示气体的总参数；为了保证 q 和 L_u 的值非负，q 前的 "+" 号表示外界对气流加热，"-" 号表示气流向外界放热；L_u 前的 "+" 号表示叶片对气流做功，如压气机转子叶片对气流做功，而 "-" 号表示气流对叶轮做功，如涡轮转子通道内的流动过程。

在叶片机中，机械功的传输是通过装在轮缘上的叶片完成的，习惯上称为"轮缘功"，用 L_u 表示。在压气机中，由于气流流量大，与外界的温差小。因此，单位质量气体与外界交换的热量很小；当忽略冷却的影响时，涡轮中的流动也可以认为单位质量的气体与外界交换的热量很小。因此，可以认为式（3-4）中的 $q=0$，式（3-4）改写成

$$\pm L_u = h_2 - h_1 + \frac{C_2^2 - C_1^2}{2} = h_2^* - h_1^* \tag{3-5}$$

2. 动坐标系统

分析气流流过叶片机工作轮的流动时，往往采用随工作轮一起匀速旋转的动坐标系，在动坐标系统中观察气流的运动。对于与动坐标一起运动的观察者来说，叶片是静止的，轮缘功 $L_u=0$。但是，由于该动坐标系为非惯性坐标系，必须考虑惯性力的做功。此时存在的惯性力包括离心力 $-\boldsymbol{\omega}\times(\boldsymbol{\omega}\times\boldsymbol{r})$ 和哥氏力 $-2\boldsymbol{\omega}\times\boldsymbol{W}$，其中 $\boldsymbol{\omega}$ 为叶轮旋转的角速度矢量，$\boldsymbol{r}$ 为流体微团的矢径，$\boldsymbol{W}$ 为相对速度。

离心力对单位质量气体做功为

$$L_1 = \int_1^2 -\boldsymbol{\omega}\times(\boldsymbol{\omega}\times\boldsymbol{r})\cdot \mathrm{d}\boldsymbol{s} = \int_1^2 r\omega^2 \mathrm{d}r = \frac{U_2^2 - U_1^2}{2} \tag{3-6}$$

式中：$U=r\omega$ 为叶轮在半径 r 处的线速度，也称为轮缘速度。

哥氏惯性力对单位质量气体做功为

$$L_2 = \int_1^2 (-2\boldsymbol{\omega}\times\boldsymbol{W})\cdot \mathrm{d}\boldsymbol{s} = \int_1^2 -2(\boldsymbol{\omega}\times\boldsymbol{W})\cdot \boldsymbol{W}\mathrm{d}t = 0 \tag{3-7}$$

因此，能量方程为

$$\frac{U_2^2 - U_1^2}{2} = h_2 - h_1 + \frac{W_2^2 - W_1^2}{2} \tag{3-8}$$

这里应该注意，在动坐标系中，速度项为相对速度 $\boldsymbol{W}$ 而不是绝对速度 $\boldsymbol{C}$。

引入吴仲华教授定义的转子焓 I，即

$$I = h + \frac{W^2}{2} - \frac{U^2}{2}$$

式（3-8）则可以改写为

$$I_1 = I_2 \tag{3-9}$$

若圆周速度 U_2 和 U_1 相等，则离心惯性力做功为零，则

$$h_2 + \frac{W_2^2}{2} = h_1 + \frac{W_1^2}{2} \tag{3-10}$$

或者

$$h_{2r}^* = h_{1r}^* \tag{3-11}$$

式中：下标"r"表示气流在相对坐标系中的参数。

式（3-11）说明，当 $U_2 = U_1$ 时，气体在相对运动中的总焓维持不变。

3.1.3 机械能形式的能量方程（伯努利方程）

1. 定坐标系

设 L_f 为单位质量气体的流动损失，则机械能形式的能量方程为

$$\pm L_u = \int_1^2 \frac{dP}{\rho} + \frac{C_2^2 - C_1^2}{2} + L_f \tag{3-12}$$

应该指出，机械能形式的能量方程表述了气体运动时机械能之间的平衡关系，既适用于等熵过程，也适用于有热量交换的情况，加热与否，不影响该方程的形式。但是，由于有热交换以后，影响了气体的热力变化过程，因此会影响方程中各项的具体数值。

在气体状态按多变过程变化的情况下，式（3-12）中的积分为

$$\int_1^2 \frac{dP}{\rho} = \frac{n}{n-1} R(T_2 - T_1) \tag{3-13}$$

式中：n 为多变指数。

上述积分称为多变功，用 L_n 表示。

对于在压气机中的压缩过程来说，可用 $L_{n,C}$ 表示多变压缩功，即

$$L_{n,C} = \frac{n}{n-1} RT_1 \left(\frac{T_2}{T_1} - 1 \right) = \frac{n}{n-1} RT_1 \left[\left(\frac{P_2}{P_1} \right)^{\frac{n-1}{n}} - 1 \right] \tag{3-14}$$

式中：$\frac{P_2}{P_1}$ 为气流流过压气机的增压比。

假设过程是在没有摩擦损失和热交换的情况下进行的（等熵过程），那么，式（3-13）中的多变指数 n 即等于等熵指数 k，这时积分 $\int_1^2 \frac{dP}{\rho}$ 就变成等熵功 L_i，即

$$L_i = \frac{k}{k-1} R(T_{2i} - T_1) = \frac{k}{k-1} RT_1 \left[\left(\frac{P_2}{P_1} \right)^{\frac{k-1}{k}} - 1 \right] \tag{3-15}$$

2. 动坐标系

如上所述，在动坐标系中，只有离心惯性力做功为 $\frac{U_2^2 - U_1^2}{2}$，并且叶轮在动坐标系中相对静止，$L_u = 0$。这时，机械能形式的能量方程为

$$\frac{U_2^2 - U_1^2}{2} = \int_1^2 \frac{\mathrm{d}P}{\rho} + \frac{W_2^2 - W_1^2}{2} + L_f \tag{3-16}$$

当 $U_2 = U_1$ 时，离心惯性力做功为零，有

$$\int_1^2 \frac{\mathrm{d}P}{\rho} + \frac{W_2^2 - W_1^2}{2} + L_f = 0 \tag{3-17}$$

式（3-17）表明，气流压力的变化与相对速度的变化是密切相关的。相对速度提高，则压力下降；相对速度降低，则压力提高。

3.1.4 动量矩方程和轮缘功

1. 动量矩方程

动量矩定理告诉我们，质点系对于某一固定点（或轴）的动量矩对于时间的变化率等于作用于该质点系所有外力对同一点（或轴）之矩的矢量和，或者说，作用在物体上的外力矩的总和，等于动量矩对时间的变化率。动量矩定理的表达式可表示为

$$\sum r \times F = \frac{\mathrm{d}}{\mathrm{d}t}\left(\sum r \times mC\right) \tag{3-18}$$

式中　F——作用在物体上的外力；
　　　r——转轴到力的作用点的矢径；
　　　m——物体的质量；
　　　C——物体的速度。

对于气流来说，这个表达式也是成立的。但是，由于不容易从连续流动的气体中区分某一个特定的气体块。因此，上述动量矩方程式在使用时很不方便。此外，在气体力学的计算中，已知的常常是进出口的气体参数，因此，就必须把动量矩方程式（3-18）变化成适合于气流参数计算的形式。

现在考虑气体流过叶片机工作轮的情况。图 3-1（a）为气体流过工作轮叶片的剖面图，图（b）为流过工作轮叶片的流管的放大图。假设在瞬时 t，气体位于截面 1—1 和 2—2 之间，经过 $\mathrm{d}t$ 时间之后，这股气流移到了 1′—1′ 和 2′—2′ 之间。因为是定常流动，空间固定位置处的气体的参数是不随时间变化的，因此，位于截面 1′—1′ 和 2—2 之间的气体参数并没有改变，也就是说，位于截面 1′—1′ 和 2—2 之间的气体的动量距在瞬时 t 和 $t+\mathrm{d}t$ 都是一样的。所以，经过 $\mathrm{d}t$ 时间后，气体动量矩的变化就等于截面 2—2 和 2′—2′ 之间的气体动量矩与截面 1—1 和 1′—1′ 之间的那部分气体的动量矩之差。对于叶轮的旋转轴，截面 2—2 和 2′—2′ 之间气体的动量矩为 $\Delta m_2 C_{2u} r_2$，截面 1—1 和 1′—1′ 之间气体的动量矩为 $\Delta m_1 C_{1u} r_1$，其中 Δm_2 为 2—2 和 2′—2′ 之间气体的质量，Δm_1 为 1—1 和 1′—1′ 之间气体的质量。

根据连续方程，有 $\Delta m_1 = \Delta m_2 = \dot{m}\mathrm{d}t$，其中 $\dot{m}$ 为通过流管的气流质量流量，单位为 kg/s。于是，经过 $\mathrm{d}t$ 时间，这股气体对旋转轴的动量矩变化为

$$\Delta m_2 C_{2u} r_2 - \Delta m_1 C_{1u} r_1 = \dot{m} C_{2u} r_2 \mathrm{d}t - \dot{m} C_{1u} r_1 \mathrm{d}t$$

而对转轴的动量矩变化率为

$$\frac{\dot{m}C_{2u}r_2\mathrm{d}t - \dot{m}C_{1u}r_1\mathrm{d}t}{\mathrm{d}t} = \dot{m}(C_{2u}r_2 - C_{1u}r_1)$$

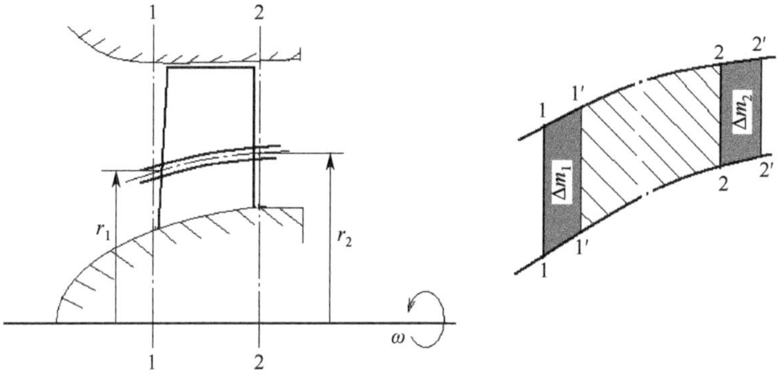

图 3-1 推导动量矩方程用图

由动量矩定理可知,作用于图 3-1 (a) 截面 1—1 和 2—2 之间这股气体上外力矩的总和 M 应等于这股气体的动量矩对时间的变化率,即

$$M = \dot{m}(C_{2u}r_2 - C_{1u}r_1) \tag{3-19}$$

这就是适合于叶片机计算的动量矩方程,式(3-19)表明,只要知道了工作轮进、出口的气流切向速度,就可以求出叶片作用在气体上的外力矩。

2. 轮缘功 L_u

设工作轮的转动角速度为 ω(若工作轮的转速为 n r/min,则 $\omega = \dfrac{2\pi n}{60}$),经过 $\mathrm{d}t$ 时间的角位移为 $\Delta\theta = \omega\mathrm{d}t$,根据理论力学的知识,则可得对于流过叶轮的 Δm 质量的气体所做的轮缘功为

$$\tilde{L}_u = M\Delta\theta = M\omega\mathrm{d}t = \dot{m}(C_{2u}r_2 - C_{1u}r_1)\omega\mathrm{d}t = \Delta m(C_{2u}r_2 - C_{1u}r_1)\omega \tag{3-20}$$

对流过叶片机的单位质量气体所做的轮缘功为

$$L_u = \frac{\tilde{L}_u}{\Delta m} = \omega(C_{2u}r_2 - C_{1u}r_1) = C_{2u}U_2 - C_{1u}U_1 \tag{3-21}$$

式(3-21)也称为叶片机中的欧拉(Euler)方程,给出了轮缘功与叶轮的圆周速度 U 和气流的切向分速 C_u 的关系式,通常用来计算叶轮的轮缘功,或者根据需要的轮缘功确定叶轮的圆周速度和气流的切向分速。

当进出口半径相同时,即 $r_1 = r_2$ 时,由(3-21)式可得

$$L_u = U(C_{2u} - C_{1u}) = U\Delta C_u \tag{3-22}$$

3.2 流动过程的热力学图示

以上详细介绍了求解叶片机内部一维流动的基本方程。在一定的定解条件下,利用这些方程就可以定量地计算出叶片机各个截面上的气流参数。但是若要对叶片机中流动过程的性质有一个直观、清晰的了解,采用热力学图描述最为方便。叶片机中的

流动过程分为压气机中的压缩过程和涡轮中的膨胀过程，热力学图示不仅能直观、清晰地反映出流动过程的性质（如等熵过程、多变过程等），而且还能表示出气流基本参数的变化。

常用的热力学图有 P-V 图、T-S 图和 h-S 图。为了能够很好地理解如何在这些图中用面积或线段表示有关的功和损失等，首先应该了解定积分的几何意义以及热力关系式，即

$$T\mathrm{d}S = \delta q = \mathrm{d}h - \frac{\mathrm{d}P}{\rho} \tag{3-23}$$

式中：S 为气体的熵。

根据定积分的几何意义，图 3-2 中的过程线 1—2 和分别通过 1 点和 2 点的两条水平线及 P 坐标轴围成的面积为 $\int_1^2 V\mathrm{d}P = \int_1^2 \frac{\mathrm{d}P}{\rho}$（图 3-2），而这正是式（3-13）中定义的 1 点到 2 点过程的多变功，即在 P-V 图中，过程线下的面积表示了过程的多变功的大小。同理，在 T-S 图 3-3 中，过程线 1—2 下的面积表示了 1 点到 2 点过程中系统获得的热量 $q_{2,1}$ 的大小。如果 1—2 过程为等压过程，根据式（3-23）可知，此面积也表示了 1 点到 2 点过程系统的焓差 $\Delta h = h_2 - h_1$（图 3-3）。

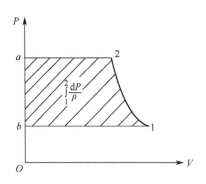

图 3-2　P-V 图上过程线下面积的含义

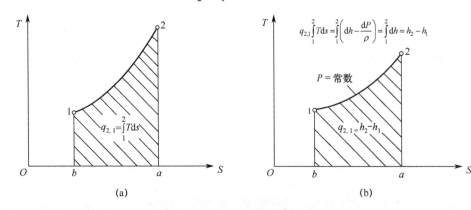

(a)　　　　　　　　　　　　　(b)

图 3-3　T-S 图上过程线下面积的含义

现在，对压缩过程和膨胀过程在热力学图中的表示分别加以介绍。

3.2.1　压缩过程

图 3-4 给出了压缩过程在 P-V 图、T-S 图和 h-S 图上的表示。为了能够通过这些图示，直观地了解压缩过程的性质，下面详细介绍能量方程中的各项在这些图中的表示。

根据 P-V 图和 T-S 图的上述特点，可以将图 3-2 描述的压缩过程的特点归纳如下。

第 3 章 一维定常流动的基本方程和热力学图示

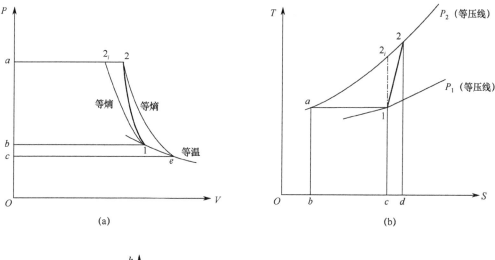

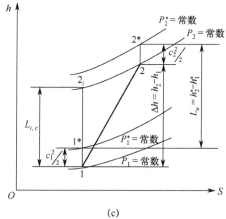

图 3-4 压缩过程在 P-V 图、T-S 图和 h-S 图上的表示

(a) P-V 图；(b) T-S 图；(c) h-S 图。

1. P-V 图

面积 $12_iab1 = \int_1^{2_i} \dfrac{\mathrm{d}P}{\rho} = L_{i,C}$，表示等熵压缩功的大小。

面积 $12ab1 = \int_1^2 \dfrac{\mathrm{d}P}{\rho} = L_{n,C}$，表示多变压缩功的大小。

面积 12_i21 = 面积 $12ab1$ − 面积 $12_iab1 = L_{n,C} - L_{i,C}$，其定义为热阻功 ΔL_r，表示实际过程与等熵过程相比，在相同压力下，由于实际过程的气体温度要高于等熵过程，而温度高的气体难压缩，因此，同样由 P_1 压缩到 P_2，相对于等熵过程，实际过程要多付出的压缩功。

面积 $e2ace = \int_e^2 \dfrac{\mathrm{d}P}{\rho} = \int_e^2 \mathrm{d}h = h_2 - h_e = h_2 - h_1$，表示压缩过程的焓差。

面积 $12ecb1$ = 面积 $e2ace$ − 面积 $12ab1 = \Delta h - \int_1^2 \dfrac{\mathrm{d}P}{\rho}$。

根据式（3-5）和式（3-12）可知，该面积表示流动损失功 L_f 的大小。

2. T-S 图

面积 $a2_i1cba = \int_a^{2_i} T\mathrm{d}S = \int_a^{2_i}\left(\mathrm{d}h - \frac{\mathrm{d}P}{\rho}\right) = \int_a^{2_i}\mathrm{d}h = h_{2_i} - h_a = h_{2_i} - h_1 = \int_1^{2_i}\mathrm{d}h = \int_1^{2_i}\left(\mathrm{d}S + \frac{\mathrm{d}P}{\rho}\right) = \int_1^{2_i}\frac{\mathrm{d}P}{\rho}$，表示等熵压缩功的大小。

面积 $a2dba = \int_a^2 T\mathrm{d}S = \int_a^2\left(\mathrm{d}h - \frac{\mathrm{d}P}{\rho}\right) = \int_a^2 \mathrm{d}h = h_2 - h_a = h_2 - h_1$，表示实际过程的焓差。

面积 $12dc1 = \int_1^2 T\mathrm{d}S = \int_1^2 \delta q_f = \int_1^2 \delta L_f = L_f$，表示摩擦损失功的大小。

面积 $12abc1 =$ 面积 $a2dba -$ 面积 $12dc1 = \Delta h - L_f = L_{n,C}$，表示多变压缩功大小。

面积 $122_i1 =$ 面积 $12abc1 -$ 面积 $abc12_ia = L_{n,C} - L_{i,C} = \Delta L_r$，表示热阻功大小。

3. h-S 图

h-S 图 3-4（c）可以清晰地表示出压缩过程中起始点和终止点的状态参数，用线段表示能量或功，有助于直观地了解压缩过程。

当把气体从 P_1 压缩到 P_2 时，如果是理想过程，则在 h-S 图 3-4（c）中由垂直线 $1—2_i$ 表示该过程。实际过程有摩擦损失，有熵增，因此由斜线 1—2 表示。

过程起始状态的滞止状态用 1^* 表示，线段 $1—1^*$ 表示起始状态的动能 $\frac{C_1^2}{2}$。

过程终止状态的滞止状态用 2^* 表示，线段 $2—2^*$ 表示了终止状态的动能 $\frac{C_2^2}{2}$。

线段 $1—2_i$ 表示等熵压缩过程的焓增 $h_{2i} - h_1$，也表示了等熵压缩功 $L_{i,C}$。

状态 1、2 的纵坐标差表示实际过程的焓增 $h_2 - h_1$，显然有 $h_2 - h_1 > h_{2i} - h_1$。

滞止状态 1^*、2^* 的纵坐标差表示实际过程中加入的轮缘功 $L_u = h_2^* - h_1^*$。

3.2.2 膨胀过程

图 3-5 给出了膨胀过程在 P-V 图、T-S 图和 h-S 图上的表示。类似上述有关压缩过程的分析，可以将能量方程中的各项在图中表示出来。

1. P-V 图

面积 $12_ica1 = -\int_1^{2_i}\frac{\mathrm{d}P}{\rho} = L_{i,T}$，表示等熵膨胀功的大小。

面积 $12ca1 = -\int_1^2 \frac{\mathrm{d}P}{\rho} = L_{n,T}$，表示多变膨胀功的大小。

面积 $12_i21 =$ 面积 $12ca1 -$ 面积 $12_ica1 = L_{n,T} - L_{i,T}$，定义其为再生热 ΔL_r。

与理想的等熵过程相比，实际过程由于有损失，在相同的膨胀压力下，实际过程的气体温度要高于等熵过程，而温度高的气体在膨胀过程中具有较大的膨胀做功能力。因此，在实际过程中损失掉的能量可以在随后的膨胀过程中被部分回收利用，这部分可以被回收利用的能量就称为再生热。

面积 $1eba1 = -\int_1^e \dfrac{\mathrm{d}P}{\rho} = \int_e^1 \mathrm{d}h = h_1 - h_e = h_1 - h_2$，表示膨胀过程的焓降。

面积 $12cbe1$=面积 $12ca1$－面积 $1eba1 = -\int_1^2 \dfrac{\mathrm{d}P}{\rho} - (h_1 - h_2)$，根据式（3-5）和式（3-12）可知，该面积表示了流动损失功 L_f 的大小。

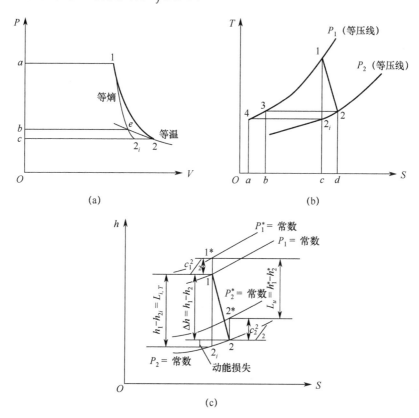

图 3-5　膨胀过程在 P-V 图、T-S 图和 h-S 图上的表示

2. T-S 图

面积 $14ac1 = \int_4^1 T\mathrm{d}S = \int_4^1 \left(\mathrm{d}h - \dfrac{\mathrm{d}P}{\rho}\right) = \int_4^1 \mathrm{d}h = h_1 - h_4 = h_1 - h_{2_i} = \int_{2_i}^1 \mathrm{d}h = \int_{2_i}^1 \left(T\mathrm{d}S + \dfrac{\mathrm{d}P}{\rho}\right) = -\int_1^{2_i} \dfrac{\mathrm{d}P}{\rho} = L_{i,T}$，表示等熵过程的焓降和等熵膨胀功的大小。

面积 $31cb3 = \int_3^1 T\mathrm{d}S = \int_3^1 \left(\mathrm{d}h - \dfrac{\mathrm{d}P}{\rho}\right) = \int_3^1 \mathrm{d}h = h_1 - h_3 = h_1 - h_2$，表示实际过程焓降的大小。

面积 $12dc1 = \int_1^2 T\mathrm{d}S = \int_1^2 \delta q_f = \int_1^2 \delta L_f = L_f$，表示摩擦损失功的大小。

面积 $312db3$=面积 $31cb3$+面积 $12dc1 = (h_1 - h_2) + L_f = -\int_1^2 \dfrac{\mathrm{d}P}{\rho} = L_{n,T}$，表示多变膨胀功大小。

面积 $122_i1=\Delta L_r$，表示再生热大小。

3. h–S 图

过程起始状态的滞止状态用 1^* 表示，线段 $1—1^*$ 表示起始状态的动能 $\dfrac{C_1^2}{2}$。

过程终止状态的滞止状态用 2^* 表示，线段 $2—2^*$ 表示终止状态的动能 $\dfrac{C_2^2}{2}$。

线段 $1—2_i$ 表示等熵膨胀过程的焓降 h_1-h_{2i}，由式（3-23）可知，也表示等熵膨胀功 $L_{i,T}$。

状态 1、2 的纵坐标差表示实际过程的焓降 h_1-h_2，显然有 $h_1-h_2<h_1-h_{2i}$。

滞止状态 1^*、2^* 的纵坐标差表示实际膨胀过程产生的轮缘功 $L_u=h_1^*-h_2^*$。

思考题和习题

1. 说明热焓方程和伯努利方程的共性和特殊性。
2. 当圆周速度 $U_1 \neq U_2$ 时，气体在动坐标系中的总能量如何表示？它们的相对总焓 h_r^* 是否一样？当 $U_1=U_2$ 时，又是怎样的？
3. 轮缘功 L_u 是怎样产生的？
4. 已知某压气机进口的空气参数为 $T_1=278.8\text{K}$、$C_1=136\text{m/s}$，出口的 $T_2=478\text{K}$，$C_2=120\text{m/s}$，试求工作轮加给空气的轮缘功。
5. 某压气机工作轮进口的空气温度为 15℃、压力为 $1.013\times10^5\text{Pa}$、速度为 190m/s，出口空气的滞止压力为 $1.57\times10^5\text{Pa}$，假设空气为理想气体，求工作轮的滞止等熵压缩功和滞止多变压缩功（多变指数 $n=1.52$）。
6. 某压气机第一级工作轮进口平均半径为 0.138m，切向分速 $C_{1u}=53.9\text{m/s}$，出口平均半径为 0.14m，切向分速 $C_{2u}=129\text{m/s}$，压气机转速为 15100r/min，试求第一级工作轮对每千克空气所做的轮缘功。
7. 某压气机进口速度 $C_1=208\text{m/s}$，切向分速 $C_{1u}=59.6\text{m/s}$，$U_1=U_2=290\text{m/s}$，出口的 $W_{2u}=121.2\text{m/s}$，当进气速度提高到 $C_1=250\text{m/s}$，而进气方向不变时，试求轮缘功的变化。

第二篇

压 气 机

第 4 章　轴流式压气机的工作原理
第 5 章　基元级的基本理论
第 6 章　级的基本理论
第 7 章　多级轴流式压气机
第 8 章　离心式压气机
第 9 章　压气机的特性和调节

第4章 轴流式压气机的工作原理

4.1 轴流式压气机的工作原理

作为燃气涡轮发动机的一个组成部件,任何形式的压气机的功用都是提高气体的总压(或滞止压力)。在这一节里,首先简单介绍轴流式压气机是如何对气体做功、提高气体总压的,也就是轴流式压气机的工作原理。

轴流式压气机的工作原理与其结构密不可分,轴流式压气机的工作原理决定了它的结构形式,而结构形式也充分反映了其工作原理。在 2.1 节中已经介绍了轴流式压气机的结构特点(图 4-1)。

(1) 压气机主要由两部分组成,旋转的部分称为"转子",静止不动的部分称为"静子"。

(2) 转子是由沿轮毂安装的若干排叶片和轮盘组合而成的,每个轮盘以及其上的叶片排称为"工作轮",而工作轮上的叶片称为"工作叶片"或"转子叶片"。

(3) 静子是由若干圈固定在机匣上的叶片排组成,每一圈叶片排称为"整流器",这些叶片称为"整流叶片"或"静子叶片"。

(4) 转子叶片和整流叶片是顺序交错排列的,而且转子叶片在前,整流叶片在后,所以可以将一排转子叶片和一排整流叶片看作是组成轴流式压气机的一个基本单元,并称为"级"。

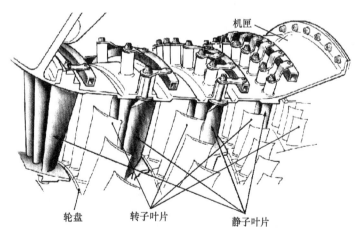

图 4-1 轴流式压气机结构示意图

只有一个级的压气机称为单级压气机,由两个或两个以上的级组成的压气机称为多级压气机。在轴流式压气机中,气流流过一个级,压力升高是很有限的,亚声速压气机级增压比(级后压力与级前压力之比)一般只有 1.2~1.5,而航空燃气涡轮发动机中,气体的最高压力与大气压力之比要高得多。因此，航空燃气涡轮发动机采用的轴流式压气机一般都为多级的。气体流过多级压气机时，虽然各级压力提高的程度并不一样，但是压力提高的过程和流动的性质是相同的。所以，要了解轴流式压气机提高气体压力的工作原理，只要清楚一级中提高气流压力的原理就可以了。

压气机工作轮叶片的设计使得气体流过时在工作轮旋转的方向上产生叶片对气流的作用力，这样就保证了旋转的工作轮叶片对流过的气体做功，气流获得工作轮叶片对其输入的机械功或轮缘功 L_u，在提高压力（包括总压和静压）的同时，绝对动能也有所增加。在随后的整流器中，气体沿着叶片通道逐渐减速，把动能变换为静压的提高，并且改变气流流动的方向，满足下一级或下游部件的需要。对于多级压气机来说，气流顺序流过一级又一级，重复着上述过程，气体的压力被逐步提高。

利用第 3 章中介绍的基本方程，可以更加清晰地分析气体流过压气机级的参数变化，加深对压气机工作原理的理解。根据伯努利方程式（3-12），气流通过工作轮的机械能平衡关系式为

$$L_u = \int_1^2 \frac{\mathrm{d}P}{\rho} + \frac{C_2^2 - C_1^2}{2} + L_{f,R}$$

式中：下标 1、2 和 R 分别表示工作轮的进、出口和工作轮（或转子）。此式说明，工作轮对气流所做的轮缘功 L_u 用来提高气体的压力完成压缩功（$P_2 > P_1$），同时提高气体的动能（$C_2 > C_1$），并克服流动损失 $L_{f,R}$。热焓形式的能量方程 $L_u = h_2^* - h_1^* = C_p(T_2^* - T_1^*)$ 表明，气体通过工作轮后，由于从工作轮获得了机械功，描述其总能量的总焓或总温增大。气体流过整流器满足的伯努利方程和热焓形式的能量方程为

$$0 = \int_2^3 \frac{\mathrm{d}P}{\rho} + \frac{C_3^2 - C_2^2}{2} + L_{f,S}$$
$$0 = h_3^* - h_2^* = C_p(T_3^* - T_2^*)$$

式中：下标 2、3 和 S 分别表示整流器的进、出口和整流器（或静子）。

以上两式说明，气体流过整流器时，由于与外界没有机械功的交换，只能通过降低气体的动能（$C_2 > C_3$）提高气体的压力完成压缩功（$P_3 > P_2$），克服流动损失 $L_{f,S}$，而描述其总能量的总焓或总温保持不变。图 4-2 所示为气流参数沿轴流式压气机流程变化。

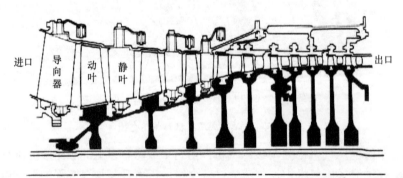

(a)

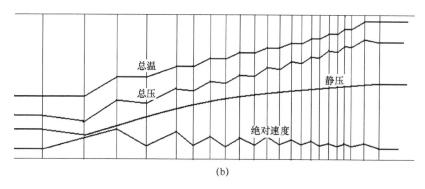

图 4-2 气流参数沿轴流式压气机流程变化示意图

4.2 压气机的性能参数

4.2.1 增压比

压气机的功用就是提高气体的压力（包括总压和静压），为了定量地描述压气机提高气体压力的能力，通常采用压气机出口的压力与进口压力的比值，并称为增压比，用符号 π_C^* 表示总压比，而用 π_C 表示静压比，即

$$\begin{cases} \pi_C^* = P_C^*/P_1^* \\ \pi_C = P_C/P_1 \end{cases} \tag{4-1}$$

式中：下标 1 和 C 分别表示压气机的进口和出口。

对于燃气涡轮发动机来说，压气机的总压比对其单位推力和耗油率等有很大的影响，需要根据发动机的总体性能分析确定。目前，军用发动机的总增压比一般都在 20 以上，而民用发动机的总增压比达到 40 多，甚至更高。

4.2.2 效率

增压比是反映压气机能力的一个基本参数，但是具有相同增压比的压气机的性能并不一定相同。例如，在实现同一增压比的情况下，消耗机械功越少的压气机应该性能越好。为了定量地描述压气机的这一特性，引入了效率的概念。如上所述，实现增压比 $\pi_C^* = P_C^*/P_1^*$ 所需要的最小机械功是假设压缩过程没有损失的理想压缩过程的等熵压缩功，即

$$L_{i,C}^* = \frac{k}{k-1} R T_1^* \left[\left(\frac{P_C^*}{P_1^*} \right)^{\frac{k-1}{k}} - 1 \right] = \frac{k}{k-1} R T_1^* \left[\left(\pi_C^* \right)^{\frac{k-1}{k}} - 1 \right] \tag{4-2}$$

而实际过程不可避免地存在流动损失即熵增，即实现增压比 π_C^* 压气机实际消耗的机械功 L_u 始终大于其等熵压缩功 $L_{i,C}^*$。定义 $L_{i,C}^*$ 与 L_u 的比值为压气机的滞止等熵效率（Isentropic Efficiency），即

$$\eta_{i,C}^* = \frac{L_{i,C}^*}{L_u} \tag{4-3}$$

将式（3-5）和式（4-2）代入式（4-3），可得

$$\eta_{i,C}^* = \frac{L_{i,C}^*}{L_u} = \frac{T_{i,C}^* - T_1^*}{T_C^* - T_1^*} = \frac{\pi_C^{*\frac{k-1}{k}} - 1}{T_C^*/T_1^* - 1} \tag{4-4}$$

式中：$T_{i,C}^*$ 和 T_C^* 分别为达到同样压比 π_C^* 的等熵过程和实际过程的出口总温（图4-3）。

显然，压气机的效率 $\eta_{i,C}^* < 1.0$，效率越高表示压气机实现增压比 π_C^* 消耗的机械功越接近理想的等熵过程，其经济性越好。现在，单级压气机（一般为风扇）的滞止等熵效率一般为 0.88～0.92，而多级压气机的滞止等熵效率一般为 0.87 左右。

压气机的增压比和效率是描述压气机气动性能的两个基本参数，一个反映了压气机的能力，而另一个反映了实现该能力的经济性。但是，仅这两个参数是不全面的，衡量一台压气机性能的好坏，除了看其设计点的增压比和效率之外，其稳定裕度、非设计点性能以及所采用的级数和重量等也是非常重要的指标。

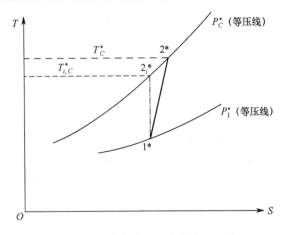

图 4-3　压气机中压缩过程的 T-S 图

第5章 基元级的基本理论

直接对多级轴流式压气机开展研究是非常复杂和困难的,在轴流式压气机问世的初期根本是不可能的,因而,必须对多级轴流式压气机进行简化,通过对其简化模型的研究,加深对于多级轴流式压气机的认识,发展相应的设计方法。图 5-1 给出了长期实践中形成的行之有效的多级轴流式压气机简化过程(实线),以及开展多级轴流式压气机研究和设计的过程(虚线)。忽略掉级与级之间的相互干扰和匹配问题,我们可以认为级是多级轴流式压气机的基本单元,把对多级轴流式压气机的研究简化为针对单个级的研究;当进一步假设气流在级内部的流动是沿着不同半径的圆柱面或者回转面流动时,又可以将级内部的三维空间流动简化为一系列不同半径的圆柱面(或回转面)上的二维流动,而且不同半径圆柱面上气流流动的性质是相同的。这种圆柱面上的二维流动称为"基元级"流动,也就是说"基元级"是构成级的基本单元。在这一章中,我们将详细介绍有关基元级的概念和基本理论。基元级理论是现代轴流式压气机设计理论的基础,也是分析轴流式压气机工作原理的有效手段。

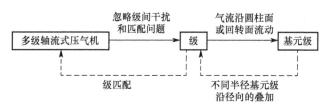

图 5-1 多级轴流式压气机的简化过程(实线)以及研究和设计过程(虚线)示意图

5.1 基元级

图 5-2 所示为压气机一个级的示意图,图中工作轮以 R 表示,整流器以 S 表示,气流绕压气机级的流动就是在环形通道内经过工作轮和整流器两排叶片的流动。级的主要尺寸参数包括:外径——D_t;轮毂直径,即内径——D_h;轮毂比——$\bar{d} = \dfrac{D_h}{D_t}$;径向间隙——$\delta$;轴向间隙——$\Delta$。

针对级流动特性的研究,首先要研究工作轮(或整流器)前、后气流参数的变化。因此,把工作轮或整流器前、后截面称为特征截面,并约定工作轮前的截面为 1—1 截面,工作轮后即整流器前的截面为 2—2 截面,整流器后为 3—3 截面,如图 5-2 所示。

图 5-2 显示的参数只是对一个级外观轮廓的总体描述,对于级流动特性影响更大的应该是转子叶片和静子叶片的型面参数。无论是转子叶片还是静子叶片,其基本形状都如图 2-2 所示,而且轴流式压气机叶片造型的基本理论是把一个空间的叶片看作由沿叶

片高度许多个"叶型"叠加形成的，叶型也就是叶片的横截面形状。当然，不同高度处的"叶型"是可以不一样的，但是它们都具有共同的特点，成为构造叶片的基本元素。图 5-3 显示的是一个典型的压气机叶片的叶型，类似于飞机机翼的翼型。

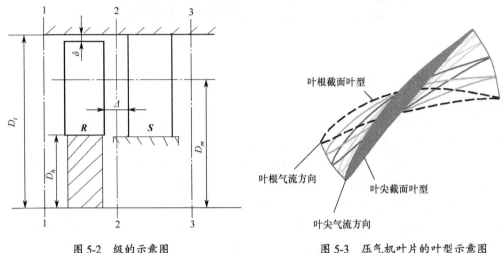

图 5-2　级的示意图　　　　　图 5-3　压气机叶片的叶型示意图

为了弄清楚级中的流动过程，现在设想用一个与级同轴而半径为 r 的圆柱面与级的两个叶片排相截，则得到圆柱面上的两圈"环形叶栅"（图 5-4）。这里把由形状相同的许多叶型彼此以一定距离沿圆周均匀排列形成的环形表面称为"环形叶栅"。实践证明，对于压力提高不大的压气机级来说，外径和内径沿轴向的变化不大，气流基本上是沿着圆柱表面上的两圈环形叶栅流动的。因此，压气机的一个级可以看作是由无数个半径不同的两圈环形叶栅叠加而成的，并且不同半径的两圈环形叶栅中的流动本质上是一样的。根据这样的简化假设，圆柱面上两圈环形叶栅中的流动情况就代表了级的流动情况，而这两圈环形叶栅称为"基元级"。所以说，基元级的流动过程是级流动过程的典型代表，只要弄清楚基元级中的流动过程，轴流式压气机的级乃至整台压气机的增压原理也就清楚了。

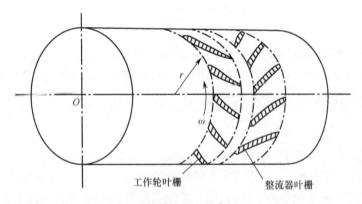

图 5-4　圆柱面上的基元级

圆柱面上的基元级由两排环形叶栅组成，上游的为工作轮叶栅，下游的为整流器叶栅。为了便于分析问题，再把圆柱面上的基元级展开成为平面，这样就得到了平面上的基元级（图 5-5），而环形叶栅也就成为平面叶栅。如图 5-4 所示，环形叶栅是相同的叶型沿圆周方向均匀排列形成的，环形叶栅中的叶型排列是连续的，每一个叶型都有相邻的叶型。为了保证环形叶栅这个特点，理论上假设平面叶栅的叶型数目为无限多。实践证明，用平面叶栅的流动近似地代替环形叶栅内的流动与实际情况是十分接近的。下面就用气流在平面叶栅中的流动分析气流在基元级中的加功扩压过程。

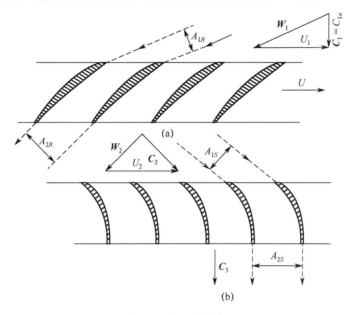

图 5-5 平面上的基元级

5.2 基元级的加功扩压原理

5.2.1 工作轮的加功扩压原理

由图 5-5 可见，工作轮的转动相当于工作轮叶栅以速度 U 向右移动。这时，以绝对速度 C_1 流向工作轮的气体微团是以相对速度 W_1 流入工作轮叶栅的（当轴向进气时，C_1 等于轴向分速 C_{1a}）。气体经过工作轮叶栅通道以后，以相对速度 W_2 流出。图中虚线表示气体流线。由图 5-5 可见，两相邻的叶型组成了一个曲线形的通道。通道的面积是逐渐扩大的，其出口面积 A_{2R}（垂直于出口流线的面积）大于进口面积 A_{1R}（垂直于进口流线的面积）。这就是说，在工作轮叶栅中，相邻的叶型之间构成一个弯曲的扩张通道。根据气体力学得知，亚声速气流流过扩张通道时，速度降低，压力升高。因此，工作轮叶栅出口相对速度 W_2 小于进口相对速度 W_1，工作轮叶栅出口压力 P_2 大于进口压力 P_1。通过工作轮叶栅时气体压力会提高，正是因为在相对运动中气体通过了面积不断扩张的叶栅通道的缘故。

应用动坐标系中的机械能方程式（3-17），可得

$$\frac{W_1^2 - W_2^2}{2} = \int_1^2 \frac{\mathrm{d}P}{\rho} + L_{f,R}$$

由于 $W_1 > W_2$，相对运动的动能减小，减小的动能大部分转化为气流的压力升高（$P_2 > P_1$），小部分用于克服摩擦损失。

通过上述分析，我们对于工作轮叶栅通道的形式，以及静压 P 和相对速度 W 的变化有了清楚的认识。但是，应该更加清楚地认识到压气机中工作轮的本质任务是要对气流做功以提高气体的总压。从力学原理中可知，为了给气体加入机械功，就必须使工作轮叶片对气流有作用力，并且在该力的方向上有位移。实际情况正是这样，图 5-6（a）所示为工作轮叶栅叶型上气流压力分布的大致情况。由于设计的叶型是非对称的，气流绕叶型流动时，在内凹的叶盆处的压力比外凸的叶背处的压力要高。在图 5-6（a）中以"＋"号表示叶盆处的压力高于平均值，以"－"号表示叶背上的压力低于平均值。气流对于叶片的总作用力为 P（图 5-6（b）），并可以分解为切向分力 P_u 和轴向分力 P_a。切向分力 P_u 就是叶片做旋转运动时需要克服的切向力，轴向分力 P_a 从叶片传至轮盘和轴上，由止推轴承传给静止部件。

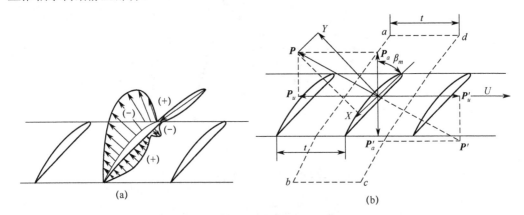

图 5-6 叶背和叶盆上的压力分布

根据作用力和反作用力原理，叶片有一个大小相同、方向相反的力 P' 作用于气流上。P' 力同样可以分解为切向分力 P'_u 和轴向分力 P'_a。切向分力 P'_u 使气体跟着叶片做圆周运动，改变了气体切向速度，也就是叶片对气体做轮缘功 L_u 的分力。轴向分力 P'_a 是叶片推动气体从前向后（由低压向高压）流动的力。

切向分力 P'_u 和轴向分力 P'_a 可以由动量定律求出。对于图 5-6（b）中虚线所示的沿叶片高度方向为 1 个单位高度的控制体（$abcd$）内的气体来说，有

$$P'_u = \dot{m}[(-W_{2u})-(-W_{1u})]$$
$$P'_a + (P_1 - P_2)t = \dot{m}(W_{2a} - W_{1a})$$

式中　$\dot{m}$——气体的质量流量；

W——气体流入叶栅的相对速度；

P——气体的压力；

t——两个相邻叶片之间的周向距离。

一般可以近似认为 $W_{1a} \approx W_{2a} \approx W_a$，于是有 $\dot{m} = \rho t W_a$，将 $\dot{m}$ 的表达式代入上式，可得

$$P'_u = -P'_u = -\rho t W_a (W_{1u} - W_{2u})$$

$$\boldsymbol{P}_a = -\boldsymbol{P}'_a = (P_1 - P_2)t$$

叶片对气体所做的轮缘功 L_u 可以根据式（3-21）或式（3-22）计算，而绝对坐标系中机械能形式的能量方程可写为

$$L_u = \int_1^2 \frac{\mathrm{d}P}{\rho} + \frac{C_2^2 - C_1^2}{2} + L_{f,R}$$

由此可见，工作轮对气体加入的轮缘功，一部分用来提高气体的压力，一部分用来增加气体的动能，另外很小一部分用于克服摩擦损失。总之，由于轮缘功的加入，气体流过工作轮叶栅通道后，不仅压力提高，而且出口的绝对速度 C_2 大于进口的绝对速度 C_1，也就是总温和总压得到了提高。

5.2.2 整流器扩压原理

由图 5-5 可见，气体从工作轮叶栅流出后，便以绝对速度 C_2 流向整流器叶栅。由于整流器叶栅与工作轮叶栅一样也是曲线扩张通道。因此，气体流过整流器叶栅后速度降低 $C_2 > C_3$、压力升高 $P_2 < P_3$。因为在整流器中没有加入机械功，其能量方程为

$$\int_2^3 \frac{\mathrm{d}P}{\rho} + \frac{C_3^2 - C_2^2}{2} + L_{f,S} = 0$$

或者

$$\frac{C_2^2 - C_3^2}{2} = \int_2^3 \frac{\mathrm{d}P}{\rho} + L_{f,S}$$

由此可见，在整流器中气体把动能转化成了压力的提高，并克服摩擦损失 $L_{f,S}$。但是，应该清楚地认识到，这里的压力提高仅为静压的提高，由于流动损失的存在，气体的总压实际上是有所下降的。

对于整个基元级的流动过程，能量方程为

$$\begin{aligned} L_u &= \int_1^3 \frac{\mathrm{d}P}{\rho} + \frac{C_3^2 - C_1^2}{2} + L_{f,St} \\ &= \int_1^2 \frac{\mathrm{d}P}{\rho} + \frac{C_2^2 - C_1^2}{2} + L_{f,R} + \int_2^3 \frac{\mathrm{d}P}{\rho} + \frac{C_3^2 - C_2^2}{2} + L_{f,S} \end{aligned} \quad (5\text{-}1)$$

式中：$L_{f,St}$ 为整个基元级的流动损失，且 $L_{f,St} = L_{f,R} + L_{f,S}$。

由此可见，工作轮加给气体的机械功分别在工作轮和整流器中转变为压力升高（静压）、动能增加和摩擦热。一般情况下，基元级的出口速度 C_3 与进口速度 C_1 是接近的。因此，工作轮加入的机械功绝大部分用于提高气体压力，而少量用来克服摩擦转变为热量。这种压气机基元级中能量转换的原理基本上代表了整个压气机中的能量转换原理。

5.3 基元级速度三角形

5.3.1 基元级的速度三角形

图 5-5 平面基元级图中显示的进口绝对速度 C_1 是轴向的，而许多基元级的进口速度

往往不是轴向的。为了使问题更加一般化，我们取一个非轴向进气的平面基元级来分析，如图 5-7 所示。在图 5-7 中，1—1 截面表示工作轮的进口，2—2 截面表示工作轮的出口或整流器进口，3—3 截面表示整流器的出口，而在该径向位置工作轮的圆周速度为 U。由于工作轮叶栅以速度 U_1（牵连速度）向右运动。因此，对于工作轮来说气体是以相对速度 W_1 流入叶栅的。因为 C_1 是远前方未受叶片扰动影响的绝对速度（或进口的平均值），所以 W_1 也是指远前方均匀的值。由运动学可知，相对速度 W_1 加牵连速度 U_1 即得到绝对速度 C_1。W_1、U_1 和 C_1 即组成了工作轮进口处的速度三角形。

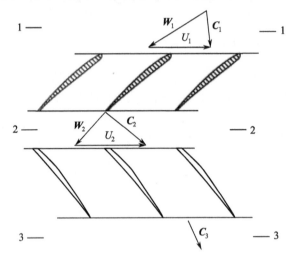

图 5-7　基元级叶栅的进出口速度

气体在工作轮出口处以相对速度 W_2 流出，由于叶型表面存在附面层并在叶型后形成尾迹，使得相对速度 W_2 沿圆周方向不均匀，在气流的掺混作用下，只有在叶栅的远后方才能达到均匀。这里的 W_2 一般是指叶栅后的平均值。出口处的圆周速度为 U_2，W_2 与 U_2 的向量和便为绝对速度 C_2。因为 W_2 是指叶栅后的平均值，所以 C_2 也是指叶栅后的平均值。W_2、U_2、C_2 又构成了工作轮出口亦即整流器进口的速度三角形。随后，气体以绝对速度 C_2 流入整流器，再以绝对速度 C_3 流出整流器。同样的道理，C_3 也指的是叶栅后的平均值。

为了研究方便起见，将进、出口的速度三角形画在一起，并称为"基元级速度三角形"，如图 5-8 所示。图中 C_{1a} 与 C_{2a} 分别表示工作轮进、出口绝对速度的轴向分速。

在压气机设计理论中，基元级速度三角形非常有用，是用得极其广泛的分析手段，具体原因如下。

（1）压气机的作用是提高气体的压力，作为压气机的基本单元，基元级中的压力变化情况当然是很重要的。但是，气流的压力和速度之间存在着密切的联系，并且两者是可以相互转化的。因此，基元级中速度的变化可以反映压力变化的情况。

（2）气体在基元级叶栅通道中流动时，伴有流动损失。但流动损失与速度大小和方向有着密切的关系，因此，可以由基元级的速度三角形反映出流动损失的情况。

（3）一方面，常常希望提高轮缘速度 U 以增大加给气体的机械功；另一方面，为了减少压气机的尺寸又要求进口轴向速度 C_{1a} 大一些，可是 U 或 C_{1a} 的增大均会导致相对速

度 W_1 超过声速致使损失骤增。这方面的相互关系也可由速度三角形反映出来。

（4）基元级的速度三角形集中地反映了基元级内气体流动过程中的各方面关系。它不仅反映了流动过程的性质，还可以反映出多种参数之间的数量关系，也是关联压气机设计中性能参数和几何参数的一个重要手段。

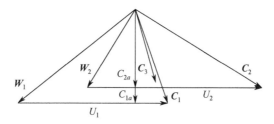

图 5-8　基元级速度三角形的一般形式（$C_{1a} \neq C_{2a} \neq C_{3a}$、$U_1 \neq U_2$）

图 5-8 为一般情况下的速度三角形，由于级的增压比不高（一般为 1.2～1.5），并且级的外径和内径沿轴向的变化不大，级的进、出口的轴向速度和圆周速度变化也不大。因此，可以近似地认为 $C_{1a} \approx C_{2a} \approx C_{3a}$、$U_1 \approx U_2$；一般 C_1 和 C_3 的方向也很接近，所以可认为 $\boldsymbol{C}_3 \approx \boldsymbol{C}_1$。在这种情况下，基元级的速度三角形如图 5-9 所示。相对速度与额线（切线）方向的夹角以 β 表示，绝对速度与额线方向的夹角以 α 表示。$\Delta\beta = \beta_2 - \beta_1$ 为气流在工作轮叶栅中的转折角；$\Delta\alpha = \alpha_3 - \alpha_2 = \alpha_2 - \alpha_1$ 为气流在整流器叶栅中的转折角。

5.3.2　决定速度三角形的主要参数

由图 5-9 可知，构成速度三角形的速度分量有多个，但哪些是决定速度三角形的主要分量并与压气机性能有着密切关系的呢?主要有下列 4 个。

1. 工作轮进口气体绝对速度的轴向分速 C_{1a}

这个速度分量与流入压气机的气体流量以及压气机的迎风面积有关。根据连续方程可知，当压气机进口面积和进口气体状态一定时，C_{1a} 增大，质量流量也增大，发动机的推力和功率也就增大；若质量流量一定，C_{1a} 增大，则压气机进口面积可以减小，有利于减小整台发动机的迎风面积。所以 C_{1a} 的大小，直接影响发动机的迎风面积和功率（或推力）。如有一台十级压气机进口处 $C_{1a} = 120\,\mathrm{m/s}$，另一台九级压气机进口处 $C_{1a} = 202\,\mathrm{m/s}$。这两台压气机设计年代相差不多，为什么进口 C_{1a} 有这么大的差别呢?原因主要在于后者用于歼击机上的涡轮喷气发动机，前者用于直升机上的涡轮轴发动机。两者飞行速度不同，对于发动机迎风面积的要求不一样。

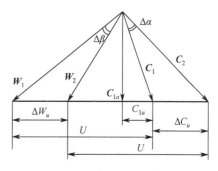

图 5-9　简化的基元级速度三角形
（$C_{1a} = C_{2a} = C_{3a}$，$U_1 = U_2$，$\boldsymbol{C}_1 = \boldsymbol{C}_3$）

2. 工作轮进口气体绝对速度的切向分速 C_{1u}

气体进入工作轮之前在圆周方向有分速时，就说气体有了预先的旋转，预先旋转的大小就以气体的切向分速 C_{1u} 表示，因此 C_{1u} 也称为预旋。如果 C_{1u} 的方向与轮缘速度 U

相同，则称为正预旋（图 5-7 上为正预旋）；如果 C_{1u} 与 U 的方向相反，就称为反预旋或负预旋。

3. 轮缘速度 U（圆周速度）

轮缘速度 U 直接影响压气机工作轮对气流加功量的大小，在工作轮前后气体的切向速度的变化量相同的情况下，U 越大，则对气体加入的轮缘功越多。有了 U 和 C_1 就决定了气体的相对速度 W_1。

4. 工作轮前后气体相对速度或绝对速度在切向的变化量 ΔW_u（或 ΔC_u）

工作轮前后气体相对速度或绝对速度在切向的变化量 ΔW_u（或 ΔC_u）标志着气流经过工作轮叶栅后气流方向在周向的扭转大小，又称为扭速。由图 5-9 可知，$\Delta W_u = W_{1u} - W_{2u}$，$\Delta C_u = C_{2u} - C_{1u}$，并且有 $\Delta W_u = \Delta C_u$。ΔW_u 与轮缘速度 U 完全决定了轮缘功（加功量）的大小。同时，由 W_1、ΔW_u 可确定 W_2，由 W_2、U 则可确定出 C_2，从而确定了出口的速度三角形。

以上讨论了决定基元级速度三角形的 4 个速度分量：U、C_{1u}、C_{1a}、ΔW_u。有了这 4 个速度分量以后，基元级的速度三角形便完全确定了。这 4 个速度分量对压气机的性能有着重要的影响。这 4 个速度分量之间相互有联系，同时又有制约。其具体关系反映在下面两个公式中。

相对速度为

$$W_1 = \sqrt{C_{1a}^2 + (U - C_{1u})^2} \tag{5-2}$$

绝对速度为

$$C_2 = \sqrt{C_{1a}^2 + (C_{1u} + \Delta C_u)^2} \tag{5-3}$$

对压气机的要求是尺寸小、质量小、压比大、效率高。为了减小压气机的迎风面积，要求 C_{1a} 大一些；为了减轻压气机的质量，希望减少级数，这就要增加每一级的加功量，因而需要增大圆周速度 U 和扭速 ΔW_u（或 ΔC_u）。由式（5-2）和式（5-3）可见，在一定的预旋 C_{1u} 之下，C_{1a} 和 U 的增大，促使 W_1 增大；C_{1a} 和 ΔC_u 的增大，促使 C_2 增大。但是当 W_1 或 C_2 增大到一定程度而接近声速时，工作轮叶栅通道或整流器叶栅通道内就会出现激波，对于亚声速叶栅这是不能允许的。因为激波的产生会大大增加流动损失，从而使叶栅效率大大下降。因此，C_{1a}、U 和 ΔC_u 三者不能不加限制地增大。若其中之一增大，则其余两个速度的大小就受到一定的约束，通常总是要求亚音叶栅前的速度不得超过声速。

另外，由基元级的速度三角形可知，在 U、C_{1a} 和 C_{1u} 不变的情况下，如果想要增大 ΔW_u，唯一的方法是增大气流在工作叶栅中的转折角 $\Delta \beta = \beta_2 - \beta_1$。但应注意，在压气机这种减速扩压叶栅中，要使高速气流拐弯很大是不容易的。气流由斜变直的转角越大，静压上升也越高，而这种正压力梯度对于附面层的发展是十分有害的。当工作轮叶栅弯得太厉害时，叶背上的气流就不再贴壁面流动，而会发生失速分离，如图 5-10 所示。这时，叶背上有一大块死水区，并一直延续到叶栅下游而使损失增大。由此可见，ΔW_u 受到损失的限制而不能任意增大。

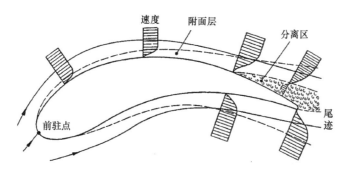

图 5-10 叶背上气流的分离

5.3.3 预旋的作用

上述轴向速度 C_{1a}、轮缘速度 U 和进口相对速度 W_1 之间的相互制约关系,可以通过预旋 C_{1u} 在一定程度上加以调和和改善,现在分析预旋在这方面的作用。

(1) 在 U 和 C_{1a} 均不变的情况下,采用正预旋可使相对速度下降,如图 5-11 所示。若轴向进气,则 W_1 较大,采用正预旋可在轮缘速度不变的情况下使 W_1 降低。如某十级压气机第一级平均半径处采用正预旋后,M_{w1} 降低到 0.65,若轴向进气 M_{w1} 达到 0.78,有时不采用正预旋甚至会使相对速度超过声速。

(2) 在 W_1 和 C_{1a} 均不变的情况下,采用正预旋可提高轮缘速度 U,从而提高轮缘功 L_u,如图 5-12 所示。

(3) 在 W_1 和 U 均不变的情况下,若使 C_{1a} 增大(增大流量或减小迎风面积),则可采用较大的正预旋,如图 5-13 所示。

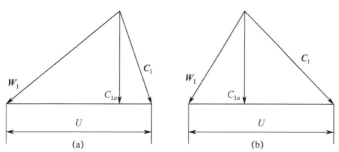

图 5-11 正预旋降低 W_1(U=常数、C_{1a}=常数)

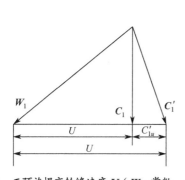

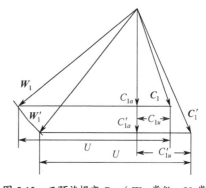

图 5-12 正预旋提高轮缘速度 U(W_1=常数,C_{1a}=常数) 图 5-13 正预旋提高 C_{1a}(W_1=常数,U=常数)

5.4 反力度

5.4.1 反力度的意义

气流流过压气机基元级时，静压分别在工作轮和整流器中得到提高。当基元级的增压比确定以后，如在工作轮中的增压比增大，则必然使整流器中的增压比减小；反之，则相反。实践证明，一级的增压比在工作轮和整流器之间的分配情况，对于一级的效率和级对气体的加功量等都有较大的影响。因此，需要对一级的增压比在工作轮和整流器中的分配情况进行分析研究。为了定量说明一级增压比在工作轮和整流器中的分配情况，引入了反力度的概念。一般反力度以 Ω 表示，定义为

$$\Omega = \frac{\int_1^2 \frac{\mathrm{d}P}{\rho} + L_{f,R}}{L_u} \tag{5-4}$$

下面，具体说明为什么反力度能够表示一级的增压比在工作轮和整流器中的分配情况。式（5-4）中分母 L_u 为一级中对气体加入的总的机械功，即轮缘功，可用式（5-1）表示。如上所述，在一般情况下，整流器出口的绝对速度 C_3 十分接近于工作轮进口的绝对速度 C_1，即 $C_1 \approx C_3$，则

$$L_u = \int_1^2 \frac{\mathrm{d}P}{\rho} + L_{f,R} + \int_2^3 \frac{\mathrm{d}P}{\rho} + L_{f,S} \tag{5-5}$$

式中 $\int_1^2 \frac{\mathrm{d}P}{\rho} + L_{f,R}$ ——完成工作轮增压过程所付出的机械功；

$\int_2^3 \frac{\mathrm{d}P}{\rho} + L_{f,S}$ ——完成整流器增压过程所付出的机械功。

式（5-5）表明，一级中所加的轮缘功 L_u 分别消耗于工作轮中的增压过程和整流器中的增压过程。因此，反力度 Ω 的定义式（5-4）反映了全部轮缘功中有多少是用于工作轮中压力升高的，剩下的一部分轮缘功便是在整流器中用于提高气体的压力了。式（5-4）是根据机械功的分配定义反力度的，当气体在工作轮和整流器中的流动情况基本相同时，这种机械功的分配即与增压比的分配基本相当。因此，反力度的大小就反映了基元级的增压比在工作轮和整流器之间的分配情况。例如，$\Omega = 0.6$，就说明工作轮增压大致占基元级增压的 60%，而整流器则占 40%。

5.4.2 反力度的计算公式

由于

$$L_u = \int_1^2 \frac{\mathrm{d}P}{\rho} + \frac{C_2^2 - C_1^2}{2} + L_{f,R} \quad \text{（在绝对坐标系中）}$$

并且

$$0 = \int_1^2 \frac{dP}{\rho} + \frac{W_2^2 - W_1^2}{2} + L_{f,R} \quad (在相对坐标系中)$$

则

$$L_u = \frac{W_1^2 - W_2^2}{2} + \frac{C_2^2 - C_1^2}{2}$$

将上式代入式（5-4），可得

$$\Omega = \frac{\int_1^2 \frac{dP}{\rho} + L_{f,R}}{L_u} = \frac{\frac{W_1^2 - W_2^2}{2}}{L_u} = 1 - \frac{\frac{C_2^2 - C_1^2}{2}}{L_u} = 1 - \frac{\frac{C_{2u}^2 + C_{2a}^2 - C_{1u}^2 - C_{1a}^2}{2}}{U \Delta W_u}$$

因为在一般情况下 $C_{2a} \approx C_{1a}$，则

$$\Omega = 1 - \frac{\frac{C_{2u}^2 - C_{1u}^2}{2}}{U \Delta W_u} = 1 - \frac{(C_{2u} + C_{1u})(C_{2u} - C_{1u})}{2U \Delta W_u}$$

所以

$$\Omega = 1 - \frac{C_{2u} + C_{1u}}{2U} = 1 - \frac{C_{1u} + \Delta C_u + C_{1u}}{2U} = 1 - \frac{C_{1u}}{U} - \frac{\Delta C_u}{2U} = 1 - \frac{C_{1u}}{U} - \frac{\Delta W_u}{2U} \tag{5-6}$$

由此可见，当 U 和 ΔC_u 一定时（此时，加功量一定），若增加正预旋，则反力度降低；若减少正预旋，则反力度增大。这样，可以采用不同的预旋来改变反力度的大小。另外，式（5-6）是用速度三角形的速度项表示的反力度，故这种反力度又称为运动反力度。它的大小与速度三角形密切相关，只要速度三角形确定了，运动反力度也就可以计算出来了。但要清楚式（5-6）描述的运动反力度与式（5-4）定义的反力度是有差别的，差别来自推导式（5-6）过程中引入的简化条件。

5.4.3 基元级流动过程在焓熵图上的表示

图 5-14 给出了基元级流动过程在焓熵图上的表示。

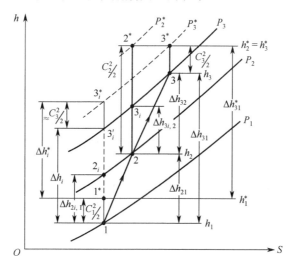

图 5-14 基元级流动过程在焓熵图上的表示

工作轮的流动过程，在 h–S 图 5-14 上由多变过程 1—2 表示，若为等熵过程，则 $S=$ 常数，由垂线 1—2_i 表示，即

$$h_1^* - h_1 = \frac{C_1^2}{2}$$

$$h_2^* - h_2 = \frac{C_2^2}{2}$$

$$L_u = h_2^* - h_1^* = h_2 - h_1 + \frac{C_2^2 - C_1^2}{2} = \frac{W_1^2 - W_2^2}{2} + \frac{C_2^2 - C_1^2}{2} \tag{5-7}$$

当 $U_2 = U_1$ 时，在相对运动中有

$$h_1 + \frac{W_1^2}{2} = h_2 + \frac{W_2^2}{2}$$

或者

$$h_2 - h_1 = \frac{W_1^2 - W_2^2}{2}$$

气流在整流器中的流动过程，在 h–S 图 5-14 上由多变过程 2—3 表示。若为等熵过程，应由垂线 2—3_i 表示，即

$$h_3^* - h_3 = \frac{C_3^2}{2}$$

$h_3^* = h_2^*$ （整流器中不加入功，故进、出口气流总焓不变）

$P_3^* < P_2^*$ （因有流动损失，故出口总压 P_3^* 小于进口总压 P_2^*）

综上所述，搞清楚基元级的扩压流动过程，整个压气机的增压过程基本上也就比较清楚了。当发动机运转时，压气机源源不断地吸入气体，高速旋转的工作轮给气体加入机械能；一方面迫使气体流过扩张的工作轮叶栅通道，提高它的压力；另一方面提高了气体的绝对速度，增加了气体的动能。工作轮之后的整流器叶栅扩张通道又使气体的动能减小，压力进一步升高，并根据下一级的需要调整气流的方向。如此一级一级地进行下去，气体的压力不断提高。

5.5 叶型和叶栅的主要几何参数

在多级轴流式压气机气动设计的初始阶段，需要根据给定的设计要求，确定各个基元级的速度三角形，并选择合适的工作轮叶栅和整流器叶栅，以保证预期的流动状态和速度三角形的实现。其中在选择合适的工作轮叶栅和整流器叶栅时，必须要有压气机基元级叶栅性能方面的知识。也就是说，必须对叶栅的气动性能与其几何参数之间的关系有足够的了解。这就引出了下列问题：描述轴流式压气机平面叶栅需要哪些几何参数？用哪些气动参数可以描述轴流式压气机平面叶栅的气动性能？

5.5.1 叶型的主要几何参数

平面叶栅是由很多个形状相同的叶型相隔一定的距离排列组成的，可以将叶栅的主要几何参数分解为描述叶型的主要几何参数和描述叶型在叶栅中位置的主要几何参数。

显然，叶型是组成叶栅的一个重要的基本元素，我们首先应该了解描述一个叶型要用哪些几何参数。图 5-15（a）示出了一个典型叶型的基本的几何参数。

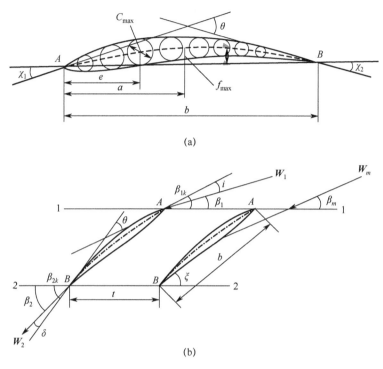

图 5-15 平面叶栅的几何参数

（a）叶型的主要几何参数；（b）叶栅的主要几何参数和气流相对于叶栅的角度。

（1）中弧线。叶型内切圆中心的连线，简称中线。

（2）弦长 b。连接中弧线与叶型前、后缘交点 A 和 B 之间的直线称为弦，弦的长度为弦长，通常用 b 表示。

（3）最大挠度 f_{max}。中弧线到弦的最大垂直距离，弦上的此点距前缘的距离为 a，用相对值表示为 $\bar{f} = \dfrac{f_{max}}{b}$，$\bar{a} = \dfrac{a}{b}$。这两个相对值一般分别称为相对最大挠度和最大挠度的相对弦向位置。

（4）叶型前缘角 χ_1 和后缘角 χ_2。中弧线在前缘点 A 和后缘点 B 的切线与弦之间的夹角。

（5）最大厚度 C_{max}。叶型最大内切圆的直径称为叶型的最大厚度，用以表示叶型的厚薄程度，而最大内切圆圆心与前缘点 A 之间沿弦方向的距离以 e 表示，用相对值表示为 $\bar{C} = \dfrac{C_{max}}{b}$，$\bar{e} = \dfrac{e}{b}$。这两个相对值一般分别称为相对最大厚度和最大厚度的相对弦向位置。

（6）叶型弯角 θ。中弧线在前缘点 A 的切线和中弧线在后缘点 B 的切线之间的夹角，表示了叶型的弯曲程度。由图 5-15（a）可知，弯角等于前缘角和后缘角之和，即 $\theta = \chi_1 + \chi_2$。

上述 6 个参数对于叶型的几何形状给出了总体轮廓的描述，包括叶型的长度尺度、厚薄和弯曲程度以及挠度等，在后面介绍的内容中可以看出，这些参数直接影响、决定着叶栅的气动性能。但是，严格描述叶型的型面还需要给出叶型的型面坐标。一般将叶型的型面分为上凸的叶背（又称吸力面）和内凹的叶盆（又称压力面），通常分别用离散的坐标表示。

5.5.2　叶栅中决定叶型位置的几何参数

叶型确定以后，把叶型排成叶栅也有一定的要求，决定叶栅的几何参数有以下几种（图 5-15（b））。

（1）叶型安装角 ξ。叶型弦线与额线之间的夹角，表示叶型在叶栅中的安装位置。所谓额线，就是连接叶栅中所有叶型前缘点 A 的直线。

（2）栅距 t（或称叶距）。两相邻叶型对应点之间沿额线方向的距离，表示叶型排列的疏密程度。

有了叶型安装角 ξ 和栅距 t 之后，叶型在叶栅中的位置就完全确定了，叶栅的几何参数也就完全确定了。但在分析叶栅的气动性能时，下面两个几何参数十分重要。

（1）叶栅稠度 τ。稠度 τ 等于弦长 b 和栅距 t 的比值，即 $\tau = \dfrac{b}{t}$。在介绍栅距 t 时，曾指出其表示叶型排列的疏密程度。对于由同一叶型组成的叶栅，这样的说法没错。但对于叶型不一样的叶栅来说，用栅距 t 表示叶型排列的疏密程度不够科学，而叶栅稠度 τ 弥补了这种不足。叶栅稠度 τ 表示叶栅中叶型排列的疏密程度，同一叶型，如栅距大，表示排列稀疏，稠度就小；反之，栅距小，排列稠密，稠度就大。如栅距相同，弦长 b 不同，则 b 大的，相对来说，比 b 小的排得要密些。稠度也叫实度。

（2）几何进口角 β_{1k} 和几何出口角 β_{2k}。它们分别是中线在前缘点 A 和后缘点 B 处的切线与额线的夹角。这两个角度是确定气流在叶栅进口和出口处方向的参考基准，用于描述气流相对于叶栅的方向。

5.6　平面叶栅的气动力参数

5.6.1　平面叶栅的气动参数

叶栅流场中每一点的流动参数都不相同，但是从整体来看，则可以用远前方和远后方的流动参数定量地描述叶栅流动。因为理论上在远前方和远后方沿周向即额线方向流动参数是均匀的，而实际上是通过图 5-15（b）中叶栅前方 1—1 截面和后方 2—2 截面定义这些基本流动参数。在工程实际问题中，1—1 截面和 2—2 截面是不可能伸展到无限远处的，选择在叶栅前、后方气流大体上已经均匀处即可，并用沿额线方向在一个栅距之内的平均值代表远前方和远后方完全均匀的气流参数。用 1—1 截面表示栅前，2—2 截面表示栅后，并对栅前气动参数加下标"1"，栅后气动参数加下标"2"。

对于一个叶栅有下列主要气动参数（图 5-15（b））。

（1）进气角 β_1。在 1—1 截面处气流方向与额线的夹角。

（2）攻角 i。几何进口角和进气角之差称为攻角，即 $i = \beta_{1k} - \beta_1$。

（3）出气角 β_2。在 2—2 截面处气流方向和额线的夹角。

（4）落后角 δ（或称偏离角）。由于黏性影响造成的附面层厚度的变化，以及气流沿叶栅弯曲通道做曲线运动的离心惯性力的作用，使得气流流出叶栅时，不能完全沿着叶栅的几何出口角方向，而有一个偏差，即 β_2 必然小于几何出口角 β_{2k}，从而有一个落后的角度 $\delta = \beta_{2k} - \beta_2$。

（5）气流转折角 $\Delta\beta$。表示气流流过叶栅时流动方向的改变量，即

$$\Delta\beta = \beta_2 - \beta_1 = (\beta_{2k} - \delta) - (\beta_{1k} - i) = (\beta_{2k} - \beta_{1k}) + i - \delta = \theta + i - \delta \tag{5-8}$$

（6）总压损失系数 $\bar{\omega}$。表示气流流过叶栅时的总压损失。由对叶栅绕流过程的分析可知，出口 2—2 截面的总压 P_2^* 必然低于进口 1—1 截面的总压 P_1^*，因此 $\bar{\omega}$ 的定义为

$$\bar{\omega} = \frac{P_1^* - P_2^*}{\frac{1}{2}\rho W_1^2} \tag{5-9}$$

对于不可压缩的气体来说，动压等于总压与静压之差，式（5-9）可以表示为

$$\bar{\omega} = \frac{P_1^* - P_2^*}{P_1^* - P_1}$$

实际上，在很多情况下也用总压恢复系数 σ 表示损失，两者之间的关系为

$$\bar{\omega} = \frac{1 - \dfrac{P_2^*}{P_1^*}}{1 - \dfrac{P_1}{P_1^*}} = \frac{1 - \sigma}{1 - \pi(M_1)} \tag{5-10}$$

式中：$\pi(M_1)$ 为气动函数。

5.6.2 平面叶栅中的流动过程

1. 流动图画

为了运用上述几何参数合理地设计出压气机叶栅，以保证实现预期的速度三角形，就需要了解平面叶栅中气流流动的物理过程，以便能够进一步分析几何参数对于流动过程的影响。

图 5-16 所示为一典型亚音叶栅的绕流图画，该叶栅来流马赫数 (M_1) 约为 0.6，出口马赫数 (M_2) 为 0.5 左右，来流方向平行于中弧线前缘处的切线，大体上近似于设计状态的气流方向。如图 5-16 所示，叶型前缘是一个半径为 r_1 的小圆圆周的一部分，当气流流到前缘处就分成两股，一股流向叶背，一股流向叶盆，于是，在前缘圆周上就存在一个气流分叉点 A'。在 A' 点处气流不可能有两个速度，所以 A' 点的速度应等于零，把 A' 点称为前驻点。气流在前驻点分成两股，分别流向叶背和叶盆。由于前缘圆周的半径 r_1 很小，曲率很大，这就造成流向叶背的气流首先绕小圆以很大的加速度加速流动，并在随后一段路程中继续加速。由于压气机叶栅通道扩压流动的本质，在反压的作用下，绕叶背流动的气流将在叶背的某个位置处达到速度的最大值后再减速流动，直至尾缘。在叶背的近尾缘处，由于附面层较厚、逆压力梯度较大，一般容易发生分离。因为叶盆的形

状是凹面,所以对应于所列举的来流马赫数大小和方向,在叶盆上气流的马赫数的变化相对比较平缓。图 5-17 给出了该叶栅流动的叶型表面马赫数分布,由图可见,叶背的速度总体来说比叶盆上的要高。因此,叶背上的静压要比叶盆上的静压低,有时也把压力低的叶背称为吸力面,而把压力高的叶盆称为压力面。

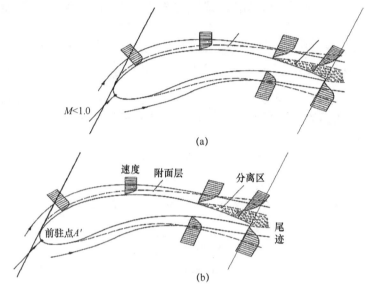

图 5-16 平面叶栅中的流动

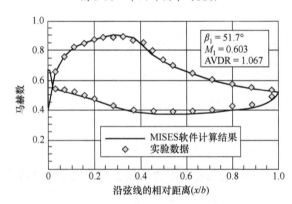

图 5-17 叶型表面马赫数分布

根据以上介绍的亚音叶栅的绕流过程不难理解,当栅前气流的 M_1 由小到大不断提高时,叶背上某点的最大速度也不断增大。当 M_1 达到某一值时,该最大速度将达到当地声速,这时的 M_1 就定义为该亚音叶栅的临界马赫数 M_{cr}。

对于一个亚音叶栅,当来流 M_1 大于其临界马赫数 M_{cr} 时,气流绕前缘的加速将在叶背的某点 D 处达到声速,并在 D 点以后以超声速流绕叶背的凸面继续膨胀加速。由于反压的影响,该局部的超声速流动将在叶背的某点 E 处产生一道激波,波后气流速度降为亚声速。在亚声速区域内,流动进一步稍做减速而到达尾缘。图 5-18 给出了亚音叶栅的超临界流动过程。

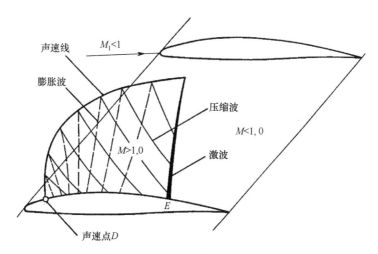

图 5-18 亚音叶栅的超临界流动示意

2. 流动损失

从微观上来看，引起损失的原因可以归结为黏性应力导致内能的增加。但是，对于从事叶轮机械气动热力学研究的学者来说，习惯于把损失归类为不同的来源（流动现象）。这里要介绍的叶栅绕流损失，就是依据人们习惯的分类方法。

由于绕流的气体有黏性，叶片表面上一定存在附面层。在叶盆上由于正的静压力梯度不大，所以附面层不太厚，带来的损失也不严重。在叶背上正静压梯度（或逆压力梯度）比较大，而且还可能有激波，所以正静压梯度对于附面层的发展会有严重的影响。图 5-19 给出了一个典型亚声速叶型叶背上附面层发展过程的示意图。特别是由于激波处静压突然升高而造成激波——附面层相互干扰，将会使叶片附面层大为增厚，甚至分离。

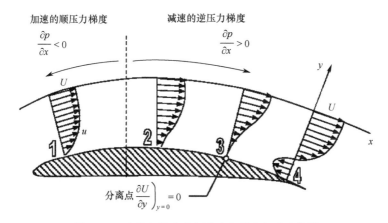

图 5-19 叶背上附面层发展的典型过程的示意图

当气流分别由叶背和叶盆流到叶型尾缘处时，两边的附面层汇合而成为叶片的尾迹，如图 5-20 所示。由于叶背附面层与叶盆附面层厚薄不一样，所以尾迹是不对称的，在尾迹中的速度和总压比主流区低得多。

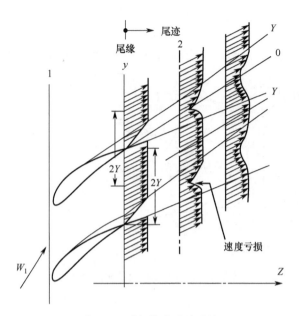

图 5-20 叶栅绕流后的尾迹

由于尾迹区和主流区的总压和流速不同,在叶栅下游就会发生掺混和扯平现象,随着流动向下游发展,尾迹逐渐变宽,主流区和尾迹区的不均匀程度逐渐减少,如图 5-20 所示。大体上讲,主流区和尾迹区的大部分不均匀度都在叶栅下游 1/4 弦长的轴向距离内消失,但完全消失则需要在下游几倍弦长以后才能实现。在尾迹和主流的掺混过程中也会有损失,称这部分损失为掺混损失,或调匀损失。

由上述分析可知,平面叶栅的流动损失由下列 5 项组成。

(1) 叶型表面附面层内气体的摩擦损失。

(2) 在正压力梯度作用下的附面层分离损失,如图 5-21(b)所示,特别是激波-附面层干扰导致的附面层分离,其损失尤为严重。

(3) 尾迹损失,即叶型上、下表面附面层在尾缘汇合后形成的涡流区,由于黏性的作用,旋涡运动消耗动能转变成热能,如图 5-21(b)所示。

(4) 尾迹和主流区的掺混损失,即在叶栅尾缘后尾迹气流的调匀损失。这是由于在尾迹中气流的速度小,在主流区中气流的速度大。因此,尾迹和主流之间存在比较大的速度梯度。同时,由于黏性的作用,两者之间发生混合调匀,从而损失动能转变为热能,如图 5-20 所示。

(5) 气流流过激波导致总压下降,若栅前气流 $M_1 > M_{cr}$,则在叶栅通道内出现激波,气流通过激波时,有机械能损失而导致总压下降,如图 5-21(c)所示。

以上 5 项损失合称为"叶型损失",是气流流过二维叶栅时的流动损失,用 $\bar{\omega}_F$ 表示。

3. 超、跨声速基元级叶栅总压损失的计算

跨声速和超声速基元叶栅的总压损失被认为由两部分组成:一部分是叶型损失;另一部分是激波损失。即基元叶栅的总压损失系数 $\bar{\omega}$ 等于激波的总压损失系数 $\bar{\omega}_s$ 和叶型总压损失系数 $\bar{\omega}_F$ 的和,即

$$\bar{\omega} = \bar{\omega}_s + \bar{\omega}_F \tag{5-11}$$

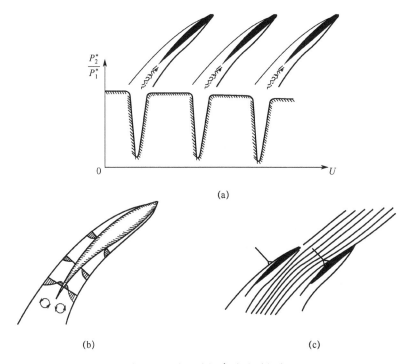

图 5-21 平面叶栅中的叶型损失

(a) 叶型后尾缘处的尾迹以及总压分布；(b) 叶型上下表面附面层的分离；(c) 波阻损失。

激波的总压损失系数 $\bar{\omega}_s$ 用图 5-22 所示的简化模型计算。图 5-22 所示的简化模型近似地用在叶栅进口的一道正激波代替实际波系，而 M_{av} 用 A 点和 B 点马赫数的平均值加修正确定，即

$$M_{av} = \frac{M_A + M_B}{2} \tag{5-12}$$

式中：M_A 为来流的马赫数。

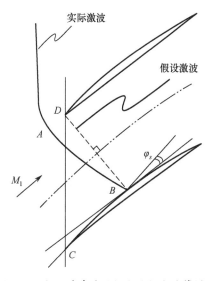

图 5-22 超、跨声速叶栅激波损失计算模型

自 D 点作通道中线的垂线，与相邻叶片的吸力面相交 B 点，B 点的马赫数是来流马赫数 M 经叶型吸力面前缘 C 点膨胀到 B 点的气流马赫数，由普朗特—麦耶膨胀公式计算。

已知来流马赫数 M_1 和叶型吸力面 C 点到 B 点的转折角 φ_s（叶型吸力面 C 点切线和 B 点切线的夹角），激波损失的计算步骤如下。

（1）由下式求得和 M_1 相对应的角度 μ_1，即

$$\mu_1 = f(M_1) = \sqrt{\frac{k+1}{k-1}} \arctan \sqrt{(k-1)\frac{(M_1^2-1)}{k+1}} - \arctan \sqrt{M_1^2-1} \tag{5-13}$$

（2）由下式求得 B 点的角度 μ_B，即

$$\mu_B = \mu_1 + \varphi_s + i_s \tag{5-14}$$

式中：i_s 是来流方向和叶型吸力面 C 点切线的夹角，即气流对吸力面的攻角。

（3）根据 μ_B 由式（5-13）求出 M_B。

有了 M_B，即可求出 $M_{av} = \dfrac{(M_1+M_B)}{2}$。然后，用 K_m 考虑子午流道收缩的影响，即计算激波损失的波前 M_{av} 的修正值为

$$M_{cr} = 1 + K_m(M_{av} - 1) \tag{5-15}$$

式中：K_m 为小于 1.0 的系数，取决于子午流道收缩的程度和叶型附面层的增长。

当叶栅前面来流马赫数小于 1.0 而大于 0.85 时，则先假设叶栅来流马赫数为 1.0，按上述步骤计算激波处的 M_B，然后用下式计算 M_{cr} 确定激波损失。这样做是因为在高亚声速范围内叶栅进口实际上有局部的超声速区，如图 5-18 所示，因而有激波损失。但假定进口来流马赫数为 1.0，用普朗特—麦耶公式计算波前 B 点马赫数是偏高的，故用下式计算 M_{cr}：

$$M_{cr} = M_1 \frac{(1+M_B)}{2} \tag{5-16}$$

当计算出的 $M_{cr} < 1.0$ 时，则不计算激波损失。

有了激波前的气流马赫数 M_{cr} 后，由正激波关系式导出（设激波前的总压和叶栅进口前的总压一样）的公式计算 $\bar{\omega}_s$，即

$$\bar{\omega}_s = \frac{1 - \left[\dfrac{(k+1)M_{cr}^2}{(k-1)M_{cr}^2+2}\right]^{\frac{k}{k-1}} \left[\dfrac{k+1}{2kM_{cr}^2-(k-1)}\right]^{\frac{1}{k-1}}}{1 - \left[1+\dfrac{k-1}{2}M_{in}^2\right]^{\frac{k}{k-1}}} \tag{5-17}$$

式中：M_{in} 对动叶为 M_{W1}，对静叶为 M_{C2}。

无论是亚声速叶栅，还是跨声速或超声速叶栅，叶型损失 ω_F 的计算方法基本相同，根据实验结果关联的数据确定。

5.6.3 扩散因子和基元级的绝热效率

1. 扩散因子

在分析叶栅流动的物理过程时，已经了解到气流绕叶背的流动存在着分离的可能，

叶背附面层的分离会造成叶栅流动损失的急剧增加。因此，设计压气机叶栅时力图尽量避免发生气流分离。这就为压气机设计人员提出了在进行压气机叶栅设计时，如何有效地控制气流的流动不发生分离的问题。由黏性流体力学知道，在不可压二元紊流附面层理论中常用的一个判断分离的准则参数为

$$D = -\frac{\theta}{W}\frac{dW}{dx}Re^n \tag{5-18}$$

式中　θ——附面层动量厚度；

　　　W——附面层外的主流速度；

　　　x——沿流动方向的距离；

　　　Re——动量厚度雷诺数；

　　　n——常数（负值）。

式（5-18）中等号右边的 $-\frac{\theta}{W}\frac{dW}{dx}$ 项的意义可以由观察下面的一般的附面层动量方程看出来，即

$$\frac{d\theta}{dx} = \frac{\tau_w}{\rho W^2} - (H_2)\frac{\theta}{W}\frac{dW}{dx} \tag{5-19}$$

式中　τ_w——黏性剪切应力；

　　　H_2——形状因子（$H_2 = \delta^*/\theta$）；

　　　ρ——主流区流体的密度；

　　　δ^*——附面层位移厚度。

对于像压气机叶片吸力面那样具有一定大的平均速度梯度的型线，附面层厚度的快速发展主要与式（5-19）中的最后一项有关。事实上，流动开始分离时，壁面剪切应力 τ_w 等于零，而形状因子 H 为 2.0～2.5 的常数。因此，式（5-19）变为

$$\frac{d\theta}{dx} \approx 常数 \times \left(-\frac{\theta}{W}\frac{dW}{dx}\right) \tag{5-20}$$

式（5-20）表明，$-\frac{\theta}{W}\frac{dW}{dx}$ 这一项正比于分离开始时的动量厚度的梯度。

至于式（5-19）中等号右边的 Re^n，为了估计它的影响，假设对于典型的速度分布，雷诺（Re）数的当地值取决于在减速开始时雷诺数的原始值。由于吸力面上的流动首先是加速的，雷诺数的原始值就决定了原始附面层的状态。这样，式（5-19）中的 Re^n 就反映了原始附面层状态的影响，对于通常的压气机叶栅，受到如叶片尺寸、进口马赫数、表面粗糙度和紊流度影响的原始附面层雷诺数的变化范围一般不大。因此，原始附面层雷诺数的影响可以用一个常数的平均值表示。

因此，采用下面的表示式作为简化的分离准则参数，即

$$D = -\frac{\theta}{W}\frac{dW}{dx} \tag{5-21}$$

并称为扩散因子。

一个典型的压气机叶型，在设计攻角下，其表面上的速度分布如图 5-23 所示。

设叶型吸力面从接近于进口边的最大速度 W_{max} 到出口速度 W_2 减速扩压，对于大多数的常规叶片设计，扩压梯度可以用下面的平均值近似表示，即

$$-\frac{1}{W}\frac{dW}{dx} = \frac{W_{max} - W_2}{(1-a)bW_{av}} \tag{5-22}$$

式中 W_{av}——W_{max} 和 W_2 的平均，一般用 W_1 来近似，即 $W_{av} = \dfrac{W_{max} + W_2}{2} \approx W_1$；

        a——进口边至吸力面最大速度点之间沿弦长方向的距离与弦长之比；

        b——弦长。

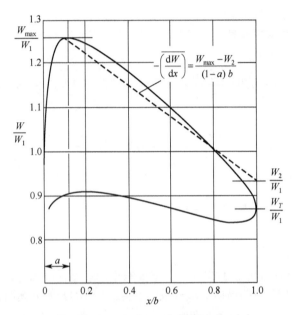

图 5-23   叶型表面的速度分布

这样，式（5-22）可以写为

$$-\frac{1}{W}\frac{dW}{dx} = \frac{1}{(1-a)b}\left[\left(1 - \frac{W_2}{W_1}\right) + \left(\frac{W_{max}}{W_1} - 1\right)\right] \tag{5-23}$$

吸力面的最大速度 W_{max} 一般可以认为由以下几部分组成，即

$$W_{max} = W_1 + \Delta W_f + \Delta W_d \tag{5-24}$$

式中 ΔW_d——由于叶型厚度变化所造成的速度增量，正比于叶型厚度 d；

        ΔW_f——由于叶型挠度引起速度增量，正比于绕叶型的速度环量，或者 $t \cdot \Delta W_u$。

所以式（5-24）可以写为

$$W_{max} = W_1 + 常数1 \cdot \frac{\Delta W_u}{\tau} + 常数2 \cdot \frac{d}{b} \tag{5-25}$$

即

$$\frac{W_{max}}{W_1} - 1 = c\frac{\Delta W}{\tau W_1} + \overline{d} \tag{5-26}$$

式中：c 和 $\bar{d}$ 为常数，随叶型、进气角和进口马赫数而变化；τ 为叶栅的稠度。

将式（5-26）代入式（5-23），可得

$$D = \frac{\theta}{(1-a)b}\left[\left(1-\frac{W_2}{W_1}\right) + c\frac{\Delta W}{\tau W_1} + \bar{d}\right] \quad (5\text{-}27)$$

为了简化，可以进一步假设，对于一般常规叶型，附面层动量厚度与弦长的比值 $\dfrac{\theta}{b}$ 以及位置比 a 变化很小，即

$$\frac{\theta}{(1-a)b} = 常数$$

而 c 和 $\bar{d}$ 的值分别取为 0.5 和 0.1，因此，扩散因子 D 最后可以表示为

$$D_{0.1} = D(\bar{d}=0.1) - 0.1 = 1 - \frac{W_2}{W_1} + \frac{\Delta W_u}{2\tau W_1} \quad (5\text{-}28)$$

本书中所用的扩散因子均为式（5-28）中的 $D_{0.1}$，但在以下的分析中简化记为 D。

扩散因子的大小既说明了叶栅减速扩压程度，又说明了叶片气动负荷的大小，是表征压气机叶栅扩压负荷的参数，也是决定总压损失的主要因素。大量实验数据的分析和综合结果表明，二维叶栅的损失系数可以很好地关联为扩散因子 D 的函数。通常不直接用损失系数 $\bar{\omega}$，而采用损失组合参数 $\bar{\omega}\dfrac{\sin\beta_2}{2\tau}$ 或者 $\bar{\omega}\dfrac{\sin\beta_2}{2\tau}\left(\dfrac{\sin\beta_2}{\sin\beta_1}\right)^2$ 与扩散因子 D 相关联，可以获得很好的综合效果，如图 5-24 所示，并已成为压气机叶栅损失分析和计算的有力工具。

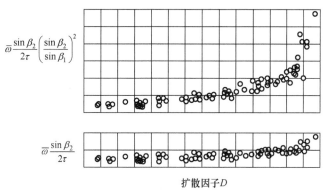

图 5-24　总压损失参数与扩散因子的关系

图 5-25 所示为亚音叶栅在最小损失攻角下的损失参数 $\bar{\omega}\dfrac{\sin\beta_2}{2\tau}$ 与其扩散因子 D 的关系。由图中结果可以看出，静子叶型损失系数关联的结果非常统一；对于转子叶型，除了在接近叶尖的 10%叶高范围内的叶型损失系数的关联结果较分散以外，其余截面的关联结果也非常好。有了图 5-25 中所示各截面的叶型损失之后，一般根据线性插值可以确定出其他截面的叶型损失。图 5-26 是双圆弧和多圆弧叶型的最小损失参数同扩散因子 D 的关系。

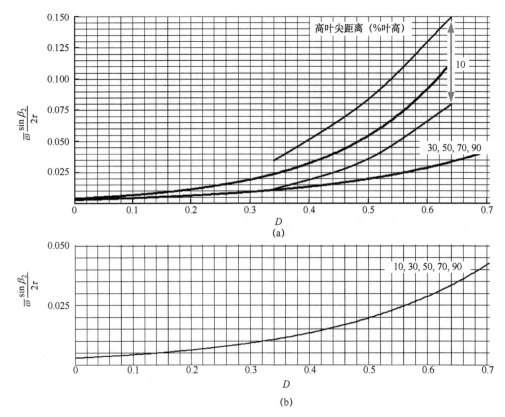

图 5-25　NACA65 系列叶型最小损失参数 $\overline{\omega}\dfrac{\sin\beta_2}{2\tau}$ 与扩散因子 D 的关系

(a) 转子；(b) 静子。

在压气机的气动设计中，根据具体情况，规定扩散因子的适当的值，作为许用的扩压负荷的限制。例如，有的文献推荐，工作轮叶尖处扩散因子 $D\leqslant 0.4$，整流器叶根处扩散因子 $D\leqslant 0.6$。

2. 基元级的滞止等熵效率

基元级的滞止等熵效率定义为

$$\eta_{ad}^* = \frac{L_{ad}^*}{L_u} = \frac{T_{3ad}^* - T_1^*}{T_3^* - T_1^*} \tag{5-29}$$

式中　L_u——基元级中加入的轮缘功；

L_{ad}^*——基元级的滞止等熵压缩功，即

$$L_{ad}^* = \frac{k}{k-1}RT_1^*\left[\left(\frac{P_3^*}{P_1^*}\right)^{\frac{k-1}{k}} - 1\right]$$

在叶栅通道设计合理、来流方向大体适合的情况下，叶背的附面层分离并不严重，于是损失就比较小，效率比较高。即使对于同一个叶栅，如果来流方向不合理，也会造成叶背上或叶盆上附面层的严重分离，造成很大损失。这表明，叶栅的几何参数要和气动参数相互协调。

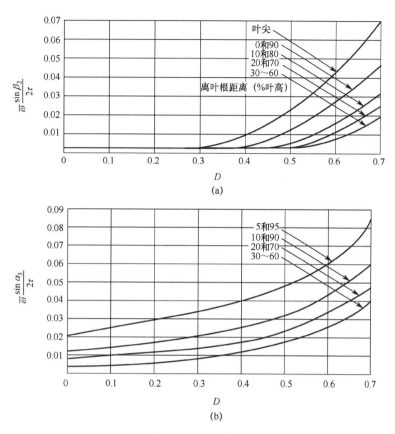

图 5-26 双圆弧和多圆弧叶损失参数与扩散因子的关系

(a) 转子；(b) 静子。

5.7 平面叶栅风洞试验研究

亚音平面叶栅的绕流问题仍然是很复杂的，在平面叶栅的流场中常常包括有局部超声速区、激波、激波与附面层干扰、附面层的分离以及主流区和尾迹区的掺混等。虽然有多种计算方法和附面层理论可用来考虑气流的黏性对流动的影响，但是理论计算毕竟有所限制，不一定能充分反映真实流动情况。在工程实际应用中，平面叶栅试验研究仍然是取得叶片设计数据的重要手段，是叶栅理论的重要组成部分。

气体在压气机中的流动过程，基本上可以用各基元级的速度三角形表示出来，但气体的流动过程是通过工作轮和整流器叶栅实现的。那么，速度三角形和叶栅的几何参数之间有什么关系呢？还有，从速度三角形可以看出，气流流过工作轮叶栅时，转折角 $\Delta\beta = \beta_2 - \beta_1$ 越大，动能差 $\dfrac{W_1^2 - W_2^2}{2}$ 就越大，增压也越高，而且气流扭速 ΔW_u 也越大，加功量也越大。同样，流过整流器叶栅时，气流转折角 $\Delta\alpha = \alpha_3 - \alpha_2$ 越大，则增压也越大，调整气流方向的能力也越大。这样压气机的级负荷可以提高，级数可以减少，质量可以减轻。但是，气流通过叶栅转折角的增大却又受到流动损失的制约，因为过大的转折角可能会造成很大的流动损失。那么，气流通过叶栅时的转折角究竟能有多大呢？这些是平面叶栅理论需要解决的主要问题，也可以通过平面叶栅的吹风试验加以解决。图 5-27 示出了叶栅理论的主要内容。

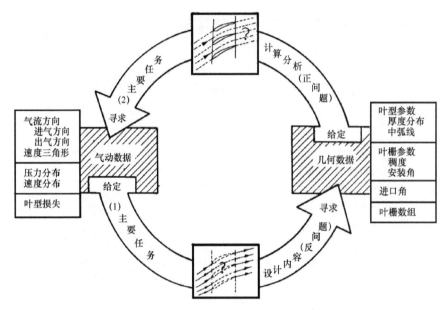

图 5-27　叶栅理论主要内容的示意图

5.7.1　平面叶栅的风洞试验

图 5-28 所示为平面叶栅吹风试验装置的主要部分的简图。风洞由上游处的气源压气机供气，气流沿着图中箭头所示的水平方向流入风洞的收敛段（或收敛-扩张段），亚音流通过收敛段造成气流加速。因此，气流流过时，在风洞壁面上的附面层比较薄，紊流度减小，试验段流动将更为均匀。

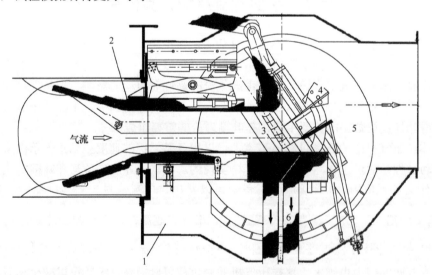

图 5-28　跨音平面叶栅风洞示意图

1—风洞基础；2—可移动的风洞侧壁；3—试验叶栅；4—测量装置；5—气流攻角调整圆盘；6—附面层吸除装置。

为了避免风洞壁面附面层的影响，试验叶栅的叶片高度不能太小。若用 h 表示试验直叶片的高度，则应使 $\dfrac{h}{b} \geqslant 2.0$。为了进一步减少风洞壁面上附面层的影响，一般还采用吸除附面层的装置。

由于是用有限叶片的叶栅模拟无限叶片叶栅，所以在测量数据时，应选择只在中间的一两个叶片通道处进行，因为这里受上下壁面影响最小。同时，应在沿叶片高度的中间截面上测量气流参数，以避免叶栅两端壁面附面层的影响。

现在把一套叶栅安装在叶栅风洞中，研究试验的具体做法。这里主要研究攻角 i 变化时，叶栅的 $\Delta\beta$ 和 $\bar{\omega}$ 如何随着改变。

对于一个特定的叶栅，叶型和叶栅的几何参数已完全确定了。首先，根据具体的试验设备，把安装叶栅的转动圆盘调整到某一个角度，由于气体来流的方向是一定的（如水平方向），所以也就对应了叶栅绕流的某一个进气角 β_1 或攻角 i。对应于该攻角，试验测量以下一组参数。

（1）叶栅前：静压 P_1，总压 P_1^*，总温 T_1^*。

（2）叶栅后：总压 P_2^*，出气角 β_2。

（3）叶栅内部。如果试验条件许可，可以在叶片上面打上测压孔测量叶片表面静压分布，并可以在上下壁面上安装透明的壁板用纹影仪拍摄激波系，以便了解叶栅内的流动情况。

对于叶栅前后的参数都是沿着额线方向隔很小距离就做一次测量，然后在一个栅距之内对于很多点的测量值进行平均。

根据上述测量值，可按下列步骤整理数据。

（1）根据已知的几何进口角 β_{1k} 以及试验确定的 β_1，按照 $i = \beta_{1k} - \beta_1$ 计算攻角 i。

（2）根据已知的几何出口角 β_{2k} 和测量的 β_2，按照 $\delta = \beta_{2k} - \beta_2$ 计算落后角 δ。

（3）由测量的 β_2 和 β_1 求出气流的转折角 $\Delta\beta$。

（4）由测量的 P_1 和 P_1^* 求出 $\pi(M_1) = \dfrac{P_1}{P_1^*}$，并根据气动函数关系确定出 M_1。

（5）由测量的 P_1^* 和 P_2^* 计算叶栅的总压恢复系数，即

$$\sigma = \frac{P_2^*}{P_1^*}$$

（6）由下式计算叶栅损失系数，即

$$\bar{\omega} = \frac{1-\sigma}{1-\pi(M_1)}$$

当完成一个攻角的数据测量以后，转动圆盘，调整到下一个试验攻角 i，重复上述试验步骤，就可以得到对应该攻角的实验数据，如此反复将得到这套叶栅气流转折角和损失系数随攻角变化的关系。

5.7.2 平面叶栅的正常特性线

1. 平面叶栅的正常特性线

如上所述，对于几何参数一定的叶栅，在一定的进气条件下，可以得到 β_2、$\bar{\omega}$ 与攻

角 i 的关系。β_1、β_2（或 $\Delta\beta$）和 W_1 决定了基元级速度三角形的相对速度部分，$\bar{\omega}$ 决定了工作轮叶栅的损失。可以设想，如果将静子叶栅也做同样的试验，则同样可以得到，对于几何参数一定的叶栅，在一定的进气条件下，α_3（或 $\Delta\alpha$）、$\bar{\omega}$ 与攻角 i 的关系。也就是说，可以得到基元级速度三角形的绝对速度部分和静子叶栅的损失。因此，在一定的条件下，不同的平面叶栅吹风试验，能够建立起叶栅几何参数同速度三角形参数以及损失之间的联系。

由于在一定的转速下，基元级轮缘功的大小取决于扭速 ΔW_u。在一定的 β_2（或 β_1）、W_1 下，ΔW_u 由 $\Delta\beta$ 决定。因此，在上述试验中，$\Delta\beta$ 表征了 ΔW_u 的大小，即表征了气流在叶栅通道中的扩压能力；$\bar{\omega}$ 表明叶栅在扩压过程中的损失大小。那么，$\Delta\beta = f_1(i)$ 和 $\bar{\omega} = f_2(i)$ 的关系表明了叶栅的性能特性，通常把它称为平面叶栅的正常特性，有时也称为叶栅的攻角特性。

现将 $\Delta\beta = f_1(i)$ 和 $\bar{\omega} = f_2(i)$ 的关系用曲线表示在图 5-29 中，图中曲线称为叶栅的正常特性线。

图 5-29 所示的是一个典型的压气机叶栅正常特性线。那么，正常特性线有些什么特点呢？当气流攻角从负值（除了靠近左端的最大负值之外）逐渐增大时，气流的转折角 $\Delta\beta$ 起初随攻角 i 几乎成正比地增加，而总压损失系数则几乎保持不变。这是因为此时气流没有从叶型表面分离，所以气流的出气角 β_2 基本保持不变，攻角增大几度，气流转折角也相应地增加几度，而气流的损失基本上就是在附面层内的摩擦损失。因此，总压损失系数 $\bar{\omega}$ 基本保

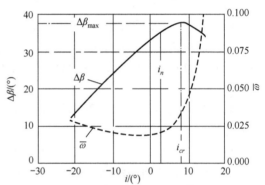

图 5-29 叶栅的正常特性线

持不变；当攻角 i 到达某个攻角 i_n 之后，$\Delta\beta$ 增大变慢，$\bar{\omega}$ 则逐渐增大。这是因为此时叶背上靠近尾缘处开始发生气流分离，出气角 β_2 由于气流分离而略有减小，因此，$\Delta\beta$ 增加程度开始放慢，同时，由于 i 增大使分离区逐渐扩大，总压损失逐渐增加；当攻角 i 增加到临界攻角 i_{cr} 时，$\Delta\beta$ 达到最大值 $\Delta\beta_{max}$，再继续增加 i，$\Delta\beta$ 很快下降，而 $\bar{\omega}$ 则急剧上升。因为当 $i > i_{cr}$ 以后，气流发生严重分离，β_2 很快下降，同时，气流损失急剧增加。在很大的负攻角下，气流在叶盆也发生分离，因而，总压损失系数也较大。不同攻角下气流绕叶栅叶型的流动情况如图 5-30 所示。

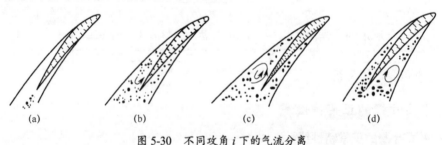

图 5-30 不同攻角 i 下的气流分离

(a) $i = 0$ 不分离；(b) $i = i_n$ 开始分离；(c) $i = i_{cr}$ 严重分离；(d) $i \ll 0$ 叶盆分离。

一般来说，叶栅的几何参数不同，其正常特性线是不同的，但变化规律大致一样。另外，叶栅进口马赫数 M_1 以及雷诺数和紊流度等对叶栅正常特性线的影响较大，下面给予简单介绍。

2. 进口马赫数 M_1 对于平面叶栅正常特性的影响

图 5-29 给出的是在某一个进口马赫数 M_1 下平面叶栅的正常特性线，事实上，进口马赫数对于叶栅的正常特性线有很大的影响，所以对于每一套叶栅应当有图 5-31 所示的一族曲线。如图 5-29 所示，横坐标仍为 i，M_1 作为参变量而给出一族曲线。

通过对比图中 $M_1=0.3$ 和 $M_1=0.8$ 的两条曲线就可以看出进口马赫数的影响。由图可见，$M_1=0.3$ 时低损失系数的攻角范围很宽，而在 $M_1=0.8$ 时，则只有一个很窄的低损失系数的攻角范围了。此外，随着 M_1 的增加，$\bar{\omega}$ 的最低值也增加，也就是叶栅效率降低了。

通过图 5-31 中不同 M_1 的对比可以看出，高速时低 $\bar{\omega}$ 值的攻角范围显著减小，这一现象对于压气机的设计和调试过程有很大影响。因为每台压气机都有很多叶片排，每排叶片沿叶高又分成很多叶栅，要想实现高效率，就必须绝大部分以至于全

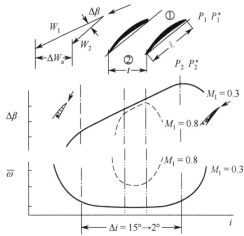

图 5-31 进口马赫数 M_1 对叶栅正常特性线的影响
（$\Delta\beta=f_1(i,M_1)$，$\bar{\omega}=f_2(i,M_1)$）

部叶栅都在低损失攻角范围内工作。若某个叶栅的攻角偏离低损失攻角范围，就有可能影响到本叶片排的叶栅性能以及后面叶片排的叶栅性能，甚至使全台压气机中的流动恶化和总性能下降。当叶栅进口 M_1 较高时，由于叶栅的可用攻角范围很狭窄，从而使设计高效率叶栅成为很困难的任务，事实上，这也成为很多压气机设计失败的原因。

为了加深对于高进口 M_1 叶栅中流动规律的认识，以便准确地选择攻角使之恰好落在低损失范围之内，并且尽量扩大叶栅在高进口 M_1 之下的低损失攻角范围，就要研究在高进口 M_1（主要指的是进口 M_1 在高亚声速范围）之下损失增加的物理本质。大量试验研究证明，损失随 M_1 的增加以及可用的低损失攻角范围的减小都与叶栅流动中激波的形成和发展以及激波—附面层相互干扰密切相关。

现在用同一套叶栅在来流 M_1 数不断增长时，叶栅绕流流动的变化，分析高亚音流动与低速流动的差别。假设把同一套叶栅安放在叶栅风洞中，不改变攻角而只改变来流 M_1 数。

在低速时，如 $M_1=0.3$ 时，叶背上虽然由于小曲率半径前缘圆角的绕流而在叶背的前部产生最高的当地速度（称为吸力峰，因为高速就对应于很低的静压），以及吸力峰后面的急剧减速和相应的正压力梯度。但由于来流速度低，即使在吸力峰处，一般也没有达到声速，这时全流场都是亚声速。

当来流 M_1 增加到某一数值时（大于临界马赫数 M_{cr}），尽管此 M_1 仍为亚声速，但由

于绕前缘圆角的加速，以及叶背前部的凸型线，在叶背上开始出现超音区，由于在亚音流场中出现的局部超声速区还不大，结尾处往往还没有形成强激波。

随着来流 M_1 的继续提高，叶背上局部超音区扩大，在局部超音区的结尾处很快就出现激波。随着 M_1 数的增加，局部超音区不断扩大，激波前马赫数也不断提高，激波不断增强。例如，某一亚声速叶栅，当 $M_1=0.8$ 时叶背激波前的马赫数已高达 1.29，这时的流动图画如图 5-18 所示。由于激波的正压力梯度，造成激波—附面层的相互干扰，往往使得附面层分离，引起损失的迅速增加。

3. 雷诺数对压气机平面叶栅性能的影响

图 5-32 表示了雷诺数在 $0.3\times10^5 \sim 0.5\times10^6$ 范围内的叶栅流动特性和叶型表面压力分布特性。在 $Re>4\times10^5$ 的情况下，流动通常是附着于叶片表面上的。当雷诺数降低到 2×10^5 以下时，在叶片吸力面将出现分离气泡的局部分离流动，总压损失系数有所增加。在雷诺数小于 10^5 时，吸力面上出现层流分离，损失大大增加。当雷诺数减低至 0.5×10^5 时，气流转折角和压力升高大大减小。上述情况还取决于叶型的形状。

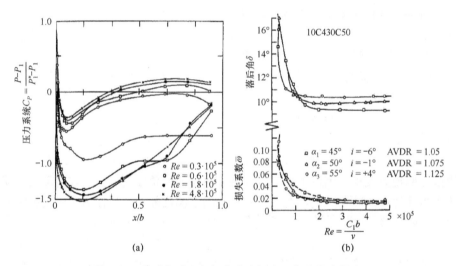

图 5-32 雷诺数对压气机平面叶栅（C4）性能的影响

4. 紊流度对压气机平面叶栅性能的影响

来流紊流度主要影响附面层从层流到紊流的转捩、进一步发展以及分离。

普通设计的风洞中的紊流度是均匀的，并且几乎是各向同性的。因此，在风洞中整流网络下游一定距离处，脉动速度的均方值在 3 个坐标方向是可以假设相等的，即 $\overline{u'^2}=\overline{v'^2}=\overline{w'^2}$，这样紊流度可以写成

$$T_u = \frac{\sqrt{\frac{1}{3}\left(\overline{u'^2}+\overline{v'^2}+\overline{w'^2}\right)}}{U} = \frac{\sqrt{\overline{u'^2}}}{U}$$

式中　u'、v'、w'——脉动速度在 3 个坐标轴方向的分量；
　　　U——风洞中的来流速度。

来流紊流度对压气机平面叶栅性能的影响如图 5-33 所示。在低雷诺数时，紊流度增大使损失大大减小，在较高雷诺数时增大紊流度是没有用的。由于能量的耗散，增大紊

流度甚至会带来损失增大的坏处。在低雷诺数和大马赫数情况下，大紊流度使叶栅失速的临界攻角变得较大。

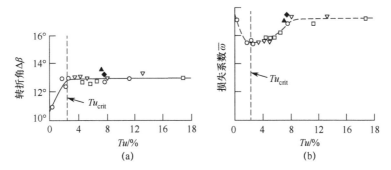

图 5-33　紊流度对气流转折角和流动损失的影响

（NACA-65 叶型 $Re=1.6\times10^5$，$\xi=50°$，$\theta=15°$，$\tau=1.0$，$\alpha_1=40°$）

图 5-33 表示，当紊流度从零增大到 3%时，气流转折角 $\Delta\beta$ 增大，总压损失系数减小。如果紊流度超过 3%而继续增加时，气流转折角几乎保持不变，但总压损失系数增大，因为大量的能量由于耗散的增大被损失掉了。

5. 密流比对压气机平面叶栅性能的影响

气流流过平面叶栅时，截面积可能有所收缩。例如，由于风洞壁面附面层的增加，以及通过叶栅气流压力的快速升高，使叶栅的叶片顶部和根部端壁上的附面层显著增厚，这些都导致气流截面积的收缩。通常用轴向密流比（Axial Velocity Density Rate，AVDR）表示收缩程度，即

$$A_1\rho_1W_1\sin\beta_1 = A_2\rho_2W_2\sin\beta_2$$

$$\mathrm{AVDR} = \frac{A_1}{A_2} = \frac{\rho_2W_2\sin\beta_2}{\rho_1W_1\sin\beta_1} \tag{5-30}$$

轴向密流比表示了风洞二元性的好坏。一般 AVDR=1.1 的风洞认为是好的，AVDR=1.25 是正常的高速风洞，AVDR>1.25 的风洞质量就不够好了。因为截面收缩使气流加速，所以会影响气流沿叶片表面的静压分布和落后角。

轴向密流比对静压分布的影响可以用下面的经验公式表示，即

$$C_p = C_{p,2D} - K''(\mathrm{AVDR}-1)$$

式中　C_p——压力系数（$C_p = \dfrac{P-P_1}{\frac{1}{2}\rho C_1^2}$）；

$C_{p,2D}$——AVDR=1.0 时的压力系数，即二元流动时的压力系数；

K''——常数（图 5-34）。

轴向密流比对叶栅总压损失的影响可以用下面经验公式表示，即

$$\bar{\omega} = \bar{\omega}_{2D} - K'(\mathrm{AVDR}-1) \tag{5-31}$$

式中　$\bar{\omega}_{2D}$——AVDR=1.0 时的总压损失系数，即二元流动时的总压损失系数；

K'——常数（图 5-34）。

对于不可压缩流体来说（低速时），密流比变为轴向速度比（AVR）。

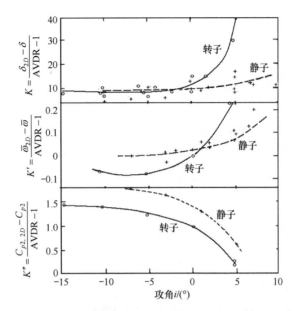

图 5-34 轴向密流比对落后角、总压损失系数和压力系数的影响

不论是对二元亚声速平面叶栅测量，还是对二元超声速平面叶栅测量，轴向密流比都是一项很重要的影响因素，在比较叶栅的测量结果，以及应用到压气机设计上时，都要考虑轴向密流比的影响。

5.7.3 平面叶栅的额定特性线

平面叶栅的正常特性线告诉我们，在一定的进气条件下，对于一个几何参数一定的叶栅，其气流转折角 $\Delta\beta$ 和总压损失系数 $\bar{\omega}$ 是进气攻角 i 的函数。有了平面叶栅正常特性线的概念后，对于压气机叶栅设计来说，就派生出了这样的问题：我们设计希望实现的气流转折角 $\Delta\beta$ 应该位于所设计的叶栅的正常特性线的什么位置才最好呢？从增加级的轮缘功来说，无疑希望气流转折角 $\Delta\beta$ 越大越好，最好用该叶栅的 $\Delta\beta_{max}$。从效率的观点来看，又不能使用太大的 $\Delta\beta$，因为 $\Delta\beta$ 接近 $\Delta\beta_{max}$ 时的损失很大，效率很低。此外，还涉及在选择设计点的参数时需要兼顾非设计点性能的问题。关于非设计点性能的概念和有关内容将在后面介绍。此外，如果希望实现的气流转折角 $\Delta\beta$ 比所设计叶栅能够达到的 $\Delta\beta_{max}$ 小很多，这种情况也是不可取的，因为此时叶栅的能力没有得到发挥。因此，在设计基元级时，要避免顾此失彼的做法，使轮缘功和效率都得到适当的兼顾，同时，还要考虑到叶栅在工作时应留有一定的余地（当工作状态偏离设计状态时，不致使气流发生严重分离，基元级的性能严重恶化）。因此，往往取所设计叶栅 $\Delta\beta_{max}$ 的 80% 作为设计状态下气流经过叶栅的转折角，习惯上以右上角打一个"*"号表示，即 $\Delta\beta^* = 0.8 \cdot \Delta\beta_{max}$，并把这种状态称为额定状态，在额定状态下的气流参数均在右上角注以"*"号，如 i^*、β_1^*、β_2^* 和 δ^* 等。

额定状态的概念很重要，有了叶栅额定状态的概念后，就把叶栅的设计状态和其工作状态合理地联系到一起了。设计状态是进行叶栅设计需要实现的气流流动状态，而叶栅额定状态的概念告诉我们，一个合理的设计不但要求所设计的叶栅能够保证实现所希望的气流流动状态,而且还要恰好是所设计叶栅的额定状态。对于叶栅设计来说,额定状态的特性显然是非常重要的。

对于几何参数一定的一个叶栅进行试验,只能得出一个额定工作点,即只能找到和给定的叶栅几何参数相适应的一组 i^*、β_1^*、β_2^*、W_1^* 和 $\bar{\omega}$ 等值。也就是说,只能找到叶栅几何参数和设计的基元级速度三角形参数之间关系的一个点。显然,为了得到这种关系曲线,即不同几何参数的叶栅和不同的设计速度三角形的对应关系,就必须对大量的叶栅重复进行叶栅正常特性线吹风试验,找到所有叶栅的额定工作点,进行综合和关联。

有些学者在这方面已经完成了大量的试验,并对试验数据进行了大量的研究和分析,成功地得出下列结果:在 $\tau = 0.5 \sim 2.5$,$\theta = 0° \sim 40°$,$\bar{a} = 0.4 \sim 0.45$,$\bar{C} = 0.05 \sim 0.12$,$i = \pm 5°$ 的范围内,对于一般压气机中所采用的叶型,平面叶栅的额定气流转折角 $\Delta\beta^*$ 主要随叶栅稠度 τ 和气流的额定出气角 β_2^* 而变化。当气流的额定出气角 β_2^* 一定时,叶栅稠度 τ 增加,则 $\Delta\beta^*$ 增加;当叶栅稠度 τ 一定时,气流额定出气角 β_2^* 增加,则 $\Delta\beta^*$ 增加。

把这些试验结果表示在图上,就成为压气机平面叶栅的额定特性线,如图 5-35 所示。因为该曲线是由叶栅额定工作点参数所构成,故称为额定特性线。又因为它是叶栅额定工作情况下的主要特性线,所以又称为主特性线。

这里,必须注意叶栅额定特性和正常特性的区别。正常特性线表示的是同一几何参数的叶栅,在气流攻角发生变化时叶栅性能的变化,也就是同一几何参数的叶栅,工作于不同速度三角形的特性。额定特性则是不同几何参数的叶栅和额定工作点速度三角形的对应关系。额定特性线上面的每一个点,对应着不同的叶栅,对应着不同的设计点速度三角形。

下面说明额定特性线的变化规律,即说明气流额定转折角 $\Delta\beta^*$ 随 τ 和 β_2^* 增加而增

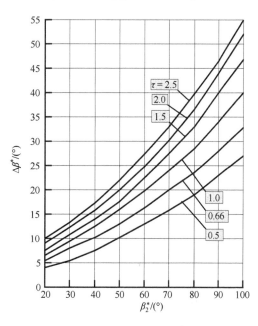

图 5-35 平面叶栅的额定特性线

加的理由。气流通过叶栅时,由于弯曲的叶栅通道的作用,迫使气流方向发生转折,气流的运动轨迹是曲线形的。因此,总有自叶型凸面向外偏离的离心现象。又由于弯曲通道是扩张的,故气流在通道中压力升高,气流沿压力不断增大的方向流动,将促使气流自叶型凸面分离。因此,在弯曲的扩压通道中气流是否分离和直的扩压通道相类似,取决于扩压的大小,以及完成此扩压所流过的叶片弯曲通道的长度,也就是所谓压力梯度的大小。扩压大,容易分离,流过的弯曲通道长度小,也容易分离。在 β_2^* 一定时,增大叶栅的 τ(如 b 不变减小 t,如图 5-36 所示),由于弯曲通道对气流的作用长度加大(图中两条点画线所夹的通道长度),达到同样的压力梯度允许气流有更大的扩压,即更大的转折角才会发生分离,故 τ 加大,允许使用的额定转折角 $\Delta\beta^*$ 增加;当叶栅稠度 τ 一定时,

额定出气角 β_2^* 大，叶型的安装角就要加大（叶型一定）。假设 b 不变，β_2^* 增加，如图 5-37 所示，此时，弯曲通道对气流的作用长度也加大，允许使用的转折角增加，故 β_2^* 增加时，$\Delta\beta^*$ 也增加。

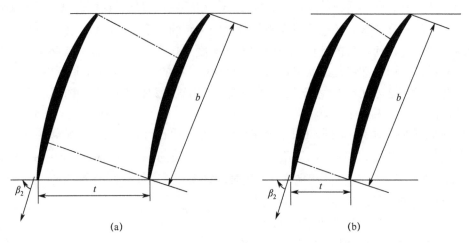

图 5-36　β_2^* 一定下 τ 上升时，$\Delta\beta^*$ 上升的原因

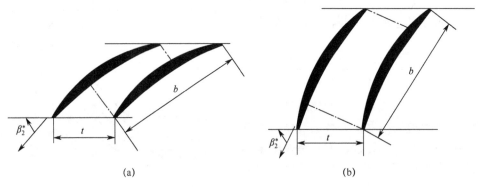

图 5-37　τ 一定时，$\Delta\beta^*$ 随 β_2^* 增加而增加的原因

5.7.4　叶栅出口气流的落后角（偏离角）

前面讲过，气流流出叶栅通道时有一个落后角 δ，落后角 δ 是一个重要的数据，因为知道了落后角就等于知道了气流的出口方向。

根据大量的叶栅吹风试验，在常用的叶栅几何参数范围内，气流的攻角在由负攻角到额定攻角 i^* 范围内变化（$i \leqslant i^*$）时，气流的落后角几乎不变，而且在额定状况下，可以用下列公式(卡特公式)表示，即

$$\delta^* = m\theta\sqrt{\frac{t}{b}} \tag{5-32}$$

式中　m——系数，其值随叶栅的 $\dfrac{a}{b}$ 和 β_2^* 变化，即

$$m = 0.23\left(\frac{2a}{b}\right)^2 - 0.002\beta_2^* + 0.18 \tag{5-33}$$

由于 $\beta_2 = \beta_{2k} - \delta$，所以在 $i \leqslant i^*$ 范围内，β_2 也是大致上不变的。该试验结果对于分析和计算叶栅不同工作状况的性能是非常重要的。

轴向密流比对落后角的影响可以用下面的经验公式表示，即

$$\delta = \delta_{2D} - K(\text{AVDR} - 1) \tag{5-34}$$

式中　δ_{2D}——AVDR=1.0 时的落后角，即二元流动时的落后角；

　　　K——常数（图 5-34）。

对于在圆柱面上造型的双圆弧和多圆弧叶片，可以直接用卡特公式（5-33）再加上一个经验修正项计算落后角，即

$$\delta = m\theta\sqrt{\frac{t}{b}} + x\left(1 - m\sqrt{\frac{t}{b}}\right) \tag{5-35}$$

式中　m——基元叶片安装角 ξ 和最大挠度相对弦向位置 $\overline{a}$ 的函数（图 5-38）。

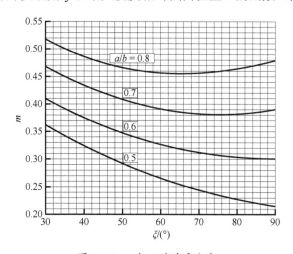

图 5-38　m 与 ξ 的关系曲线

5.8　超声速基元级

如上所述，要想增加基元级的加功量和增压比，提高工作轮的切线速度是一个行之有效的措施，但这将导致工作轮叶栅进口相对马赫数 M_{w1} 的升高，当 $M_{w1} > 1.0$ 时，叶栅进口为超声速气流，这时的基元级称为超声速基元级，相应的工作轮平面叶栅称为超音平面叶栅。

航空燃气涡轮发动机的发展提出了发展跨声速和超声速风扇/压气机的需求，图 5-39 给出了跨音压气机发展的历史。跨音压气机是伴随着人们对于超声速叶栅流动性质的认识和适合超声速流动的叶型的发展而发展的。可以说，只有当人们对于超声速叶栅内部流动的激波结构，以及激波与附面层的相互干扰有了深刻的认识，并发展出适合超声速来流的叶型后，跨音压气机的设计才能成为现实，这也可以从图 5-40 所示的级压比和叶尖相对马赫数 M_{w1}，以及与之相适应的叶型的发展过程看出来。

工作轮叶栅前的相对速度由亚声速提高到超声速时，叶栅的流动情况将发生质的变

化。下面具体分析超音叶栅的气流流动情况。

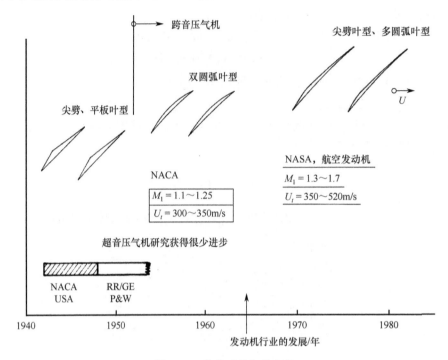

图 5-39　跨音压气机的发展

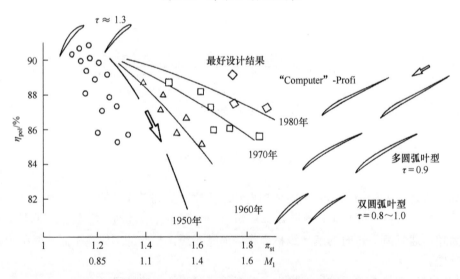

图 5-40　压气机级压比和叶尖马赫数的发展

采用超音叶栅时，叶栅进口的马赫数大于 1，超声速气流在减速过程中要产生激波，气流经过激波，压力升高。下面具体分析利用超声速基元级增压，在理论上是否可取。

首先假设是理想气体，根据计算，可以得出气流通过一道正激波后的总压恢复系数以及增压比跟激波进口马赫数 M_1 的关系曲线，如图 5-41 所示。图中符号 π_{sk} 为激波后静压与激波前静压的比值，σ_{sk} 为通过激波的总压恢复系数。

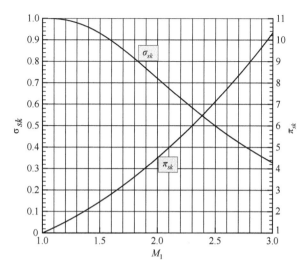

图 5-41　气流通过正激波的增压比和总压恢复系数

由图 5-41 可见，当 M_1 在 1.3~1.5 范围内时，气流通过一道正激波的增压比可达 $\pi_{sk}=1.8\sim2.2$，而此时通过激波的总压恢复系数 $\sigma_{sk}=0.97\sim0.94$。这就是说，如果 $M_1=1.3\sim1.5$ 时，采用一道正激波提高压力，是合适的。如果 M_1 更高，则宜采用一斜一正的激波系，以减少激波损失。从以上的讨论中可以看出，如果能正确地选择波系，激波损失是很小的，这就是发展超声速叶栅或超声速基元级的理论根据。当然，以上只是分析了气流通过激波的损失，而实际上对于超声速叶栅来说，激波—附面层相互干扰使得附面层分离造成的损失可能比激波损失大得多。这就告诉我们，发展超声速叶栅在理论上是可行的，但要使其变为现实，则必须发展相应的叶型以控制叶栅流道内激波的强度，避免激波—附面层相互干扰带来的附面层分离，如图 5-42 所示。

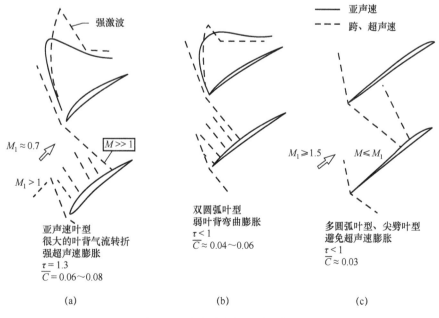

图 5-42　超声速叶栅流动示意图

目前，超声速基元级大致有表 5-1 所列的几种方案，但实际采用最多的是第三种方案，下面就介绍这种方案的特点。在这种方案中，激波只是在工作轮叶栅中产生，所以只有工作轮叶栅是超音叶栅，它后面的整流器叶栅仍是亚音叶栅。根据 M_{w1} 的大小，工作轮可以只产生一道正激波或者一斜一正的激波系（当 M_{w1} 较大时），如图 5-42 所示。从图 5-42 可以看出，激波后的气流可以看成与亚音叶栅的情况完全相同。如果需要在激波后进一步扩压，那么气流必须扭转，即 $\beta_2 > \beta_1$；单靠激波压缩时，气流在激波后不必转弯，即 $\beta_2 = \beta_1$。为了避免激波后的气流分离，有时还把激波后的那一部分通道做成收敛型。

表 5-1 超声速基元级的不同方案

方案	工作轮叶栅		整流器叶栅	
	进口	出口	进口	出口
1	超声速	超声速	超声速	亚声速
2	超声速	亚声速	超声速	亚声速
3	超声速	亚声速	亚声速	亚声速
4	亚声速	亚声速	超声速	亚声速

超声速基元级的速度三角形如图 5-43 所示。图 5-43 所示为轴向进气，$\beta_2 = \beta_1$ 以及 $\beta_2 > \beta_1$ 的情况。从图中可以看出，如果 $\beta_2 = \beta_1$，轮缘功为

$$L_u = U \cdot \Delta W_{usk} = U \cos \beta_1 (W_1 - W_2)$$

式中：$W_2 = W_{sk}$ 是激波后叶栅出口的相对速度。

如果 $\beta_2 > \beta_1$，则求解轮缘功的公式中多出了一项 ΔW_u，这时，有

$$L_u = U(\Delta W_{usk} + \Delta W_u)$$

但是，亚声速部分的扭速 ΔW_u 一般都很小，也可以为零。换言之，气流经过超声速叶栅的压力提高主要是由激波完成的。

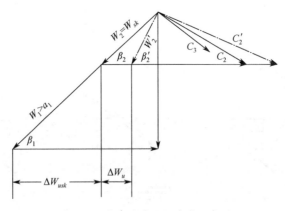

图 5-43 超声速基元级速度三角形

5.9 压气机叶片叶型

平面叶栅试验数据将叶栅的主要几何参数与基元级速度三角形联系起来了，对于压

气机叶栅设计乃至压气机的设计，这是至关重要的内容。为了实现叶栅气动设计的目的，需要将叶栅的几何参数与气动参数很好地关联。叶栅（包括叶型）的主要几何参数正是为实现此目的对其几何参数的高度概括和总结。这些参数与叶栅绕流的气动性能密切相关，但是还不足以确定叶型的几何形状，而且上述试验数据的关联也是针对一定的叶型来说的。所谓一定的叶型与传统的叶栅设计理论或叶型的造型方法有关。下面简单介绍传统的叶型造型方法和一些通常采用的压气机叶片叶型。

5.9.1 叶型的构造

在介绍叶型的主要几何参数时，是根据已有的叶型形状确定或定义了描述叶型的主要几何参数，而叶型的造型过程恰好相反。首先应确定叶型的中弧线，然后选择合适的原始叶型进行叠加。

目前，在压气机叶型造型中广泛使用的中弧线形式主要有抛物线、圆弧、多圆弧以及任意多项式等，这里我们就抛物线和双圆弧形式的中弧线介绍其确定方法。

1. 抛物线形中弧线

如图 5-44 所示，在采用抛物线为中弧线时，中弧线的表达式可写为

$$(x+Ay)^2 + Bx + Cy + D = 0 \tag{5-36}$$

式（5-36）中的 4 个常数 A、B、C、D，可以根据下式确定，即

$$\begin{cases} x=0, & y=0 \\ x=b, & y=0 \\ x=0, & \dfrac{\mathrm{d}y}{\mathrm{d}x} = \tan\chi_1 \\ x=b, & \dfrac{\mathrm{d}y}{\mathrm{d}x} = \tan\chi_2 \end{cases} \tag{5-37}$$

将式（5-37）代入式（5-36），可以确定出式（5-36）中的常数，即

$$\begin{cases} A = \dfrac{\cot\chi_2 - \cot\chi_1}{2} \\ B = -b \\ C = b\cot\chi_2 \\ D = 0 \end{cases} \tag{5-38}$$

这样，式（5-36）表示的抛物线中弧线就完全确定了。

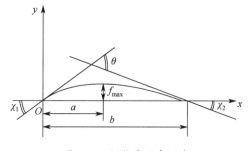

图 5-44 抛物线形中弧线

2. 中弧线为两段圆弧

如果采用两段圆弧组成的中弧线，由于最大挠度就在两段圆弧的交接处，所以可以得到两圆弧的半径为

$$\begin{cases} R_1 = \dfrac{a}{\sin \chi_1} \\ R_2 = \dfrac{b-a}{\sin \chi_2} \end{cases} \quad (5\text{-}39)$$

确定出 R_1 和 R_2 后，可根据图 5-45 完全确定两段圆弧组成的中弧线。

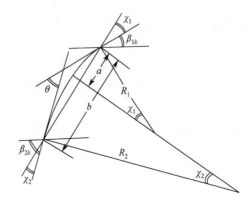

图 5-45 两段圆弧组成的中弧线

实践证明，抛物线形中弧线适合于马赫数较低的流动，而圆弧形中弧线适合于高亚声速流动。

5.9.2 压气机叶片叶型

中弧线类似于叶型的"骨架子"，要完成叶型的造型，传统的做法是在这个"骨架子"上覆盖原始叶型。所谓原始叶型，是指未弯曲的对称叶型，类似于对称的飞机翼型或薄翼螺旋桨叶型。当原始叶型选定后，也就确定了沿中弧线的厚度分布，然后在中弧线上叠加上厚度分布即可完全确定叶型的型面，如图 5-46 所示。

原始叶型的选择主要依据于工作马赫数，图 5-47 给出了适合不同工作马赫数的常用叶型说明。目前，亚声速压气机叶型设计广泛采用的原始叶型有 3 种：C4 叶型、NACA0010 叶型以及 BC-6 叶型。这一类叶型，一般前缘比较厚，使得亚声速流动的低损失攻角范围比较大。

C4 叶型是英国国家燃气涡轮研究所研制的 C 系列叶型，而 NACA 是美国国家航空咨询委员会的简写，BC-6 叶型是苏联提出的 BC 系列叶型，如 BC-10 叶型等。

上述 3 种原始叶型的最大相对厚度为 10% 或接近 10%。如果要用比它们小（或大）的最大相对厚度，可将上述原始叶型按比例缩小（或放大）。不同叶型的最大厚度的相对位置是不同的，C4 和 NACA0010 的 $\bar{e}$ 为弦长的 30%，BC-6 的 $\bar{e}$ 为弦长的 40%，可根据具体要求进行选用。

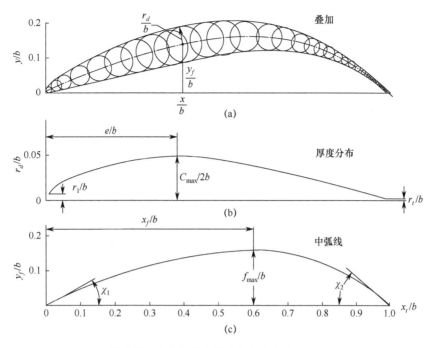

图 5-46 由中弧线和厚度分布叠加构造叶型

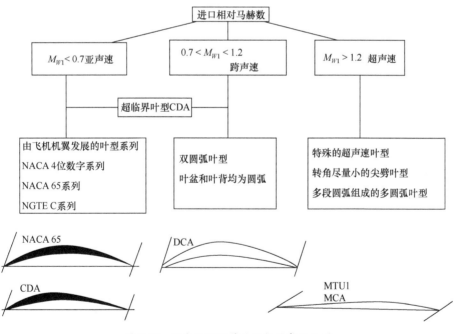

图 5-47 适合不同工作马赫数的常用叶型

随着进气马赫数的变大，叶型前部壁面的曲率应该减小，把最大厚度向后缘移，同时相对厚度减小。叶型的最大相对厚度 $\bar{C}$ 和它离前缘的相对距离 $\bar{e}$ 是影响压气机叶型的临界马赫速的重要因素，叶型的 $\bar{C}$ 越小和 $\bar{e}$ 越大，则叶型的临界马赫数就越大。所以，一般叶型进口的气流速度越高，就应当选用较小的 $\bar{C}$ 值，并且增大 $\bar{e}$ 值。但叶型的最大厚度还直接影响强度，特别是叶根剖面，因而，必须全面考虑。压气机工作轮叶片根部叶型厚，而尖部叶型薄，就适应了叶尖气流马赫数高和叶根剖面受力大的特点。

在高亚声速流动的情况下（$0.6 < M_w < 0.85$），比前面列举的叶型略微细长一些的叶型 NACA-65 就很合适。这时，通常选用 $\bar{a}=0.5$ 的中弧线或者采用能给出较高临界马赫速的圆弧中线。

亚声速压气机叶型的最大相对厚度 $\bar{C}$ 在 $0.04 \sim 0.12$ 的范围内，工作叶片尖部 $\bar{C}=0.04 \sim 0.06$，根部 $\bar{C}=0.08 \sim 0.12$，$\bar{C}$ 沿叶高可按线性规律变化；静子叶片的 $\bar{C}=0.06 \sim 0.08$，$\bar{C}$ 沿叶高可以不变化。

在跨声速流动时，只有细长的叶型才有较宽的低损失攻角范围。此时，具有椭圆中弧线的双圆弧叶型比较合适，如图 5-48 所示。所谓双圆弧叶型，是指叶型由两个圆弧构成，叶背是一个圆弧，叶盆也是一个圆弧。若前缘小圆的半径 r_1 和后缘小圆的半径 r_2 相等，则双圆弧叶型的最大厚度在弦长的中间。双圆弧叶型可用到工作马赫速 1.3，广泛采用于进气马赫数 $0.7 \sim 1.1$ 的范围内。

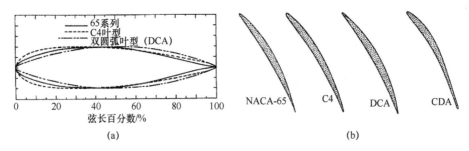

图 5-48 几种常用叶型示意图

当来流马赫数大于 1.2 时，最好采用最大厚度往后移的叶型。

（1）多圆弧叶型，叶背和叶盆分别由几段圆弧组成。

（2）直线和圆弧叶型。

（3）直线和二次曲线（双曲线）组成的叶型等。

当马赫数达到 1.5 或 1.6 时，可进一步将叶背前半部做成凹形。这样，气流在经过叶型前缘产生的一束膨胀波加速之后，再经过凹面上连续产生的压缩波，速度减小下来。所以，即使在与激波相遇之前还经过膨胀（这是由于在叶片后部表面又回复到凸形而产生的），速度总是要比原来小，马赫数比原来低，可以有效地控制激波的强度。这种叶片的中弧线就呈 "S" 形，如图 5-49 所示。

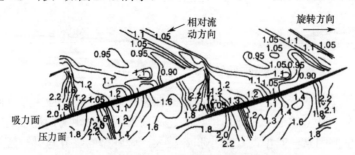

图 5-49 高马赫数叶型流动特点（静压等值线）

5.9.3 控制扩散叶型

美国普拉特-惠特尼发动机公司于20世纪80年代初设计出一种新的叶型。在亚声速时,通过控制叶型吸力面上气流的扩散来防止附面层分离,称为控制扩散叶型(Controlled Diffusion Airfoil,CDA);在超、跨声速时,控制扩散使叶型表面当地速度由超声速扩散为亚声速而不产生激波,称为超临界叶型。采用CDA叶型的压气机,多变效率约提高2%,每个叶片的压升能力增加约60%。

控制扩散叶型的主要设计准则如下。

(1)气流从前缘开始,沿吸力面保持连续加速,直到附面层转捩点为止,因为气流附面层在加速情况下,不会发生分离,这样可以防止层流附面层的分离。

(2)吸力面最高马赫数控制在1.3以下。激波和附面层的相互作用能引起附面层分离,在正激波的情况下,如果波前马赫数小于1.3,不会发生分离。

(3)控制吸力面从最大马赫数M_{max}点起到后缘这一段减速区内的气流的扩散度,以不产生激波,不发生分离,并且使表面摩擦最小。

(4)沿压力面气流速度分布接近于均匀。

如图5-50所示为这种叶型的设计特点。

在上述控制扩散叶型的基础上,普拉特-惠特尼发动机公司又提出了第二代控制扩散叶型。设计时,除了采用第一代控制扩散叶型的准则之外,还要考虑端壁附面层的影响。第一代控制扩散叶型因为没有考虑端壁附面层的影响,所以在叶尖和叶根处的叶型存在气流分离的现象。第二代控制扩散叶型克服了这一缺点,不仅提高了压气机的效率,并且增加了喘振裕度。

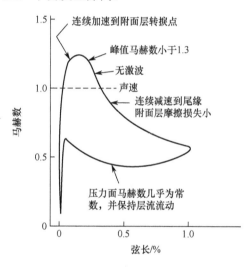

图5-50 控制扩散叶型的设计特点

思考题和习题

1. 基元级中的流动过程为什么是整台压气机提高压力过程的缩影?
2. 如果圆周速度和轴向速度保持不变,要使工作轮进口的M_{w1}降低,试问可以采用何种措施?
3. 反力度为0,0.5,1.0的基元级,其速度三角形具有什么特点?
4. 叶型的流动损失包括哪几项?是怎样形成的?
5. 叶型几何参数和叶栅几何参数有什么不一样?
6. 扩散因子的意义是什么?
7. 某轴流压气机的一个基元级,已知$U_1=U_2=250 \text{ m/s}$,$C_{1a}=C_{2a}=125 \text{m/s}$,$Lu=20.1 \text{kJ/kg}$,$C_{1u}=30 \text{m/s}$,试画出其速度三角形。

8. 某轴流压气机的一个基元级，$\beta_1 = 30°$，$U_1=U_2=270\,\mathrm{m/s}$，$C_{1a} = C_{2a}$，并且是轴向进气，$\Delta W_u = 91\,\mathrm{m/s}$，试画出速度三角形，并求出轮缘功 L_u 及 C_2 的大小和方向。

9. 某轴流压气机平均半径处的 $\beta_2 = 42.8°$，$U_1=U_2=270\,\mathrm{m/s}$，$L_u = 27.5\,\mathrm{kJ/kg}$，设 $C_{1a} = C_{2a}$ 并且是轴向进气，求平均半径处的 β_1 和 α_2。

10. 若将题 9 中的 L_u 增高到 $31.4\,\mathrm{kJ/kg}$，而保持 W_1 的大小和方向不变，β_2 不变，则预旋 C_{1u} 应等于多少？

11. 在题 10 的基础上，保持 W_1 和圆周速度的大小不变，将流量增加 30%，则这时 C_{1u} 又是多少？

12. 已知基元级的反力度，工作轮的绝热效率和整流器的绝热效率，试求基元级的滞止绝热效率。如反力度为 0.62，工作轮的绝热效率为 0.91，整流器的绝热效率为 0.88，试求该基元级的滞止绝热效率（设 $C_3 = C_1$）。

13. 一压气机级进口预旋 $C_{1u} = 79\,\mathrm{m/s}$，轴向速度 $C_{1a} = C_{2a} = 180\,\mathrm{m/s}$，工作轮叶栅的几何出口角为 $46°46'$，稠度为 0.7，平均半径为 $284\,\mathrm{mm}$，转速为 $11150\,\mathrm{r/min}$，偏离角为 $4°51'$，试求工作轮叶栅平均半径处的扩散因子。

14. 一压气机叶栅，弦长 $b=55\,\mathrm{mm}$，中弧线的方程为 $y = \dfrac{x(55-x)}{144+3.7x}$（$x$ 轴与叶弦重合，原点为中弧线与叶型前缘的交点），栅距 $t=60\,\mathrm{mm}$，已知其额定出气角 $\beta_2^* = 80°$，试求气流流过此叶栅时的额定落后角 δ^*。

15. 一个压气机叶栅，已知叶型的弦长 $b=40\,\mathrm{mm}$，$a=18\,\mathrm{mm}$，并根据气动计算已知 $\beta_1 = 20°18'$，$\beta_2 = 32°42'$，$M_1 = 0.647$，$M_2 = 0.523$，$i = -1°$，试求：

（1）根据叶栅额定特性曲线图确定稠度；

（2）落后角 δ；

（3）弯角 θ；

（4）扩散因子 D。

第6章 级的基本理论

前面已经学习了基元级的基本工作原理和有关基元级的基本理论,并且已经知道,"级"是由基元级沿半径方向叠加而成的。虽然各基元级的工作原理完全一样,但是各基元级中的具体情况却是各不相同的。例如,当观察压气机叶片时,就会发现这些叶片不是"直"的,从叶根到叶尖是"扭"的,这些就是本章要讨论的主要内容。通过这一章的学习,可以了解级中不同半径上基元级之间的相互联系和区别,进一步可以掌握"级"是怎样由基元级叠加而成的。

首先看看直叶片在实际工作时会遇到什么困难。这里只以轴向均匀进气为例(这时 $C_{1a}=C_1$)来分析,图6-1所示为直叶片叶尖、叶中和叶根3个截面的速度三角形。由图可见,由于在不同半径上,圆周速度 U 不同,因此,在不同半径上的基元级中,气流的攻角相差很大。如果叶片是按照平均半径处的速度三角形做的,那么,在叶尖,由于圆周速度最大,造成很大的正攻角,结果使叶型的叶背处发生严重的气流分离;在叶根,由于圆周速度最小,造成很大的负攻角,结果在叶型的叶盆处发生严重的气流分离。因此,对于直叶片来说,除了靠近平均半径处的一部分尚能正常工作之外,其他部分都会发生严重的气流分离。也就是说,直叶片的压气机,其效率是很低的,甚至会达到根本无法运转的地步。

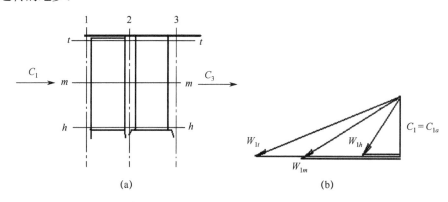

图6-1　直叶片叶尖、叶中和叶根3个截面的速度三角形

为了提高压气机的效率,应该使叶片的几何进口角与气流的进气角接近,气流能够顺畅地流入叶栅通道。由此可见,叶片沿高度方向之所以要扭转,主要是为了适应不同半径上各基元级的速度三角形。速度三角形沿叶高的变化规律决定了叶片扭转的规律,按照这个变化规律设计压气机的叶片就可提高压气机的效率,满足发动机总体设计的需要。

必须注意,当分析"级"中气流的流动情况时,不能孤立、片面地去看待基元级,而是要从互相联系、互相影响中分析各基元级的流动。圆周速度沿叶高不同只是造成基元级速度三角形变化乃至于叶片需要扭转的一个因素。在决定基元级速度三角形沿叶高的变化时,还必须全面地考虑到其他各种影响因素,这就是下面要讨论的内容。

6.1 压气机中的三元流计算概述

在第 2 章中曾经介绍过,压气机内部的流动实质上是空间三维性很强的有黏非定常流动。尤其是现代航空发动机的轴流式压气机和风扇,都采用高负荷、高马赫数数以及内外径沿轴向变化很大的流程设计。这样的压气机,气体的熵沿叶高变化较大,总压分布也不均匀,功沿叶高也有变化,流动的三维性更加突出。描述这类流动的基本方程包括连续方程、运动方程、能量方程和状态方程等。用圆柱坐标表示的动量方程如下。

径向动量方程,即

$$\frac{\partial C_r}{\partial t} + C_r \frac{\partial C_r}{\partial r} + \frac{C_\theta}{r}\frac{\partial C_r}{\partial \theta} + C_z \frac{\partial C_r}{\partial z} - \frac{C_\theta^2}{r} = -\frac{1}{\rho}\frac{\partial P}{\partial r} + f_{\text{质}r} + f_{\text{黏}r} \tag{6-1}$$

切向动量方程,即

$$\frac{\partial C_\theta}{\partial t} + C_r \frac{\partial C_\theta}{\partial r} + \frac{C_\theta}{r}\frac{\partial C_\theta}{\partial \theta} + C_z \frac{\partial C_\theta}{\partial z} + \frac{C_r C_\theta}{r} = -\frac{1}{\rho r}\frac{\partial P}{\partial \theta} + f_{\text{质}\theta} + f_{\text{黏}\theta} \tag{6-2}$$

轴向动量方程,即

$$\frac{\partial C_z}{\partial t} + C_r \frac{\partial C_z}{\partial r} + \frac{C_\theta}{r}\frac{\partial C_z}{\partial \theta} + C_z \frac{\partial C_z}{\partial z} = -\frac{1}{\rho}\frac{\partial P}{\partial z} + f_{\text{质}z} + f_{\text{黏}z} \tag{6-3}$$

式中:C_r、C_θ 和 C_z 是气流在 3 个方向上的分速度;$f_{\text{质}}$ 和 $f_{\text{黏}}$ 分别是质量力和黏性力。

气体流过压气机级的叶片排时,受到叶片力的作用。一般情况下,在数学上往往把叶片处理成平均分布于整个气体质量上的力,即以 $f_{\text{叶}}$ 表示作用于单位质量气流上的叶片力。这样,$f_{\text{质}} = f_{\text{叶}}$。

由于气体流经工作轮的绝对运动随时间变化很大,而气体相对于工作轮的相对速度,在大多数情况下却可以认为不随时间变化。同时,气体流经工作轮的边界条件也适宜用相对坐标系表示。另外,考虑到叶片机是一种回转机械的特点,一般采用以气体相对速度和圆柱坐标系(r,φ,z)表示的基本方程组。基本方程组一般包括 6 个方程(连续方程、能量方程和状态方程各 1 个,运动方程有 3 个)。未知变量的数目一般也有 6 个:相对速度的 3 个分量 W_r、W_u 和 W_z,再加气体的 3 个状态参数 P、ρ 和 T(假设黏性系数为常数)。这样,给出相应的边界条件及初始条件后,就可以完全确定气体流动的情况。不过这个方程组是非线性的偏微分方程组,而且方程组中还包含了目前还不能准确计算的黏性力项。为此,在运用该方程组求解具体问题时,必须抓住问题的主要矛盾,通过针对具体问题的简化假设进一步将方程组简化。简化方程组的方法主要有两种:一是降维减少自变量数目;二是线性化。由于压气机中流动的特殊性,线性化的简化方法,除了在压气机气动稳定性和气弹稳定性分析方面有所应用以外,在其他方面应用很少,而降维方法得到了广泛的应用。现在的压气机设计体系本质上是定常的设计体系,因为除了针对个别特殊的问题以外,所有的计算分析包括设计理论都采用了 $\partial/\partial t = 0$ 的定常假设。另外，经常采用的降维措施还有 $\partial/\partial\varphi=0$ 的轴对称假设，以及我国已故著名科学家吴仲华教授于 20 世纪 50 年代初首先提出的两类相对流面（图 6-2）理论。

吴仲华教授的两类相对流面理论把从一个叶片到另一个叶片间的流面（接近于圆柱面，但不是圆柱面）称为 S_1 流面；从叶根到叶尖的流面（接近于叶片形状的流面）称为 S_2 流面。该理论把从根部到叶尖的气体流动由过去的轴对称流动发展到沿某一个 S_2 流面上的流动，而从一个叶片到另一个叶片间的流动由过去的圆柱面或锥面上的流动发展到沿某一个 S_1 流面上的流动。这样，把整个空间的三维流场分解为两类流面上的二维流场来求解。一个二维流场

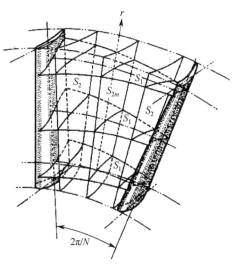

图 6-2　S_1 和 S_2 两类相对流面

是 S_2 流面内的流动，另一个二维流场是 S_1 流面内的流动。实际上，两类流面是互相联系、互相影响的，需要通过两类流面的相互迭代，求解出整个三元流场，这称为准三维解。

迄今为止，还发展了许多叶片机内流场的计算方法，如流线曲率法、矩阵通流法、流函数差分法和时间相关法等。自 20 世纪 90 年代中期以来，全三维有黏计算已在各类叶片机气动设计中得到了越来越广泛的应用。这些计算方法的详细介绍，已超出本课程讲授内容的范围，可参看有关参考文献。

6.2　完全径向平衡方程

下面介绍一下在叶片机计算中用得很多的流线曲率法的完全径向平衡方程。为了简化问题，流线曲率法做如下假设。

（1）流动是和时间无关的定常流动，即 $\partial/\partial t=0$。

（2）只计算叶片排和叶片排之间的轴向间隙内的流场。

（3）在轴向间隙内认为流场沿圆周方向是均匀的，即是轴对称的，$\partial/\partial\theta=0$。

（4）忽略运动方程中的黏性力项，但是通过在运动方程中计入熵梯度项反映黏性损失对流场的影响。

（5）不计气体重力影响。

应用上述假设，并引用子午面流速 C_m、子午面流线曲率半径 R_m、子午面流线弧长 m 以及沿流线弧长 m 方向的偏导数，如图 6-3 所示，可推导出完全径向平衡方程。所谓子午面，是指通过压气机轴中心线的纵截面，子午面流速是指速度在子午面上的投影，子午面流线是指流线在子午面上的投影。

径向动量方程式（6-1）中的速度 C_r、C_θ 和 C_z 与图 6-3 中子午面速度 C_m 之间的关系为

$$C_r = C_m \sin\phi$$
$$C_\theta = C_u$$
$$C_z = C_m \cos\phi$$

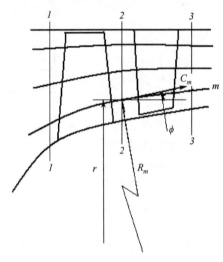

图 6-3　子午面流线和速度

将上述关系代入径向动量方程式（6-1）中，可得

$$C_m \sin\phi \frac{\partial(C_m \sin\phi)}{\partial r} + C_m \cos\phi \frac{\partial(C_m \sin\phi)}{\partial z} - \frac{C_u^2}{r} = -\frac{1}{\rho} \frac{\partial P}{\partial r}$$

展开上式中的偏导数，可得

$$C_m \sin\phi \left(\frac{\partial C_m}{\partial r} \sin\phi + \frac{\partial C_m}{\partial z} \cos\phi \right) + C_m^2 \left(\frac{\partial \sin\phi}{\partial r} \sin\phi + \frac{\partial \sin\phi}{\partial z} \cos\phi \right) - \frac{C_u^2}{r} = -\frac{1}{\rho} \frac{\partial P}{\partial r} \quad (6\text{-}4)$$

沿子午面流线的偏导数与沿坐标轴 r、z 的偏导数之间的关系为

$$\frac{\partial}{\partial m} = \frac{\partial}{\partial r} \frac{\partial r}{\partial m} + \frac{\partial}{\partial z} \frac{\partial z}{\partial m} = \frac{\partial}{\partial r} \sin\phi + \frac{\partial}{\partial z} \cos\phi \quad (6\text{-}5)$$

将式（6-5）代入式（6-4），可得

$$\frac{1}{\rho} \frac{\partial P}{\partial r} = \frac{C_u^2}{r} - C_m \sin\phi \frac{\partial C_m}{\partial m} - C_m^2 \frac{\partial \sin\phi}{\partial m} = \frac{C_u^2}{r} - C_m \sin\phi \frac{\partial C_m}{\partial m} - C_m^2 \cos\phi \frac{\partial \phi}{\partial m} \quad (6\text{-}6)$$

由角度、弧长与半径的关系 $\delta m = |\delta\phi| \cdot R_m$，如果图 6-3 中的 R_m 定义为正号，则因为当 m 增加时，ϕ 角减小，所以 $\frac{\partial \phi}{\partial m} = -\frac{1}{R_m}$，将其代入式（6-6）可得

$$\frac{1}{\rho} \frac{\partial P}{\partial r} = \frac{C_u^2}{r} - C_m \frac{\partial C_m}{\partial m} \sin\phi + \frac{C_m^2}{R_m} \cos\phi \quad (6\text{-}7)$$

式（6-7）称为完全径向平衡方程。等号右边第一项 $\frac{C_u^2}{r}$ 是气体微团以速度 C_u 做等速圆周运动时的向心加速度；第二项是气体微团沿子午面流线做变速运动的加速度在径向的分量；第三项是流体微团沿子午面流线做曲线运动时的向心加速度在径向的分量。第二

项和第三项考虑了在子午面上流体微团做曲线变速运动具有的径向加速度对流动产生的影响，因此，式（6-7）就称为完全径向平衡方程。此式也考虑了子午面流线的曲率和倾角对流动的影响。在压气机发展早期，一方面，压气机级负荷比较低，进口马赫数也比较小，通道内、外半径沿轴向变化不大；另一方面，计算机技术也还没有发展到现在这么高的程度，完全径向平衡方程没有得到广泛应用。因此，在计算压气机流动时还假定了气流沿圆柱面流动，即没有径向速度，这样得到的径向动量方程称为简化径向平衡方程。

6.3 简化径向平衡方程

为了清楚明了起见，这里把推导简化径向平衡方程时的假设归纳如下。
（1）气体在压气机内是沿着圆柱面流动的，也就是气体的径向分速度为零。
（2）流动是定常的。
（3）流动是轴对称的。
（4）忽略气体的黏性。
（5）只研究叶片排和叶片排之间的间隙（轴向间隙）内的流动情况，叶片力等于零。
（6）作用于气体的重力忽略不计。

对比完全径向平衡方程采用的简化假设，不难看出，上述 6 个简化假设，只是在完全径向平衡方程的假设的基础上，补充了气流沿圆柱面流动的第（1）条假设，该假设使得式（6-7）中的 $\phi = 0$、$R_m \to \infty$。将这两个条件代入式（6-7），可得

$$\frac{C_u^2}{r} = \frac{1}{\rho}\frac{\partial P}{\partial r} \tag{6-8}$$

由轴对称假设可知 $\frac{\partial P}{\partial \theta} = 0$，此外，在轴向间隙内各个参数沿轴向没有变化，即 $\frac{\partial P}{\partial z} = 0$。因此，压力 P 只随径向变化，$\frac{\partial P}{\partial r}$ 可以写为 $\frac{\mathrm{d}P}{\mathrm{d}r}$。于是，式（6-8）可写为

$$\frac{\mathrm{d}P}{\mathrm{d}r} = \rho\frac{C_u^2}{r} \tag{6-9}$$

式（6-9）也可以从分析叶片排之间轴向间隙内气体微团的径向受力平衡得到。式（6-9）称为"简化径向平衡方程"，因为是在假定气体微团沿圆柱面流动的条件下得到的。等式右边表示单位容积的气体以切向速度 C_u 绕轴线做等速圆周运动时所具有的离心惯性力；左边项表示轴向间隙内单位容积气体因径向压差而受到的径向作用力。当 $C_u = 0$ 时，即没有切向速度时，压力沿径向没有变化。当存在切向分速时，即气体微团以 C_u 绕轴旋转时，它必然受到大小为 $\rho C_u^2 / r$ 的向心力作用，这就是说，它的上表面压力必须大于下表面的压力，而上表面压力与下表面压力的差就正好等于这个向心力。因此，只要有切向分速 C_u 存在，沿叶高气流的压力一定是增大的。

为了将式（6-9）变换成便于进行叶片扭向设计的形式，需要找出压力梯度 $\frac{\mathrm{d}P}{\mathrm{d}r}$ 与速

度分量之间的关系式。根据从压气机进口 0 截面到某一个截面 i 的机械能守恒方程，有

$$L_u = \int_0^i \frac{dP}{\rho} + \frac{C_i^2 - C_0^2}{2} + L_f \tag{6-10}$$

式中　L_u——从 0 截面到 i 截面压气机对 1kg 空气所加的轮缘功；

　　　L_f——气体的流动损失；

　　　C_0、C_i——气体在 0 截面和 i 截面处的绝对速度。

式（6-10）一般只对同一条流线上的气体才成立。但是，当近似认为进口流场均匀时，上述机械能形式的能量方程也同时适用于各条流线，因此可以对半径取导数，即

$$\frac{dL_u}{dr} = \frac{1}{\rho}\frac{dP_i}{dr} + \frac{dC_i^2}{2dr} + \frac{dL_f}{dr} \tag{6-11}$$

假设沿叶高方向各基元级的流动损失相同，即 $dL_f/dr = 0$，并略去 i 截面的下标，式（6-11）变为

$$\frac{dL_u}{dr} = \frac{1}{\rho}\frac{dP}{dr} + \frac{dC_u^2}{2dr} + \frac{dC_a^2}{2dr}$$

或者

$$\frac{1}{\rho}\frac{dP}{dr} = \frac{dL_u}{dr} - \left(\frac{dC_u^2}{2dr} + \frac{dC_a^2}{2dr}\right) \tag{6-12}$$

式中：C_a、C_u 为气体在 i 截面处的轴向分速和切向分速。

式（6-12）表明，径向压力梯度的建立可以通过两种方法实现。

（1）速度沿径向不变，即 $\frac{dC_i}{dr} = 0$，而轮缘功沿半径增加，即 $\frac{dL_u}{dr} > 0$。

（2）L_u 沿径向不变，即 $\frac{dL_u}{dr} = 0$，而速度沿半径减小，即 $\frac{dC_i}{dr} < 0$。

第一种方法不好，因为 L_u 沿半径增大，压气机第一级工作轮出口及其以后的各截面上相邻流线的气流所具有的总能量不同，会自发地混合造成掺混损失。所以，一般都采用第二种办法，即 L_u 不变而使速度沿叶高变化。

上述能量方程对半径求导以后，建立了压力、机械功和速度沿叶高变化的关系，而径向平衡条件又联系了沿叶高的压力梯度和速度之间的关系。因此，把径向平衡条件式（6-9）代入式（6-12）可以得到满足径向平衡条件的机械功与速度之间的关系，即

$$\frac{dL_u}{dr} = \frac{C_u^2}{r} + \frac{dC_u^2}{2dr} + \frac{dC_a^2}{2dr} \tag{6-13}$$

式（6-13）等号右边的第一、二项可以合并为

$$\frac{C_u^2}{r} + \frac{dC_u^2}{2dr} = \frac{1}{2r^2}\frac{d(C_u r)^2}{dr}$$

则

$$\frac{dL_u}{dr} = \frac{1}{2}\left[\frac{1}{r^2}\frac{d(C_u r)^2}{dr} + \frac{dC_a^2}{dr}\right] \tag{6-14}$$

由于一般采用 L_u 沿叶高不变的设计方法，因此，$\dfrac{\mathrm{d}L_u}{\mathrm{d}r}=0$，则

$$\frac{1}{r^2}\frac{\mathrm{d}(C_u r)^2}{\mathrm{d}r}+\frac{\mathrm{d}C_a^2}{\mathrm{d}r}=0 \tag{6-15}$$

式（6-15）是在等功、等熵（或者沿叶高的损失相等）条件下导出的径向平衡方程。根据该方程式，只要规定轴向间隙中气流速度的一个分速（如 C_u）沿半径的变化规律，则另一个分速（如 C_a）沿半径的变化规律也就完全确定了。这样，式（6-15）就把沿叶高各基元级的速度三角形联系起来了。

这里值得注意的是，只要气流的两个分速沿叶高的变化规律满足式（6-15）。那么，气流就会沿着圆柱面流动。但是能满足式（6-15）的气流速度的变化规律是很多的，应选择其中使气流损失小并且便于设计的那些分布规律。常用的有等环量分布规律、等反力度分布规律和通用规律等。究竟采用哪一种规律，要根据具体情况而定。

6.4 等环量分布规律

在常用的分布规律中，有一种是规定气流的切向分速度 C_{1u} 沿叶高的变化与半径成反比，也就是说，让切向分速度 C_{1u} 满足

$$C_{1u}r=常数 \tag{6-16}$$

这样的分布规律称为等 $C_{1u}r$ 分布规律，又称为"等环量"分布规律，或"自由旋涡"规律。

对于等环量分布规律，沿叶高气流参数的变化可以计算如下。

把 $C_{1u}r=$ 常数代入式（6-15），可得

$$\frac{\mathrm{d}(C_{1a})}{\mathrm{d}r}=0$$

则

$$C_{1a}=常数 \tag{6-17}$$

这就是说，对于等环量分布规律，轴向间隙中气流的轴向分速度 C_{1a} 沿叶高是不变的。

由于假设了 L_u 沿叶高不变，有

$$L_u=U(C_{2u}-C_{1u})=常数$$

因为 $U=\omega r$，根据上式可得到工作轮后轴向间隙中气流切向速度的变化规律为

$$C_{2u}r_2=C_{1u}r_1+\frac{L_u}{\omega}=常数 \tag{6-18}$$

也是等环量分布规律。同样，根据式（6-15）可得

$$C_{2a}=常数 \tag{6-19}$$

即工作轮后的轴向速度沿叶高也是不变的。

当 C_{1a}、C_{1u}、C_{2a} 和 C_{2u} 沿叶高的变化规律确定后，沿叶高各基元级的速度三角形也就完全确定了。这样，可以分析出气流角度沿叶高的变化如下。

（1）绝对进气角 α_1 沿叶高的变化。根据 $\alpha_1=\arctan\left(\dfrac{C_{1a}}{C_{1u}}\right)$，以及 C_{1u} 沿叶高减小，C_{1a}

沿叶高不变，可知 α_1 沿叶高增大。

（2）相对进气角 β_1 沿叶高的变化。根据 $\beta_1 = \arctan\left(\dfrac{C_{1a}}{U_1 - C_{1u}}\right)$，以及 U_1 沿叶高增大，C_{1u} 沿叶高减小，C_{1a} 沿叶高不变，可知 β_1 沿叶高减小很快。

（3）绝对出气角 α_2 沿叶高的变化。根据 $\alpha_2 = \arctan\left(\dfrac{C_{2a}}{C_{2u}}\right)$，以及 C_{2u} 沿叶高减小，C_{2a} 沿叶高不变，可知 α_2 沿叶高增大。

（4）相对出气角 β_2 沿叶高的变化。根据 $\beta_2 = \arctan\left(\dfrac{C_{2a}}{U_2 - C_{2u}}\right)$，以及 U_2 沿叶高增大，C_{2u} 沿叶高减小，C_{2a} 沿叶高不变，可知 β_2 沿叶高减小很快。

（5）反力度 Ω 沿叶高的变化。根据反力度的计算公式（5-6），有

$$\Omega = 1 - \dfrac{C_{1u}}{U} - \dfrac{\Delta W_u}{2U}$$

$$1 - \Omega = \dfrac{C_{1u}}{U} + \dfrac{\Delta W_u}{2U}$$

$$U^2(1-\Omega) = C_{1u}U + \dfrac{U \Delta W_u}{2} = \omega C_{1u} r + \dfrac{L_u}{2} = 常数$$

则

$$U^2(1-\Omega) = U_m^{\,2}(1-\Omega_m)$$

或者

$$\Omega = 1 - (1-\Omega_m)\left(\dfrac{r_m}{r}\right)^2$$

式中：Ω_m 为平均半径处的反力度。

级平均半径处的反力度 Ω_m 取不同数值时，按上式计算的反力度沿叶高变化的结果表示在图 6-4 中。由图中结果可以看出，反力度沿叶高增大，并且平均半径上的反力度 Ω_m 越小，反力度沿叶高增加得越快。

现在把等环量分布规律气流参数沿叶高的变化归纳如下：

$C_{1u} r = 常数$；

$C_{1a} = 常数$；

$C_{2u} r = 常数$；

$C_{2a} = 常数$；

$L_u = 常数$；

α_1 沿叶高增大；

β_1 沿叶高减小很快；

α_2 沿叶高增大；

β_2 沿叶高减小很快；

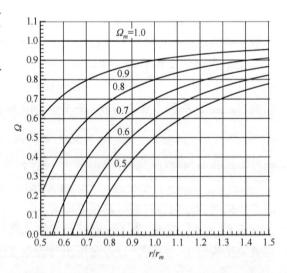

图 6-4 等环量级的反力度沿叶片高度的变化

$\Omega = 1-(1-\Omega_m)\left(\dfrac{r_m}{r}\right)^2$ 沿叶高增大迅速。

为了便于比较，图 6-5 把等环量规律的叶根、中径和叶尖 3 个截面的速度三角形画在了一起，图 6-6 画出了按等环量规律设计的叶片的顶视图。

从图 6-5 中可以清楚地看出，对于整流器 α_1 和 α_2 沿叶高均是增大的；对于工作轮叶片，β_1 和 β_2 沿叶高均是减小的。从这里我们能更具体地了解叶片需要扭转的原因。

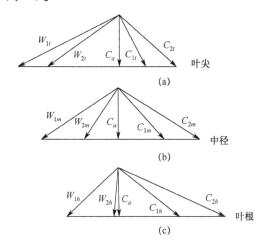

图 6-5 等环量设计的基元级速度三角形

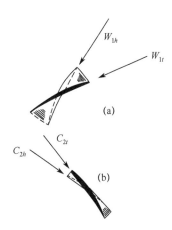

图 6-6 等环量设计叶片的顶视图
（a）工作轮叶片的扭转；（b）整流器叶片的扭转。

【例 6-1】 某九级压气机的第一级按等 $C_u r$ 设计，已知转速 $n=11150\text{r/min}$，工作轮叶片进、出口半径如表 6-1 所列。

表 6-1 工作轮叶片进、出口半径参数

半径 r	叶尖	中径	叶根
r_1/m	0.288	0.221	0.121
r_2/m	0.285	0.222	0.133

中径上 $C_1 = C_{1a} = 202\text{m/s}$，$C_2 = 211\text{m/s}$，$\alpha_2 = 64°23'$，试求：

（1）叶尖、中径、叶根处的速度三角形并作图；
（2）按 $T_1 = 268\text{K}$，求工作轮叶片进口的 M_{w1}；
（3）按 $T_2 = 296\text{K}$，并且沿叶高近似不变，求整流器进口 M_{C_2}。

【解】既然工作叶片进口 $C_{1u}=0$，沿叶高计算比较简单，其结果如表 6-2 和表 6-3 所列。读者可以根据计算所得数据，自己画出叶尖、中径、叶根 3 个截面的速度三角形。

表 6-2 工作轮叶片进口参数

计算项目	叶尖	中径	叶根
$U_1 = 2\pi r_1 n/60$（m/s）	336	256	141
C_{1a}（m/s）	202	202	202
$\beta_1 = \arctan\dfrac{C_{1a}}{U_1}$	31°5′	38°9′	55°5′

(续)

计算项目	叶尖	中径	叶根
$W_1 = \sqrt{C_{1a}^2 + U_1^2}$ （m/s）	392	327.5	246
$a_1 = 20.1\sqrt{T_1}$ （m/s）	329	329	329
$M_{w1} = W_1/a_1$	1.192	0.997	0.75

表 6-3　工作轮叶片出口参数

计算项目	叶尖	中径	叶根
$U_2 = 2\pi r_2 n/60$ （m/s）	332	259	155
$C_{2a} = C_{2m} \sin\alpha_{2m}$ （m/s）	190	190	190
$C_{2um} = C_{2m}\cos\alpha_m$ （m/s）		91	
$C_{2u} = C_{2um} r_{2m}/r$ （m/s）	71		152
$\beta_2 = \arctan\dfrac{C_{2a}}{U_2 - C_{2u}}$	35°58′	48°25′	89°6′
$C_2 = \sqrt{C_{2a}^2 + C_{2u}^2}$ （m/s）	203	211	243
$M_{C2} = \dfrac{C_2}{20.1\sqrt{T_2}}$	0.587	0.607	0.702

等环量规律的优缺点如下。

（1）C_{1u} 沿叶高降低，这不利于降低叶尖的 M_{w1} 和充分利用较高的叶尖轮缘速度。我们知道正预旋可降低相对速度，叶尖 U 大，要求预旋大，而等环量分布恰恰相反，叶尖的 C_{1u} 最小。为使 M_{w1} 保持在容许的范围内，就不能充分提高轮缘速度。

（2）Ω 沿叶高增大，当平均半径上的反力度 Ω_m 较大时，叶尖的 Ω 就可能太大，使叶尖基元级的效率大为降低；当 Ω_m 较小时，叶根的 Ω 可能太小，甚至会变成负的，这也将使效率大大下降。

（3）由于 β_1、α_1 等沿叶高变化都比较剧烈，叶片越长扭转越厉害，这对叶片制造带来一定困难。

（4）在叶根处，由于 C_{2u} 大而 U 较小，故 β_{2h} 容易出现大于 90°的情况。因为 $\tan\beta_2 = \dfrac{C_{2a}}{U_2 - C_{2u}}$，当 $U_2 = C_{2u}$ 时，$\beta_2 = 90°$；当 $U_2 < C_{2u}$ 时，$\beta_2 > 90°$，这时，通道前面部分扩压度过大，容易使气流分离，而后面部分则出现收敛通道，气流转为膨胀，如图 6-7 所示，结果总的损失增加。所以，$\beta_{2h} > 90°$ 的情况是不允许出现的。

（5）因为轴向分速度 C_a 分布均匀，效率一般较高，并且实践证明除两端附面层区域之外，设计计算的气流参数与实测数据较为吻合。

总体看来，前 4 个缺点在长叶片设计中特别严重，因此，等环量分布规律不宜用于长叶片设计。对于短叶片（如轴流式压气机的后面几级叶片），由于第（5）条优点特别突出，常采用等环量规律设计。

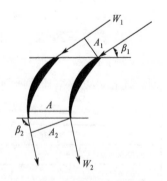

图 6-7　$\beta_2 > 90°$ 时的叶栅通道

6.5 等反力度分布规律

由于等环量分布规律在叶片比较长时，气流参数 β_1、Ω 等变化很大，不适用。这时，需要采用其他的分布规律，"等反力度分布规律"就是其中之一。在等反力度分布规律中，反力度沿叶高保持不变，亦即

$$\Omega = 1 - \frac{C_{1u}+C_{2u}}{2U} = 常数 \tag{6-20}$$

因为

$$L_u = U(C_{2u}-C_{1u}) = 常数$$

由上面两式解出 C_{1u} 和 C_{2u}，可得

$$C_{1u} = U(1-\Omega) - \frac{L_u}{2U} \tag{6-21}$$

$$C_{2u} = U(1-\Omega) + \frac{L_u}{2U} \tag{6-22}$$

因为 $U(1-\Omega)$ 随半径增大而增大，而 $\frac{L_u}{2U}$ 随半径增大而减小，因此，由式（6-21）可见，C_{1u} 沿半径必然增加，这就克服了等环量叶片的严重缺点，这一点正是我们所希望的。

根据径向平衡方程，既然 C_u 已经确定，那么，C_a 就不能任意选择了，由式（6-21）可得

$$C_{1u}r = \omega r^2(1-\Omega) - \frac{L_u}{2\omega}$$

将上式对 r 求导数，有

$$\frac{\mathrm{d}(C_{1u}r)}{\mathrm{d}r} = 2(1-\Omega)\omega r$$

则

$$\frac{1}{r^2}\frac{\mathrm{d}(C_{1u}r)^2}{\mathrm{d}r} = \frac{2C_{1u}}{r}\frac{\mathrm{d}(C_{1u}r)}{\mathrm{d}r}$$

$$= \left[2(1-\Omega)\omega - \frac{L_u}{\omega r^2}\right]2(1-\Omega)\omega r \tag{6-23}$$

$$= 4(1-\Omega)^2\omega^2 r - \frac{2L_u}{r}(1-\Omega)$$

将式（6-23）代入式（6-15），可得

$$\frac{\mathrm{d}C_{1a}^2}{\mathrm{d}r} = -4(1-\Omega)^2\omega^2 r + \frac{2L_u}{r}(1-\Omega)$$

积分后可得

$$C_{1a}^2 = -2(1-\Omega)^2\omega^2 r^2 + 2L_u(1-\Omega)l_n r + D_1 \tag{6-24}$$

式中：D_1 为积分常数，可以利用平均半径处的条件确定：设当 $r=r_m$ 时，$C_{1a}=C_{1am}$，$U=U_m$，则

$$D_1 = C_{1am}^2 + 2(1-\Omega)^2 U_m^2 - 2L_u(1-\Omega)l_n r_m \tag{6-25}$$

将式（6-25）代入式（6-24），可得

$$C_{1a} = \sqrt{C_{1am}^2 - 2(1-\Omega)^2(U^2 - U_m^2) + 2L_u(1-\Omega)l_n\frac{r}{r_m}} \qquad (6-26)$$

同理，可以求得

$$C_{2a} = \sqrt{C_{2am}^2 - 2(1-\Omega)^2(U^2 - U_m^2) - 2L_u(1-\Omega)l_n\frac{r}{r_m}} \qquad (6-27)$$

由式（6-26）和式（6-27）可以得出，在等反力度叶片中，轴向速度沿半径是减小的，工作轮后面的轴向速度 C_{2a} 减小更厉害。由于在等反力度分布规律中，C_u 沿半径增加，故 C_a 必须沿半径减小得更快才能使气流速度沿半径减小，从而使压力沿半径增加以产生圆周运动所必需的向心力。

当选定了反力度并且已知轮缘功时，可按式（6-21）、式（6-22）、式（6-26）和式（6-27）计算出 C_{1u}、C_{2u}、C_{1a} 和 C_{2a}。这样，各半径上的基元级的速度三角形就完全确定了，把按照速度三角形确定出的不同半径上的叶型叠加起来，就形成了等反力度叶片。

为了比较等环量和等反力度规律的叶片，把主要参数沿半径的变化画成如图 6-8 所示的曲线（假设平均半径上的参数相同）。图中纵坐标 $\bar{r}=\dfrac{r}{r_t}$，表示沿叶片高度增加方向，横坐标为各种参数。由图 6-8 中的结果，可以得出以下结论。

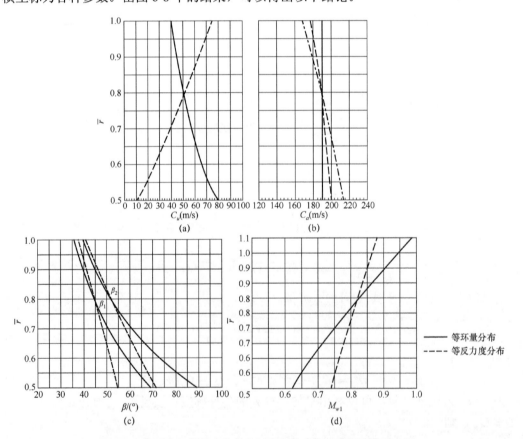

图 6-8　等环量与等反力度分布规律主要参数沿半径分布的比较

（1）由于等反力度叶片 C_u 沿叶高增大较多，故 β_1 和 β_2 沿叶高的变化较为缓和，同时，叶根处的 β_{2h} 不容易出现 $\beta_{2h} > 90°$ 的情况，这就克服了长叶片设计中等环量规律的致命弱点。

（2）由于 C_{1u} 沿叶高增大，因此，M_{w1} 沿叶高增大也较缓和，这对于充分利用轮缘速度 U_t 是有利的。

当然，等反力度叶片也有其缺点。

（1）当 $\Omega \leqslant 0.5$ 时，有时会出现中间部分甚至叶根处的 M_{w1} 反而比叶尖处大的情况。这是由于 $\Omega \leqslant 0.5$ 时，叶尖处的 C_{1a} 过小，C_{1u} 过大，而叶根处的 C_{1u} 小，C_{1a} 却大大增加的缘故。这样一来，为了使叶根处的 M_{w1} 不超过允许值，叶尖部分的轮缘速度受到了限制，因而，对于提高级的增压比来说是不利的。此外，由于叶根的 M_{w1} 较大，为了提高临界马赫数，必须采用较薄的叶型，这就会影响叶片的强度。因此，对于 $\Omega \leqslant 0.5$ 的长叶片，等反力度分布规律存在着一定的缺点。但在实际中，反力度一般都是比较大的。

（2）轴向速度沿叶高变化较大，特别是 C_{2a} 变化更大，因此效率较低。

另外，等反力度分布规律的计算公式较复杂，并且试验证明实测数值与计算值相差较大。由于在长叶片设计中，等反力度的优点是主要的，因此，压气机前几级长叶片设计可采用等反力度分布规律。

6.6 通用规律

前面介绍了轴向间隙中气流参数分布的两种规律，以及参数变化的特点和优缺点。其实，可以用一个通用规律表示气流参数的变化，而等环量和等反力度分布规律只是该规律中的两个特例。

对于气流的切向速度沿叶高的分布规律，可以用一个通用的式子表示，即

$$C_{1u} = AU + \frac{B}{U} \tag{6-28}$$

式中：A 和 B 是任意给定的常数。

又由于

$$L_u = U(C_{2u} - C_{1u})$$

或者

$$\frac{L_u}{U} = C_{2u} - C_{1u}$$

则

$$C_{2u} = C_{1u} + \frac{L_u}{U} = AU + \frac{B + L_u}{U} \tag{6-29}$$

再由式（5-6）可知

$$\Omega = 1 - \frac{C_{1u}}{U} - \frac{\Delta C_u}{2U}$$

则

$$C_{1u} = (1-\Omega)U - \frac{\Delta C_u}{2} \qquad (6\text{-}30)$$

将式（6-30）代入式（6-28），可得

$$B = -\frac{U\Delta C_u}{2} - [A-(1-\Omega)]U^2 \qquad (6\text{-}31)$$

由于讨论的是 L_u 沿叶高不变的情况，因此中径上的轮缘功即为 L_u。此外，B 是常数，所以将其中的 U、Ω 用平均半径处的 U_m 和 Ω_m 代之，B 应该保持不变，可得

$$B = -\frac{L_u}{2} - [A-(1-\Omega_m)]U_m^2 \qquad (6\text{-}32)$$

为清楚起见，将式（6-28）、式（6-29）和式（6-32）写在一起，即

$$C_{1u} = AU + \frac{B}{U}$$

$$C_{2u} = AU + \frac{B+L_u}{U}$$

$$B = -\frac{L_u}{2} - [A-(1-\Omega_m)]U_m^2$$

以上 3 个公式即为 L_u 沿叶高不变时的通用规律表达式。

将式（6-28）和式（6-29）代入径向平衡方程式（6-15），经过与等反力度分布规律中求轴向速度相类似的运算，可以求得轴向速度为

$$C_{1a} = \sqrt{C_{1am}^2 - 2A^2(U^2 - U_m^2) - 4ABl_n\left(\frac{r}{r_m}\right)} \qquad (6\text{-}33)$$

$$C_{2a} = \sqrt{C_{2am}^2 - 2A^2(U^2 - U_m^2) - 4A(B+L_u)l_n\left(\frac{r}{r_m}\right)} \qquad (6\text{-}34)$$

如果令 $A=0$，则

$$\begin{cases} C_{1u} = \dfrac{B}{U} \\ C_{2u} = \dfrac{B+L_u}{U} \\ B = -\dfrac{L_u}{2} - (1-\Omega_m)U_m^2 \end{cases}$$

即代表等环量分布规律。

如果令 $A = (1-\Omega_m)$，那么，式（6-26）、式（6-29）和式（6-32）变为

$$\begin{cases} C_{1u} = (1-\Omega_m)U + \dfrac{B}{U} \\ C_{2u} = (1-\Omega_m)U + \dfrac{B+L_u}{U} \\ B = -\dfrac{L_u}{2} \end{cases} \qquad (6\text{-}35)$$

代表了等反力度分布规律。

如果令 A 在 $0 \sim (1-\Omega_m)$ 之间取不同的数值，便能得到各种不同的扭向规律。因此，把式（6-28）、式（6-29）和式（6-32）代表的规律称为通用规律，有时也称为中间规律。

从 3 种分布规律的特点来看，对于多级压气机的第一级（叶片长且温度低），如果平均半径上的反力度接近于 0.5 或者更小时，采用通用规律较为合适，系数 A 可在 $0<A<1-\Omega_m$ 范围内选择，尽量选择接近于 $1-\Omega_m$ 的值。以后各级可逐渐过渡到等环量规律。

6.7 级的流动损失

虽然可以把级看作是由不同半径上的基元级叠加构成的，在很大程度上级的流动过程和流动性质与基元级是一致的。但是，级的流动和基元级的流动也存在很大的差异，有些甚至是本质上的，这些主要体现在级的流动是一个空间上的三维流动，除了具有基元级二维流动的所有特性外，还有因为三维流动带来的特殊现象和性质。

关于基元级的流动损失（叶型损失或二元损失），前面已讲过，主要由下面 5 个部分组成。

（1）叶型附面层中的摩擦损失。

（2）尾迹中的涡流损失。

（3）尾迹和主流的掺混损失。

（4）分离引起的损失。

（5）激波的波阻损失。

但是，就一个级的流动来说，除了基元级流动的二元损失以外，还有以下各种损失。

1. 环面附面层中的摩擦损失

为了形成级的空间流动，结构上在叶片的根部多了一个轮毂机匣，在叶片的顶部多了一个轮缘机匣。有黏气体绕级流动时，在这两个固壁机匣上形成附面层，称为"环面附面层"或"端壁附面层"，如图 6-9 所示。在环面附面层内存在摩擦损失。

2. 环面附面层与主流的掺混损失

在叶片排之后建立起来的环面附面层，后面的一个叶片排就有把它们和主流混合的趋势，从而引起掺混损失。

3. 通道旋涡引起的损失

流体流过弯曲的叶片通道时，流线法线方向的静压梯度（图 6-10）为

$$\frac{dP}{dn} = \rho \frac{W^2}{R} \tag{6-36}$$

式中：n 为法线方向；W 为主流速度；R 为流线的曲率半径。

从附面层理论可知，在环面附面层外的叶栅通道内的压力梯度 dP/dn 与环壁面（轮毂机匣壁面和轮缘机匣壁面）附面层内的叶栅通道内的压力梯度相同。但是，在环壁附面层内，速度 W 较低，因此流线曲率半径 R 必须较小，以满足式（6-36），保持平衡。如图 6-11 所示，结果使得当平均半径处的叶栅通道内的流线近似沿着叶片表面弯曲时，

在环壁附面层内的叶栅通道内的流线的曲率就较大。这样，在环壁附面层内就产生一个垂直于主流速度方向，从叶盆（高压面）横穿叶栅通道向着叶背（低压面）的流动，也就是产生通道内的横向移动。在叶片根部和顶部的环壁附面层内都将形成这种由叶盆向着叶背的横向流动，并分别卷成方向相反的一对旋涡，称为"通道旋涡"，如图 6-12 所示。通道旋涡可造成性能严重恶化，特别是对于多级压气机。通道旋涡使环壁面附近的流动的转折角增大，离环壁面一定距离处的流动的转折角减小。

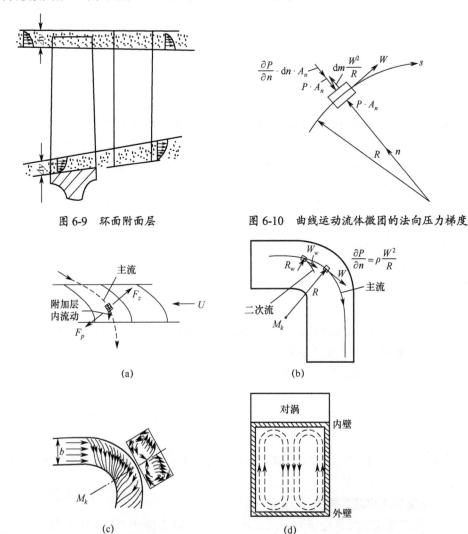

图 6-9　环面附面层　　　　图 6-10　曲线运动流体微团的法向压力梯度

图 6-11　附面层引起的二次流动

4. 叶片附面层潜移引起的损失

在叶片表面的附面层内存在着流体微团的潜移，并造成流动损失，如图 6-13 所示。我们知道，沿叶片高度方向压力是增大的，这个压力梯度产生气流以切向分速 C_u 做圆周运动所需的向心力。

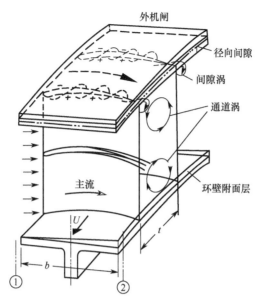

图 6-12 通道涡

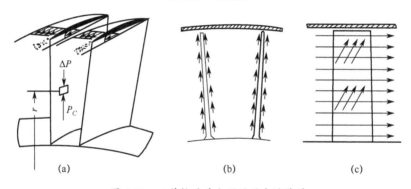

图 6-13 工作轮叶片上附面层内的潜移

(a) 附面层中气体微团受力不平衡 $P_C > \Delta P$；(b) 附面层中气体由叶根向叶尖流动；

(c) 主流流动方向和附面层中气体流动方向。

工作轮叶片上附面层内的气体微团，可以认为是与叶片"黏"在一起旋转的，因此，它的切向分速就不是 C_u，而是等于圆周速度 U 了。由于 U 远大于 C_u，因此，气体微团做圆周运动所需要的向心力要大于原来由压力梯度产生的力，结果在附面层内的气体微团就沿着叶片由叶根向叶尖流动。这种流动称为附面层潜移。附面层潜移使工作轮叶片尖部的附面层加厚，甚至引起分离，造成流动损失。

在整流器中，由于整流器叶片附面层内的气体微团的切向速度接近于零，在压力梯度产生的力的作用下，附面层内的气体微团从外径向内径方向移动，因而也造成流动损失。

5．径向间隙引起的损失

为了避免压气机工作轮旋转时工作轮叶片与轮缘壁面摩擦，在叶尖与外壁之间总留有一定的间隙，这就是径向间隙。径向间隙以 δ 表示，一般 $\delta = 0.1 \sim 2\ \text{mm}$。径向间隙的存在会引起倒流和潜流，如图 6-14 所示。所谓倒流现象，就是在工作轮叶尖附近的一小部分气体，由于出口压力高于进口压力。因此，会发生沿着径向间隙倒流到叶排进口的现象，这当然要引起机械能的损失。

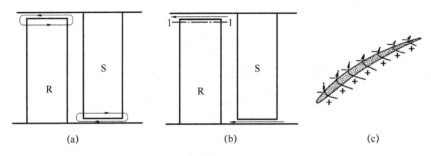

图 6-14 径向间隙引起的倒流和潜流

在叶尖处的基元级中，由于叶盆和叶背存在着压差，如果叶片和端壁都是静止的，气体从高压一边通过径向间隙潜流到低压一边，然后卷成一个旋涡；如果端壁相对于叶片运动（如转子叶尖或静子轮毂），叶片将从壁面上把附面层刮下来。于是，在叶片的压力面一边形成类似图 6-15 所示的间隙旋涡。

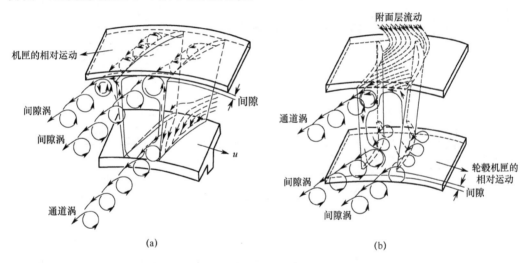

图 6-15 间隙旋涡
（a）转子；（b）静子。

径向间隙造成的损失是损失中的重要组成部分，特别是高压压气机的后面几级，叶片较短，径向间隙的大小占叶片高度的百分比较大。一般情况下，把径向间隙 δ 限制在 $0.5\% \sim 1\%$ 的叶片高度范围之内，倒流和潜流就比较弱了。

在现代高性能的民用发动机中，径向间隙主动控制的新技术得到了应用。间隙主动控制技术利用热的或冷的气体去吹机匣，使机匣随着发动机的工作状态产生相应的热胀或冷缩，以控制动叶叶尖和机匣之间的径向间隙。一般在飞机起飞滑跑或爬升时，采用压气机后的热气体去加热机匣使机匣膨胀，避免动叶因受热膨胀伸长而导致和机匣的摩擦；在巡航时，利用风扇后较冷的气体去冷却机匣，使机匣收缩，以保持适当的径向间隙。采用间隙控制后，减少了由于径向间隙而造成的损失，级效率可以提高。

上面所讲的环壁附面层、环壁附面层与主流的混合、通道旋涡、叶片附面层潜移、径向间隙中的倒流和潜流，以及间隙旋涡等，都是因为级流动是空间的三维流动带来的特殊现象或问题，这些流动的方向与主流方向不同，故一般统称为二次流，由此造成的损失叫作二次流损失。

二次流是压气机内流动的复杂现象，上面只是简单叙述了一些基本概念，对二次流的研究已经成为发展压气机设计技术和提高压气机设计水平的主要问题。一般情况下，二次流损失已经成为整个压气机流动损失的主要部分（图 6-16）。目前，关于二次流的大多数知识可以说仍属于定性方面的，为了改进压气机设计所必需的定量理论还有待于确立。

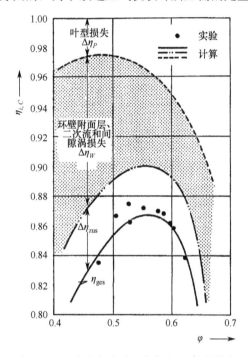

图 6-16 二次流损失对压气机级效率的影响

6.8 级的增压比和效率

级是由无数个基元级沿半径方向叠加而成的，如果已知基元级的增压比和效率，就可以求出级的增压比和效率。各基元级的增压比和效率可能是不同的。例如，受轮毂处和外机匣处端壁附面层的影响，端壁附面层内基元级的压比和效率一般较低，所以级的增压比是各个基元级增压比的平均值，通常以质量平均来计算，计算公式为

$$\left(\frac{P_3^*}{P_1^*}\right)_{ma} = \left\{\frac{\int_h^t \left[\left(\frac{P_3^*}{P_1^*}\right)^{(k-1)/k} - 1\right] \mathrm{d}m}{\int_h^t \mathrm{d}m} + 1.0\right\}^{k/(k-1)} \quad (6\text{-}37)$$

式中：下标 3 表示级出口截面处的参数；下标 ma 表示按质量平均的参数；m 为气体的质量。

级增压比是压气机级性能的重要指标之一。级增压比高，即级负荷高，组成多级压气机的级数就可以减少，压气机的质量、体积也相应减少。级增压比的高低在一定程度上反映了压气机设计制造的技术水平。在压气机的发展历史中，级增压比是逐步提高的，现代轴流式压气机的平均级增压比一般为 1.2～1.5，单级风扇的增压比可以达到 2.0 以上。

提高单级负荷的办法之一是加大气流速度，包括加大转子的圆周速度和气流的切向与轴向速度，其结果是从亚声速级发展到跨声速级，甚至超声速级。所谓跨声速级，是指沿叶高有一部分进口气流为亚声速；另一部分进口气流为超声速的级。提高单个级负荷的另一个办法是改进叶型，如采用所谓的高负荷叶片、串列叶片、大弯度叶片等。

级增压比并不说明级的经济性，表示级的经济性的指标是级效率。级效率的定义与基元级效率的定义完全相同，是气流在压气机一个级的流动过程中，达到一定增压比所需滞止等熵压缩功与有损失流动下实际加入的机械功之比，即

$$\eta_{i,st}^* = \frac{L_{i,st}^*}{L_{u,st}} \tag{6-38}$$

在讨论基元级的流动过程中，已定义基元级的滞止等熵效率为

$$\eta_i^* = \frac{L_i^*}{L_u}$$

而级的效率也可以用各基元级效率的平均值表示，即

$$\eta_{i,st}^* = \frac{\int_h^t L_i^* \mathrm{d}m}{\int_h^t L_u \mathrm{d}m} \tag{6-39}$$

式中：积分限 h 和 t 表示积分从叶片根部到叶片顶部。

如果把各基元级的轮缘功 L_u 看作是沿叶片高度不变的常数，则式（6-39）可写为

$$\eta_{i,st}^* = \frac{\int_h^t \eta_i^* \mathrm{d}m}{m} \tag{6-40}$$

如果各基元级的滞止等熵效率 η_i^* 沿叶片高度是不变的常数，则

$$\eta_{i,st}^* = \eta_i^*$$

实际上，由于级中有二次流动损失存在，一般 $\eta_{i,st}^* < \eta_i^*$。现代轴流式压气机的级滞止等熵效率为 0.88～0.91。

思考题和习题

1. 为什么压气机叶片一定要扭转？如不扭转有何坏处？
2. 采用轮缘功沿径向不变满足径向平衡方程有何特点？

3. 等环量（或等 $C_u r$）叶片的优缺点是什么？为什么等环量叶片根部容易出现 $\beta_2 > 90°$？是否允许？
4. 级的流动损失和基元级的流动损失有什么差别？它们是由哪些因素造成的？
5. 试求叶栅中绕叶型的速度环量，证明沿叶高等功的叶片其速度环量沿叶高也相等。
6. 某轴流压气机的第一级，要求输送 20kg/s 的空气，转速 9000r/min，级的温升 20K。假设轴向速度沿叶高相同，等于 150m/s，中径上的圆周速度等于 180m/s，$C_3 = C_1$，并已给定轮缘功修正系数为 0.96，中径上反力度为 0.5，采用等环量规律，试计算气流角 α_1、α_2、β_1、β_2 和反力度沿叶片高度的变化（已知大气条件 T=288K，P=1.0094×10^5 N/m^2）。

第 7 章 多级轴流式压气机

多级轴流式压气机是由多个单级组成的。轴流式压气机为什么要采用多级呢？在前面研究气流在压气机叶栅中的流动时，我们已经知道它和亚音扩压器中气流的流动类似，是一种减速扩压流动。在叶栅通道中，始终有一个沿流动方向压力增加的正压力梯度，要阻止气流向前运动。特别是在附面层内气流速度低、动能小，当它不足以克服正压力梯度前进时，就会倒流，发生附面层从型面的分离，造成很大的流动损失。为了避免这种情况，轴流式压气机每级的压力升高受到限制。目前，亚音压气机单级增压比一般只能达到 1.3 左右，就是超、跨音级，在实际应用的发动机中，也只达到 1.5 左右（单级风扇的压比可以达到 2.0 左右）。而目前对压气机的增压比的要求却越来越高，一般都在 10 以上。由于冶金工业和涡轮冷却技术的发展，涡轮前温度已有大幅度提高。对发动机来说，这就要求有很高的压气机增压比与之相匹配。对直升机用的发动机，增压比将达到 14~20。对于双涵道的涡轮风扇发动机，为了大幅度降低油耗，采用高涡轮前温度，大涵道比和高增压比，目前总增压比已达 25~50。为了解决总的增压比高而单级增压比低的矛盾，轴流式压气机需要设计成多级的。例如，总增压比 $\pi_C^* = 8$，平均级增压比为 1.26，就需要九级。

轴流式压气机的气动设计的目的，是在压气机流量 $\dot{m}_a$（kg/s）、增压比 π_C^*、效率 $\eta_{i,C}^*$、进气道总压恢复系数 σ_{bx}，以及设计点的飞行马赫数和飞行高度等一定的情况下，确定出压气机几何参数，包括压气机的流道形状、尺寸，压气机的级数，各级的动、静叶片的数目、稠度和叶片型面等，以确保设计性能的实现。

压气机气动设计的原则，是服从整台发动机甚至整架飞机的技术要求。总的原则是在满足整台发动机性能要求的前提下，使发动机质量小、尺寸小、工作可靠，以及与各部件之间配合协调一致。

但是，有些要求之间是有一定矛盾的，需要针对不同的机种，根据轻重缓急，解决主要矛盾。例如，歼击机使用的发动机，高性能、质量小和尺寸小是主要矛盾；对远程轰炸机用的发动机，其本身的质量、尺寸就退居次要地位，油耗上升为主要矛盾。因为在这种情况下，发动机本身的质量与飞机所带的燃油量相比，已算不上什么了。

多级轴流式压气机设计是一个牵涉面很广、非常复杂的系统工程问题，其主要内容已超出本书的范围，在这里只能就一些概念给予简单介绍。

7.1 多级轴流式压气机的压比和效率

多级轴流式压气机虽然是由一些单级组合而成的，但是当把许多个单级组合成一个整体后，随着各个级在整台中所处位置的不同，工作条件发生了或多或少的变化，再加上存在着级间的相互影响，就产生了多级压气机所固有的一些特点，现就多级压气机的压比和效率阐述如下。

7.1.1 增压比 π_C^*

增压比是多级压气机重要的性能指标之一。随着涡轮前燃气温度的提高，应该相应地提高涡轮前燃气的压力，亦即提高压气机的总增压比。因此，压气机的发展趋势之一是总增压比逐年提高。

整台多级压气机的增压比 π_C^* 与各个分级的增压比 π_{st}^* 之间存在着下列关系，即

$$\pi_C^* = \frac{P_C^*}{P_1^*} = \frac{P_2^*}{P_1^*} \cdot \frac{P_3^*}{P_2^*} \cdot \frac{P_{i+1}^*}{P_i^*} \cdots \frac{P_C^*}{P_n^*} = \pi_{st,1}^* \cdot \pi_{st,2}^* \cdot \pi_{st,3}^* \cdot \pi_{st,i}^* \cdots \pi_{st,n}^* \quad (7\text{-}1)$$

式中：下标"i"表示压气机中的第 i 级或者第 i 级进口；下标"C"表示多级压气机或压气机出口。

由式（7-1）可知，多级压气机的总增压比等于各个分级增压比的乘积。

7.1.2 效率 $\eta_{i,C}^*$

为了说明多级压气机效率与其各个分级效率之间的关系，现以一台三级压气机为例。图 7-1 给出了以滞止参数表示的该三级压气机的流动过程的 T–S 图。图中 1^*、2^* 和 3^* 分别表示压气机各级进口的滞止状态，C^* 表示压气机出口的滞止状态。

对于每千克气体，各分级的轮缘功为

$$L_{u,1} = C_p(T_2^* - T_1^*)$$
$$L_{u,2} = C_p(T_3^* - T_2^*)$$
$$L_{u,3} = C_p(T_C^* - T_3^*)$$

而

$$L_u = C_p(T_C^* - T_1^*) = C_p(T_2^* - T_1^*) + C_p(T_3^* - T_2^*) + C_p(T_C^* - T_3^*) = L_{u,1} + L_{u,2} + L_{u,3} \quad (7\text{-}2)$$

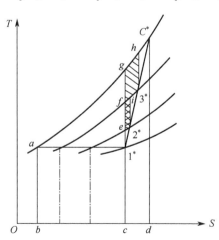

图 7-1　一台三级压气机流动过程的 T–S 图

式（7-2）说明，多级压气机的轮缘功等于各个分级的轮缘功之和。但是，整台压气机的滞止等熵压缩功和各分级的滞止等熵压缩功之和就不再相等了，现在分析如下。

根据定义，整台压气机的滞止等熵压缩功为

$$L_{i,C}^* = \frac{k}{k-1}RT_1^*(\pi_C^{*(k-1)/k} - 1)$$

图 7-1 上以面积 $abcg$ 表示。

第一级的滞止等熵压缩功为

$$L_{i,1}^* = \frac{k}{k-1}RT_1^*(\pi_{st,1}^{*(k-1)/k} - 1)$$

这一级的滞止等熵压缩功与在整台压气机中的大小一样。

第二级的滞止等熵压缩功为

$$L_{i,2}^* = \frac{k}{k-1}RT_2^*(\pi_{st,2}^{*(k-1)/k} - 1)$$

上式计算的这一级滞止等熵压缩功比在整台压气机等熵过程中该级的滞止等熵压缩功大了。这是由于上式确定的第二级的滞止等熵压缩功，是根据第二级实际进口状态确定的，这就与第一级的流动过程有关。在实际流动过程中，第一级的流动损失加热了气体，把这一级的出口温度从 T_e 提高到了 T_{2^*}，高温气体难压缩，亦即压缩到同样压比的压缩功要大。所以，根据进气温度 T_{2^*} 确定的第二级的滞止等熵压缩功，要比整台压气机等熵过程（此时，第一级的过程当然是等熵过程）中该级的滞止等熵压缩功大。多出来的一块功在图 7-1 上以面积 2^*efi 表示，也就是第 2 章中所说的热阻功。

第三级的滞止等熵压缩功为

$$L_{i,3}^* = \frac{k}{k-1}RT_3^*(\pi_{st,3}^{*(k-1)/k} - 1)$$

与第二级的分析相同，由于第一、二级的流动损失，使第三级进口温度从 T_f 提高到了 T_{3^*}。所以，这一级的滞止等熵压缩功比在整台等熵过程中的该级滞止等熵压缩功要大，增大的滞止等熵压缩功在图 7-1 上以面积 3^*fgh 表示。这样，就可以得到下列关系式，即

$$L_{i,C}^* < L_{i,1}^* + L_{i,2}^* + L_{i,3}^* \tag{7-3}$$

根据绝热效率的定义

$$\eta_{i,C}^* = \frac{L_{i,C}^*}{L_u}$$

考虑到

$$L_u = L_{u,1} + L_{u,2} + L_{u,3} = \frac{L_{i,1}^*}{\eta_{st,1}^*} + \frac{L_{i,2}^*}{\eta_{st,2}^*} + \frac{L_{i,3}^*}{\eta_{st,3}^*}$$

即

$$\frac{L_{i,C}^*}{\eta_{i,C}^*} = \frac{L_{i,1}^*}{\eta_{st,1}^*} + \frac{L_{i,2}^*}{\eta_{st,2}^*} + \frac{L_{i,3}^*}{\eta_{st,3}^*}$$

如果假定各分级的效率一样，并以 η_{st}^* 表示，则上式变为

$$\frac{L_{i,C}^*}{\eta_{i,C}^*} = \frac{(L_{i,1}^* + L_{i,2}^* + L_{i,3}^*)}{\eta_{st}^*}$$

或者

$$\eta_{i,C}^* = \eta_{st}^* \frac{L_{i,C}^*}{L_{i,1}^* + L_{i,2}^* + L_{i,3}^*}$$

根据式（7-3）和上式，可得

$$\eta_{i,C}^* < \eta_{st}^* \tag{7-4}$$

由此得出结论，整台压气机的效率比各分级的效率低。但是应该注意，这个式子并不说明整台与各个级之间的流动损失发生了什么变动。事实上，多变过程线确定以后，损失已完全确定，这时整台压气机的效率已经完全确定了。要提高整台压气机的效率，唯有减少各个级的流动损失。

目前，多级压气机的滞止等熵效率可达 0.87 左右。关于如何提高压气机效率的研究，目前开展的研究工作主要有以下几个方面。

(1) 先进的气动热力设计和计算分析方法。
(2) 径向间隙主动控制技术。
(3) 新叶型和叶片的三维气动设计技术。
(4) 小展弦比无凸台风扇叶片。
(5) 减少环壁附面层和二次流损失等。

7.2 环壁附面层对轮缘功和流量的影响

7.2.1 轮缘功修正系数 K_L

实践证明，实际工作中压气机加给每千克气体的实际加功量，总是小于根据速度三角形按动量矩变化所确定的计算加功量，产生这种现象的原因较多，也比较复杂。但是，与上述介绍的设计和分析方法密切相关的最主要原因是附面层引起的轴向速度分布变化，如图 7-2 所示。

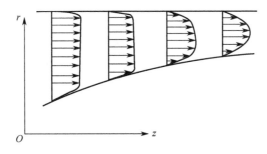

图 7-2 环壁附面层引起的轴向速度分布变化

由于在叶尖和叶根处的内外环形壁面上产生了附面层，靠近环形壁面的附面层内的轴向速度变小，而为了通过原先没有考虑附面层影响的设计流量，中心部分的轴向速度就要相应增加。如前所述，对于一个几何参数一定的叶栅（如按没有考虑环形壁面附面层影响的速度三角形确定的叶栅），β_2 可近似视为不变。因此，轴向速度的增加，将使攻角减小、加功量下降；轴向速度减小，将使攻角增大、加功量增大。速度三角形的变化如图 7-3 所示。图 7-3（a）为轴向速度下降的情况，此时，$\Delta W_u' > \Delta W_u$，即加功量上升；图 7-3（b）为轴向速度上升，导致 $\Delta W_u' < \Delta W_u$，即加功量下降。这样看来，中心流层的加功量由于 C_a 的增大而下降了，而在附面层内 C_a 的下降可使加功量增大，两者似乎可以相互补偿。但其实不然，因为在环壁附面层内，气流紊乱，工作条件很不利，而且二次流的影响严重，加功量不可能增大。所以，在靠近壁面的地方，不但效率低，而且实际加功量也不可能有多少增加，更不能补偿中心流层内加功量的下降。环壁附面层综合作用的结果，导致实际加功量永远小于没有考虑附面层影响根据速度三角形确定的计算加功量，最终导致压气机的增压比达不到设计值。

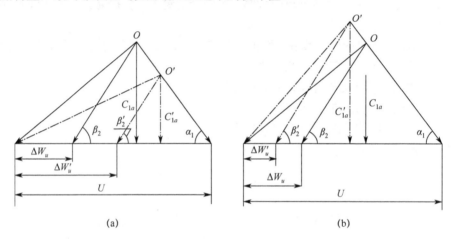

图 7-3　轴向速度变化对速度三角形的影响

纠正这种现象可以通过不同的途径实现。例如，可以加大叶片中间部分的攻角，即设计时，使它大于没有考虑环壁附面层影响的设计攻角。在实际工作时，由于环壁附面层造成的中间流层流速增加，恰好使叶中部分的叶栅在设计攻角下工作。但是，更常用的方法是放大计算加功量，引进轮缘功修正系数 K_L。如果实际需要的设计加功量为 $L_{u,d}$，考虑到上述有关实际工作时环壁附面层对实际加功量的影响，应该适当加大该加功量供设计计算使用，这种放大就是通过采用轮缘功修正系数来实现的。定义计算速度三角形用的加功量 $L_u = L_{u,d}/K_L$，那么轮缘功修正系数应该是一个小于 1 的数。它的大小与许多因素有关，如发动机流量的大小、轴向速度沿通道的增减规律等，一般第一级取 0.97～0.98，末级取 0.9～0.91，中间各级可依次递减。

有时又把轮缘功修正系数称为消耗功系数。应该说明的是，消耗功系数这个名词容易混淆概念，因为被放大的那部分加功量，实际上并没有被消耗。在压气机实际工作时，真正消耗的仍然是设计加功量 $L_{u,d}$，而不是计算加功量 $L_u = L_{u,d}/K_L$，它只是对于不够精确、完善的设计方法的一种修正。

7.2.2　流量储备系数 K_m

环壁附面层的存在不仅影响轮缘功，对于流量的影响也很大，使得压气机工作时实际通过的流量始终小于没有考虑环壁附面层影响的设计流量。流量储备系数就是用来补偿因环壁附面层引起的有效流通面积的缩小，放大设计流量。一般定义设计计算用的流量 $\dot{m} = K_m \dot{m}_d$，那么流量储备系数显然应该是一个大于1的数。一般从第一级到最后一级，K_m 可由 1.02～1.04 逐级递增。

需要指出的是，流量储备系数 K_m 和轮缘功修正系数 K_L 都是考虑环壁附面层对轴向速度分布影响后，分别对设计流量和设计加功量的修正，而且无论是 K_m 还是 K_L 都对计算的轴向速度产生直接的影响，所以两者之间并不是彼此孤立的。在设计计算时，K_m 和 K_L 的取值应统一考虑。原则上，只要考虑其中之一即可，如果两者都加以考虑，则在选择具体数值时应该注意。这里所给出的数据，是两者同时考虑时的数值范围。当然，对于不同发动机的压气机，具体数值是不相同的，最好由实验确定或根据实践中积累的经验确定。

7.3 轴流式压气机的流程（或通道）形式

压气机进、出口的连续方程可写为

$$A_0 \rho_0 C_{0a} = A_C \rho_C C_{Ca}$$

或

$$A_C = A_0 \frac{C_{0a}/C_{Ca}}{\rho_C/\rho_0}$$

式中：下标 0 和 C 分别表示压气机的进口和出口。

当气流流过压气机时，随着压力的逐渐提高，气流密度也是逐渐提高的。例如，$\pi_C^* = 7$ 的压气机，出口处的气流密度提高约 4 倍。在这种情况下，为了满足上述连续方程，原则上可以采用 3 种方案。

（1）$A_0 = A_C$，而 $C_{Ca} < C_{0a}$。
（2）$A_C < A_0$，而 $C_{Ca} = C_{0a}$。
（3）$A_C < A_0$，且 $C_{Ca} < C_{0a}$。

目前，实际采用的都是第三种设计方案。

第一种方案的轴向速度下降得太快、太大，后面级的轴向速度严重偏小，从而限制了轮缘速度 U，严重影响每级的加功量，使压气机的级数增加。另外，压气机出口处 C_{Ca} 太小，也不符合燃烧室的要求。

第二种设计方案也不行，因为这时通道面积迅速缩小，使压气机出口处的叶片高度缩短到不能容忍的地步。为了控制二次流损失对级效率的严重影响，最后一级的叶片高度一般不允许小于 25mm。另外，在这种情况下，压气机出口气流速度太大，也不适合燃烧室的要求。所以，大都采用同时减小面积和轴向速度的方案补偿气流密度的提高。由于环形面积逐级变小，所以叶片也就逐级变短。环形面积和轴向速度的减小方法自然也是多种多样的，这里首先介绍通道面积变化的几种方法。

很显然，要实现 $A_C < A_0$，原则上可以采用：外径不变，内径增大的等外径流程；内

径不变，外径缩小的等内径流程；外径减小，内径增大的等中径流程，如图7-4所示。

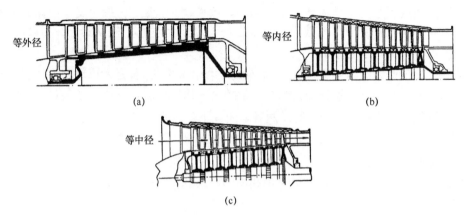

图 7-4　压气机通道形式

等外径流程的优点是各级的圆周速度都较大，每级都可以有相对较大的加功量，有利于减少压气机的级数。从工艺上看，机匣比较容易加工。等内径流程与等外径流程相比，在迎风面积相同时，如果增压比一样，则最后一级的叶片高度比较大。因此，可望减少端面损失，提高后面级的效率。很显然，在同样增压比下，等内径压气机的级数比等外径压气机的级数要多一些。也可以采用中径不变，外径减小，内径增大的方案。等中径流程的特点介于等外径和等内径之间。根据以上分析，等外径流程适用于流量较大，压比中等的压气机，而等内径适用于流量较小而压比相对较高的压气机。对于大流量高压比的压气机可以采用前面等外径、后面等内径的混合式通道，以兼收两者之优点。

7.4　气动参数的分配

7.4.1　轴向速度沿流程的变化规律

进气速度和发动机迎风面积有直接关系，因此从减小迎风面积方面考虑，希望进气速度越大越好。但是，对于亚声速轴流式压气机而言，受到 M_{w1} 的限制，即使是跨、超音压气机，其 M_{w1} 也受到一定的限制。从速度三角形可得

$$W_1 = \sqrt{C_{1a}^2 + (U - C_{1u})^2}$$

由此可见，在 M_{w1} 受限制的情况下，C_{1a} 和 U 都不能太大。虽然提高 C_{1a} 可以减小发动机迎风面积，提高 U 可以减少压气机级数，但在具体选择时，要防止顾此失彼的情况。目前，C_{1a} 一般为 210m/s 左右，而燃烧室进口的气流速度一般应为 140~170m/s。从压气机进口到出口速度的过渡可以采用不同方式，如逐步递降、先保持不变然后递降、先增加后递降等均可，如图 7-5 所示。为了提高每级的加功量，第三种变化方式

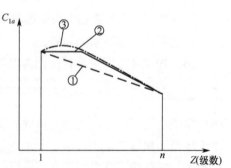

图 7-5　轴向速度沿流程的分布规律

目前得到普遍采用。

应该指出，轴向速度每级递降的数值应在 12m/s 左右，不宜太大。下降过急，会引起过大的正压力梯度，使气流流动变坏，甚至引起环壁附面层的分离，降低效率。

7.4.2 轮缘功的分配规律

多级压气机的轮缘功并不是平均分配给每级的，而是按具体情况进行分配的。如压气机前一、二级马赫数较高，工况变化很大，因而效率较低，加功量不宜大。最后一、二级环壁附面层厚，二次流损失大，工况变化也大，所以也要适当减小加功量。在具体分配各级加功量时，可以采用以下方法：选择一个平均级加功量 $L_{u,st,m}$，一般为 19600～34300J/kg。根据平均级加功量，可估算出压气机所需级数 Z，即

$$Z = L_u / L_{u,st,m}$$

这样求出的级数一般不可能正好等于整数，因此要进行圆整，进而可以把功大致按下列规律分配给各级。

第一级：$L_{u,st} = (0.5 \sim 0.6) L_{u,st,m}$
中间级：$L_{u,st} = (1.15 \sim 1.2) L_{u,st,m}$
末 级：$L_{u,st} = (0.95 \sim 1.0) L_{u,st,m}$

分配完毕以后，用下式进行核对，即

$$L_u = \sum_{i=1}^{Z} L_{u,st}$$

必须指出，这种分配即使对于有经验的设计人员，也不是一次可以完成的，一般需要反复进行，直到各方面的数据合理为止。

7.4.3 其他参数的选择

1. 预旋速度 C_{1u} 的变化

我们已经知道，为了同时提高圆周速度和轴向进气速度，往往使气流在进入第一级工作轮前产生一个预旋速度 C_{1u} 以适当降低进口马赫数，而燃烧室要求从压气机流出的气流沿轴向流动，所以 C_{1u} 要在各级中逐级下降。虽然，一般希望它能较快降为零，但是降低 C_{1u} 就要增加整流叶片的负荷，也不能操之过急。另外，根据反力度的表达式，有

$$\Omega = 1 - \frac{C_{1u} + C_{2u}}{2U}$$

由上式可见，在圆周速度和加功量一定的情况下，C_{1u} 的大小直接决定着反力度 Ω 的大小。理论上可以证明 $\Omega = 0.5$ 时，级效率最高。另外，对于第一级来说，由于 $\Omega = 0.5$ 时工作轮和整流器进口马赫数基本相同，可能使进口级的轴向速度和圆周速度同时取得较大的数值。但是，后面各级还是要使 Ω 逐级上升（C_{1u} 逐级下降），因为这可以在不改变叶栅稠度的情况下，增大扭速，从而增大加功量，减少级数。

2. 第一级轮毂比 $\bar{d}_1$ 的选择

在外径相同的条件下，轮毂比 $\bar{d}_1$ 越小，压气机进口环形面积就越大，可通过的流量就越多。在 M_{1a} 一定的条件下，$\bar{d}_1$ 下降，可使流量得到大幅度提高。但是 $\bar{d}_1$ 也不能过小，

$\bar{d}_1$ 过小，不但流量增加很有限，而且会在其他方面带来一系列困难。由于叶片长度的增加，结果使得叶片扭转更为剧烈，就可能导致叶根出现局部膨胀，效率急剧下降。另外，$\bar{d}_1$ 过小使得第一、二级径向流动很严重，造成计算和造型复杂化。在等功设计情况下，$\bar{d}_1$ 过小还会导致第一级加功量的下降，从而使压气机所需的级数有所增加。$\bar{d}_1$ 过小在结构上也会带来困难，它使第一级叶片安装和前轴承的安排发生困难。

对以上正、反两方面的因素进行综合考虑以后，目前对等外径压气机，$\bar{d}_1$ 可取 0.4～0.45，也有取到 0.35 左右的。对于等内径压气机，$\bar{d}_1$ 的选择有它自身的特殊性。对于等内径压气机而言，第一级 $\bar{d}_1$ 取小以后，将使后面级的 $\bar{d}_1$ 都小，从而使以后各级加功量也都小，这样就会使压气机级数增加。所以对等内径压气机，$\bar{d}_1$ 取 0.55～0.6 较为适宜。

3. 第一级的 M_{w1} 和 M_{C2} 的选择

对于亚音压气机，第一级的 M_{w1} 和 M_{C2} 一般都不希望超过各自的 M_{cr}，以避免激波造成的损失。但是，从整台压气机全局考虑，为了提高进气速度和圆周速度，有时也允许超过一些，但会有一个最高马赫数的限制。一般可在下列范围内选取，即

$$M_{w1m} = 0.8 \sim 0.85 \ ; \quad M_{w1t} = 0.9 \sim 0.95 \ ; \quad M_{C2} = 0.8 \sim 0.85$$

4. 圆周速度 U_t 的选择

这里主要指第一级外径处的圆周速度 U_t，因为 U_t 越高，各级加功量将越高，压气机的级数就越少。但是，第一级 U_t 的决定不但要考虑强度，而且受到 M_{w1}、C_{1a} 以及第一级加功量的限制。目前，跨音压气机第一级的 U_t 可以达到 570m/s 甚至更高。

5. 叶栅稠度 τ

前几级工作轮叶栅为

$$\left(\frac{b}{t}\right)_h = 1.0 \sim 1.5$$

$$\left(\frac{b}{t}\right)_m = 0.6 \sim 1.0$$

后面各级工作轮叶栅为

$$\left(\frac{b}{t}\right)_h = 1.6 \sim 1.9$$

$$\left(\frac{b}{t}\right)_m = 1.3 \sim 1.4$$

整流器叶栅为

$$\left(\frac{b}{t}\right)_m = 1.2 \sim 1.3$$

超、跨声速级为

$$\left(\frac{b}{t}\right)_m = 1.4 \sim 1.6$$

$$\left(\frac{b}{t}\right)_h = 2.0 \sim 2.25$$

$$\left(\frac{b}{t}\right)_t = 0.9 \sim 1.1$$

应该指出，以上数据只是大致范围。事实上，不少发动机上的压气机的数据超出了上述范围，所以上面列举的数据仅供初次接触压气机气动设计的人员参考。任何一个数据是否合理都应以生产实践与科学实验的检验为依据。

6. 展弦比

一般前几级的展弦比 h/b 为 3.5～4.0，后面各级的 h/b 为 2.0～2.5。叶片太宽，不但使摩擦损失增加，而且使压气机轴向长度增加，发动机质量随之加大。叶片太窄，叶片数过多，并且振动刚性差。一般说来，在用适当方法克服了叶片振动危险的情况下，展弦比应尽量取得大一些。

目前，超、跨声速风扇或压气机第一级叶片的展弦比有逐渐减小的趋势，小展弦比设计已作为一种新技术得到推广和应用。这主要是因为通过增加弦长，减小平均展弦比，可以有效提高压气机的气动稳定性，增加喘振裕度，而且可以减少阻尼凸台的数目或者干脆去掉阻尼凸台，从而提高效率。

7. 叶型相对厚度 $\bar{C} = C_{\max}/b$

第一、二级工作轮为

叶尖：
$$\bar{C} \approx (4 \sim 5)\%$$

叶根：
$$\bar{C} \approx (10 \sim 12)\%$$

第一、二级工作轮叶型相对厚度的大小主要决定于静强度及抗振强度，后面各级往往决定于工艺和结构方面的原因，可按具体情况适当选取。整流器叶片的厚度沿叶高可以不变，一般 $\bar{C} \approx 6\% \sim 8\%$ 或更小一些。

8. 攻角 i 的选择

关于亚声速轴流式压气机各级攻角 i 的选择，要根据各级的工作特点，尤其是在非设计状态下的特点进行选定。为了改善非设计状态下的工作性能，一般前面几级要取负攻角，而后面几级则取正攻角，大致范围如下。

对于前几级，有
$$i = 0° \sim -2°$$

对于后几级，有
$$i = 0° \sim +2°$$

此外，在选择攻角时，对于同一级的不同基元级也要分别对待。例如，对于航空压气机来说，由于圆周速度和轴向速度一般都取的较高，这样就往往使叶尖处的 M_{w1} 大于 M_{cr}，甚至接近叶型表面的 $M_{\max}$。所以，在叶尖处宜取较大的正攻角以提高 $M_{\max}$，而在叶根则应取零攻角或小的负攻角以提高 M_{cr}。

对于跨声速级，可以根据经验选择攻角。建议对双圆弧和多圆弧转子基元叶片，在相对马赫数较高的叶尖部位，吸力面前缘攻角 i_s 取零度，在相对马赫数接近于声速的根部附近选用较小的攻角（负攻角，如叶根可取 $-2°$），但取定的攻角应使基元叶片喉道（叶栅通道的最小截面积 f_{min}）能足以通过设计的流量。所以，选取攻角后要进行喉道面积检查，如果喉道面积不足，则应相应地加大攻角。静叶基元叶片攻角的选择，可将吸力面攻角 i_s 沿叶高均取为 $0°$。

9. 扭向规律

前面级为了提高圆周速度 U_t，可采用等反力度或近似等反力度的中间规律，在条件许可的情况下，用中间规律尽快过渡到等环量规律。

10. 轴向间隙的大小

试验证明，沿栅距的气流速度大小的不均匀度可达 17%，而速度方向的偏差可达 7%，这种不均匀度能使它后面叶栅的工作恶化。理论上说，当两排叶栅的距离为无穷远时，前排叶栅后气流的不均匀将会消失，对后排叶栅的影响也将随之消失，但实际上这是办不到的。由此可见，轴向间隙较大时，对气流的均匀化有利，但这样会大大加长了整台压气机的轴向长度，这对于整台压气机乃至整台发动机的尺寸和重量来说是极其不利的。大量实验证明，当轴向间隙在 $\Delta = (15 \sim 25)\%b$ 的范围内时，对级性能的影响可以忽略不计。因此，在设计时不要超过这个范围。

应该指出，以上列举的参数选择的数据只是大致的统计范围，只供设计人员参考，并要根据具体情况进行具体分析。

思考题和习题

1. 为什么多级轴流式压气机的叶片沿流程逐渐变短（亦即环形通道面积沿流程由大变小）？
2. 试分析等外径、等内径和等中径流程的优缺点？
3. 为什么在多级轴流式压气机中，轮缘功（又称加功量）的分配是两头小，中间大？
4. 环壁附面层对流动产生什么样的影响？
5. 轮缘功修正系数 K_L 是考虑什么的影响？它的大小沿流程是否都一样？为什么？
6. 流量储备系数 K_m 是考虑什么的影响？
7. 压气机甲共有 6 级，总的滞止增压比为 8.85，压气机乙共有 5 级，总的滞止增压比为 6.2，问哪一台压气机的平均级滞止增压比大？

第8章 离心式压气机

离心压气机是应用最广泛的一种压气机形式，广泛应用于小功率燃气轮机、内燃机涡轮增压器及机械、建筑、采矿、石油化工等领域的增压、供气设备。

20 世纪 40 年代，在涡轮喷气发动机代替活塞式航空发动机的初期，大部分涡轮喷气发动机都采用离心式压气机，这是由于离心式压气机已在活塞式发动机上作为增压器使用过相当长的一段时间，无论在设计或使用方面都积累了比较丰富的经验。随着涡轮喷气发动机朝着大流量和高增压比的方向发展，由于离心式压气机的迎风面积大、流量小、效率低等缺点，轴流式压气机逐渐代替了离心式压气机。但是在增压比不大和流量较小的燃气涡轮发动机上，采用离心式压气机比用轴流式合适。流量小时，轴流式压气机的叶片就要做得比较短，效率就会显著降低；此外，不太大的增压比也适合离心式压气机的结构特点，采用单级离心式压气机即可实现。20 世纪 60 年代中期，在离心式压气机的叶轮设计中，研究人员更细致地考虑了内部流动规律，并且研制成功了一种考虑三元流动特点的新型管式超声扩压器，从而将单级离心式压气机的增压比 π_C^* 提高到 6~8 以上。在这样的离心式压气机前面加 1~2 级轴流式压气机或风扇，可以研制出性能良好的小型涡轮轴发动机或小型的涡轮风扇发动机，所以离心式压气机又为人们所重视。近年来，随着小型航空燃气轮机技术的发展，对离心压气机的增压比提出了越来越高的要求，也极大地促进了离心压气机技术水平的提高。目前，单级离心压气机的增压比最高已经可以达到 12~15。

本章将扼要地介绍离心式压气机的主要部件及其作用，离心式压气机中气体流动的特点以及超、跨声离心压气机的特点。

8.1 离心式压气机的主要部件及其作用

图 8-1 所示为离心式压气机的示意图，从图可以看出，离心式压气机主要由 4 个部件组成。

（1）进气装置Ⅰ。其作用是把气体以一定方向（或分布规律）引入工作轮。在图 8-1 中，进气装置位于特征截面 $a-a$ 和 1—1 之间。气流在这一段内速度略有增加，而静温和静压则略有下降。

（2）工作轮Ⅱ。位于截面 1—1 和 2—2 之间，是离心式压气机的主要部件，压缩气体的机械能就是由它提供的。气体流经工作轮时，由于作向外的径向运动，其参数发生变化，从而达到增压的目的。因此，气体的压力和绝对速度均比工作轮入口处要大。

(3) 扩压器Ⅲ。位于截面 2—2 和 3—3 之间。在截面 2—2 与 2′—2′ 之间没有叶片的环形空间，气体流经这一段空间，压力进一步提高，而速度降低，故称为缝隙式扩压器，又名无叶扩压器。截面 2′—2′ 与 3—3 之间称为叶片式扩压器，其功用如同轴流式压气机的静子一样。

(4) 集气管Ⅳ。位于截面 3—3 和 K—K 之间。其作用是进一步降低速度，提高压力，把气体引入燃烧室。集气管也称为出气管。

由上述内容可知，离心式压气机工作时，气体经进气道减速扩压后，流入压气机的进气装置。气体在进气装置中，为了减少流动损失和造成工作轮进口必要的流动条件，气体速度稍微增加，压力则稍微下降。在工作轮通道中，由于工作轮向流过它的气体提供一定量的轮缘功，气体就在离心惯性力的作用下作径向的向外流动而被压缩，压力和温度大大提高。气体流出工作轮时尚有很大的动能，部分动能就通过扩压器转换成压力升高。在出气管中，气体的速度继续逐渐下降，直至达到燃烧室进口所需的速度为止。气体从进气道流入至主燃烧室进口沿流程的压力、速度和温度的变化，如图 8-1 所示。

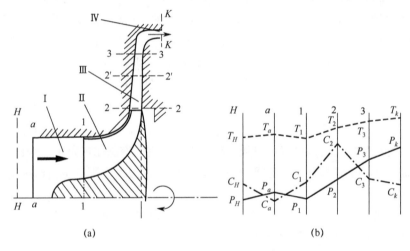

图 8-1 离心式压气机的结构示意图和气流参数沿流程的变化

8.2 离心式压气机中气体流动的特点

本节主要介绍离心式压气机的四个主要部件中气体的流动特点。

8.2.1 进气装置中的气体流动

在燃气涡轮发动机中，离心式压气机的进气装置一般由预旋片 1 和分气盆 2 所构成，如图 8-2 中所示。预旋片的作用在于造成工作轮进口有一定的切向速度 C_{2u} 的分布，而分气盆的作用则在于将经过预旋片的气体分为数层，以便将气体较均匀地充满工作轮叶片通道的进口。另外，为了减少流动损失，进气装置中的流道做成稍有收敛，使气体经过它时，速度略微增大。

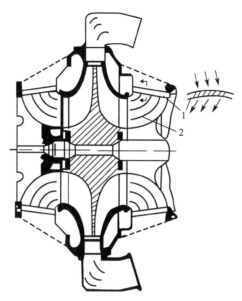

图 8-2 双面进气的离心式压气机
1—预旋片；2—分气盆。

8.2.2 工作轮中的气体流动

所谓离心式压气机，主要是指气体在工作轮中流动时，由于离心现象向外运动来完成部分压缩过程。这部分压力升高不同于轴流式压气机转子和静子中的压力升高。不是由于在扩压过程中把动能转换成压力升高，而是由于气体做径向向外流动后气体参数变化的结果，因此，受正压力梯度下附面层发展和分离的限制不如轴流压气机那么严重，使得离心式压气机首先达到了燃气涡轮发动机可用的压缩比和效率。

气体流出进气装置后，就在不同的半径处，以不同的相对速度 W_1 流入工作轮。为了了解相对速度沿径向的分布，可以想象用直径为 D、轴线与转轴重合的圆柱体和工作轮叶片的前缘相截（图 8-3（a）），然后把截面展开，则得如图 8-3（b）所示的情况。

在轴向进气的情况下，进口截面上的绝对速度场是均匀的，也就是说，沿截面 1—1，C_1 是常数。但是，气体微团相对于工作轮叶片的相对速度 W_1 则随着半径的增加而增加。同时，相对速度与圆周速度间夹角则随半径的增加而减少，即

$$W_1 = \sqrt{C_1^2 + U_1^2} = \sqrt{C_1^2 + (r\omega)^2} \tag{8-1}$$

$$\tan\beta_1 = \frac{C_1}{U_1} = \frac{C_1}{r\omega} = \frac{常数}{r}$$

由此可见，如果工作轮叶片的前缘做成与圆周速度相垂直，如图 8-3（b）所示，则气体微团势必和叶片相撞击而引起很大的流动损失。为了减少流动损失，一般多将叶片前缘沿旋转方向（U_1 方向）扭转，几何进口角 β_{1k} 一般比 β_1 大 2°～4°，如图 8-3（c）所示。由于 β_1 沿半径增大而减小，因此叶片前缘的扭转应沿半径增大而增大。这部分特别扭转过的叶片前缘常常与叶轮分开制造，并称为"导风轮"。要将导风轮和叶轮本体分开制造的原因是：虽然压气机进口装有防尘网，但导风轮仍易遭受气流中沙尘的冲击而损坏。如果两者造成一体，那么前缘部分损坏时，整个工作轮就要报废。如果两者分开制

造，那么在翻修时，只要更换导风轮就可以了。大型的离心式压气机工作轮都是将导风轮和叶轮分开制造的，而小型的离心式压气机工作轮往往是一个整体件。

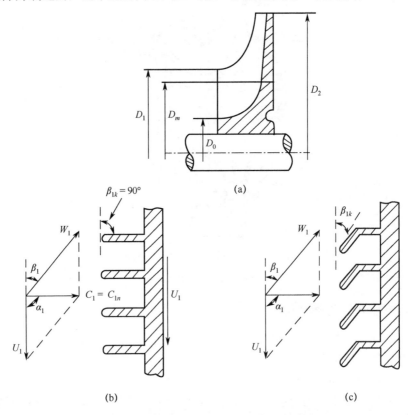

图 8-3 工作轮前的速度和导风轮的扭转

现在进一步讨论气流在离心式压气机工作轮内流动的情况。图 8-4 表示离心式压气机工作轮内的流动简图，假设气流是定常、周向均匀的，在考虑力的平衡时，略去摩擦力和重力。在气体中取一微团（图 8-4），垂直于流线的两截面相距 $\mathrm{d}l$，因为流体微团很小，可以认为流线是直线，与压气机轴线之间的夹角为 θ，且流体微团左侧压力为 P、横截面积为 A、相对速度为 W。经过 $\mathrm{d}l$ 后，微团右侧的压力为 $P+\mathrm{d}P$、横截面积为 $A+\mathrm{d}A$、相对速度为 $W+\mathrm{d}W$，微团周界上的压力为 $P+\dfrac{\mathrm{d}P}{2}$、面积为 $\mathrm{d}A_w$。微团上受到的力和惯性力相平衡，沿流动方向的压力为

$$-(P+\mathrm{d}P)(A+\mathrm{d}A)+PA+\left(P+\frac{\mathrm{d}P}{2}\right)(\mathrm{d}A_w)\sin\alpha$$

微团沿流线具有加速度 $\dfrac{\mathrm{d}W}{\mathrm{d}t}$，于是，惯性力为

$$-\rho\left(A+\frac{\mathrm{d}A}{2}\right)(\mathrm{d}l)\frac{\mathrm{d}W}{\mathrm{d}t}$$

因为工作轮以角速度 ω 做匀速旋转运动，所以，气体微团具有离心惯性力为

$$\rho\left(A+\frac{dA}{2}\right)(dl)r\omega^2$$

其在流动方向上的投影为

$$\rho\left(A+\frac{dA}{2}\right)(dl)r\omega^2\sin\theta$$

根据力的平衡，有

$$-(P+dP)(A+dA)+PA-\left(P+\frac{dP}{2}\right)(dA_w)\sin\alpha-\rho\left(A+\frac{dA}{2}\right)(dl)\frac{dW}{dt}$$
$$+\rho\left(A+\frac{dA}{2}\right)(dl)r\omega^2\sin\theta=0$$

因为上式第四项中 $dl=Wdt$，第五项中 $(dl)\sin\theta=dr$，所以略去二次以上微量之后，可得

$$dP+\rho WdW-\rho r\omega^2 dr=0 \tag{8-2}$$

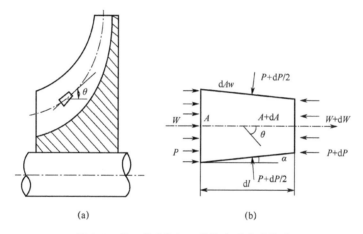

图 8-4 离心式压气机工作轮内的流动简图

由式（8-2）可以看出：

① 在 r 一定的各点上，气体的相对速度增加，则压力降低，或者反过来，相对速度降低，则压力增加；

② 当相对速度一定时，则在 r 较大处，P 也增大。这就是离心式压气机的基本工作原理，它是利用了气体做径向向外流动后参数的变化达到增压的目的。

为了得到在进口 1—1 截面和出口 2—2 截面处的参数之间的变化关系，对式（8-2）积分可得

$$\int_1^2\frac{dP}{\rho}+\int_1^2 WdW-\int_1^2\omega^2 rdr=0$$

$$\int_1^2\frac{dP}{\rho}+\frac{W_2^2-W_1^2}{2}-\frac{\omega^2(r_2^2-r_1^2)}{2}=0$$

即

$$\int_1^2\frac{dP}{\rho}+\frac{W_2^2-W_1^2}{2}-\frac{U_2^2-U_1^2}{2}=0 \tag{8-3}$$

式（8-3）就是在动坐标系统中不考虑摩擦时的机械能形式的能量方程式。

气体沿导风轮流入叶轮叶片所形成的通道之后，做径向向外流动，压力不断提高。此外，当气流在旋转的通道中流动时，由于惯性的作用，离开工作轮时，出口的相对速度 W_2 不是沿着叶片的径向，而是向叶轮旋转的相反方向落后一个角度 δ，如图 8-5 所示。

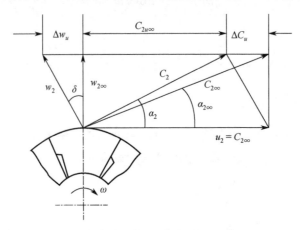

图 8-5　工作轮出口处的落后角 δ 和速度三角形

落后角 δ 的存在使得工作轮出口的绝对速度的切向分速 C_{2u} 小于出口轮缘速度 U_2。在离心式压气机中，C_{2u} 与 U_2 的比值称为"功率系数"或"滑动因子"，用 μ 表示。根据试验结果，功率系数随叶片数目增加而增加，如表 8-1 所列。

表 8-1　功率系数与叶片数目的关系

（叶片数目）z	10	14	16	19
（功率系数）μ	0.82	0.87	0.89	0.945

从图 8-5 所示可知，当叶片数目趋向于无穷多时，功率系数 μ 趋向于 1，这时，W_2 变成 $W_{2\infty}$，C_2 成为 $C_{2\infty}$，$C_{2u\infty} = U_2$。

实际的叶轮叶片数目不可能无穷多，而离心压气机叶轮滑动因子（功率系数）的大小与叶轮的设计有关。根据叶片的弯曲方向，叶轮可分为前弯叶轮（图 8-6（c））、径向叶轮（图 8-6（b））和后弯叶轮（图 8-6（a））3 种。通常，前弯叶轮的滑动因子最大，而后弯叶轮的滑动因子最小。

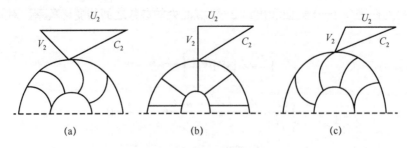

图 8-6　离心压气机叶轮叶片

(a) 后弯叶轮；(b) 径向叶轮；(c) 前弯叶轮。

8.2.3 气体在扩压器中的流动

当气体离开工作轮时,气体的绝对速度还是很高的,叶轮出口马赫数可达 $M_{C2}=1.1\sim1.2$。扩压器的作用就是把这部分动能转变为压力升高,使气体的压力进一步增加。从工作轮出口截面 2—2 起至 3—3 都是属于扩压器部分,如图 8-1 和图 8-7 所示。其中截面 2—2 至 2'—2' 为一环形缝隙,也称为无叶扩压器。由 2'—2' 至 3—3 截面的环形空间,则安装了许多叶片,称为叶片扩压器,两叶片之间形成扩压通道,如图 8-7(b)所示。下面依次介绍气流在这两部分中的流动过程及其特点。

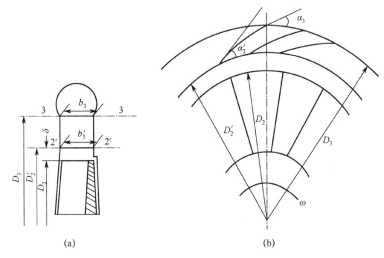

图 8-7 离心式压气机的扩压器

图 8-8 中表示某一气体微团,以 C_2 离开工作轮后在无叶扩压器的流动轨迹,C_2' 是该微团离开无叶扩压器时的速度。先略去壁面对气流的摩擦作用,对该微团应用动量矩定理,则

$$C_{2u}r_2' = C_{2u}r_2 = C_u r \tag{8-4}$$

从式(8-4)可以看出,气流的切向分速 C_u 沿半径减少。径向分速的变化可通过连续方程式得到

$$\dot{m}_a = 2\pi r_2 b_2 C_{2r} \rho_2 = 2\pi r_2' b_2' C_{2r}' \rho_2' = 2\pi r b C_r \rho$$

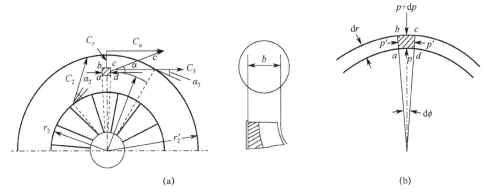

图 8-8 无叶扩压器的气体流动

假设 $b_2\rho_2 \approx b_2'\rho_2' \approx b\rho$，则 C_r 沿径向的变化为

$$C_{2r}r_2 = C_{2r}'r_2' = C_r r \tag{8-5}$$

下面分析气体微团在无叶扩压器的流动轨迹。从图 8-8 可知，流线上每点的切线与过该点圆上的切线之间夹角沿流线的变化为

$$\tan\alpha = \frac{C_r}{C_u} = \frac{\dfrac{C_{2r}r_2}{r}}{\dfrac{C_{2u}r_2'}{r}} = \frac{C_{2r}}{C_{2u}} = \tan\alpha_2$$

因为 $\tan\alpha_2$ = 常数 （α_2 为气流离开工作轮的出口角），则 $\tan\alpha_2 = \tan\alpha$ = 常数，即

$$\alpha_2 = \alpha = \alpha_2' \tag{8-6}$$

式（8-6）表明，流线上每点的切线与过该点的圆的切线之间的夹角为一常数。从数学上可知，具有这种特点的流线称为"对数螺旋线"。实际上，由于摩擦力的影响，α 角随半径 r 略有增加，但在分析问题时可把它忽略不计。

另外，从图 8-8 中的速度三角形可以证明，合速度也是沿径向减少的，即

$$\frac{C_2'}{C_2} = \frac{r_2}{r_2'} \tag{8-7}$$

从式（8-7）可以看出，要增大无叶扩压器的扩压能力，必须增加直径，这就加大了压气机的迎风面积。另外，超声速气流可以在无叶扩压器中实现无激波减速扩压，但过多的加大无叶扩压段将会导致效率下降。这是因为气体沿对数螺旋线流动时，其轨迹将是很长的，会导致摩擦损失增加。所以，在航空发动机中，离心式压气机的无叶扩压器部分总是很小的，一般 $\delta = \dfrac{D_2' - D_2}{2} = (0.05 \sim 0.15)D_2$。

气体离开无叶扩压器之后，随即流入叶片扩压器（图 8-7）。叶片多采用圆弧弯成，并沿圆周均匀分布。叶片之间构成扩压式通道，即 $\alpha_3 > \alpha_2'$。这部分的工作原理和轴流式压气机的整流器一样，气流流过时，速度降低，压力升高。为了避免气流的分离，经验证明 $\alpha_3 - \alpha_2' < 20°$ 为好，一般 $\alpha_3 = \alpha_2' + (12° \sim 18°)$。在涡轮喷气发动机中，气流离开工作轮的出口角 α_2 为 $14° \sim 16°$，因而 $\alpha_3 = 26° \sim 34°$。

8.2.4 气体在出气管中的流动

当气体从叶片式扩压器流出之后，流入图 8-8 所示的出气管。出气管与燃烧室相连，出气管的作用之一是把压缩过的气体导入燃烧室。由于从扩压器流出的气流速度仍然很大，因而出气管的另一个作用就是使气体的速度继续降低，进一步提高压力。目前，出气管的出口速度为 $100 \sim 120$m/s。

为了减少流动损失，在出气管的转弯处常常装有导流叶片，如图 8-8 所示。一般从叶片扩压器出口至出气管出口分为两个区域，在 3—3 至 3'—3' 这一段中，为了减少流动损失，常常做成相等的截面或稍微收敛；增压则在 3'—3' 至 K—K 截面之间完成。

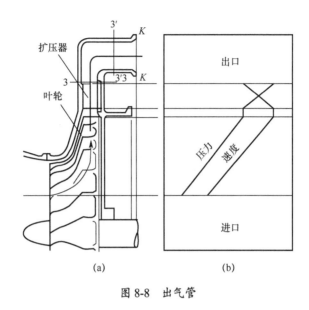

图 8-8 出气管

8.3 离心式压气机的轮缘功和效率

8.3.1 轮缘功

可以利用动量矩方程（见 3.1 节）推导出离心压气机叶轮对气体的力矩为

$$M = \dot{m}(C_{2u}r_2 - C_{1u}r_1)$$

设叶轮的转动角速度为 ω，则叶轮对流过叶轮的 Δm 质量的气体所做的轮缘功为

$$\tilde{L}_u = M\Delta\theta = M\omega\mathrm{d}t = \dot{m}(C_{2u}r_2 - C_{1u}r_1)\omega\mathrm{d}t = \Delta m(C_{2u}r_2 - C_{1u}r_1)\omega$$

而叶轮对单位质量气体所做的轮缘功为

$$L_u = \frac{\tilde{L}_u}{\Delta m} = \omega(C_{2u}r_2 - C_{1u}r_1) = C_{2u}U_2 - C_{1u}U_1$$

与轴流压气机不同的是，离心压气机中，由于叶轮进、出口半径有较大的差距，叶轮出口轮缘速度 U_2 要比叶轮进口轮缘速度 U_1 大很多，叶轮出口轮缘速度 U_2 和出口气流切向速度 C_{2u} 的乘积是决定对单位质量气体轮缘功的主要因素。

若叶轮轴向进气，$C_{1u}=0$，则叶轮对单位质量气体的轮缘功可简化为

$$L_u = C_{2u}U_2$$

引入滑动因子（功率系数）后，叶轮对单位质量气体的轮缘功可表示为

$$L_u = \mu U_2^2 \tag{8-8}$$

由于前弯叶轮滑动因子大，在相同的出口轮缘速度下，前弯叶轮的加功量最大，而后弯叶轮的加工量较小。不过，后弯叶轮流动损失较小，效率较高，故在要求较高叶轮机效率以提高燃油经济型的航空发动机上得到了较多的应用。

工作轮旋转时，除了对气流做功以外，还要克服种种损失。因此，在工作轮轴上

所需的功（称为有效功），用 L_e 表示，它应比轮缘功 L_u 大。有效功 L_e 比轮缘功 L_u 大的那一部分就是工作轮转动时克服摩擦和其他损失所需的功，称为圆盘摩擦损失，用 L_r 表示，即

$$L_e = L_u + L_r \tag{8-9}$$

现在来解释 L_r 的意义及其估算方法。总体来说，L_r 这项损失是当叶轮旋转时，由于气体的黏性，包围在叶轮四周以及沿叶轮通道流动的气体与机壳壁面相摩擦而产生的，整个圆盘摩擦力矩的组成相当复杂，一般可以概括为下列 3 项。

（1）被叶轮侧表面所带动而与叶轮一起旋转的气体与机壳表面所产生的摩擦。

（2）由于叶片两侧的压力不同，气体会沿着叶轮与机壳间的轴向间隙，从一个通道潜流到相邻的通道，其潜流的方向与叶轮旋转的方向相反，如图 8-9 所示。

（3）在轴向间隙中，叶轮的前、后面与机壳间所形成的鼓风作用造成的损失，如图 8-10 所示。这种叶轮的鼓风作用可解释如下：在叶轮前面，由于叶轮的出口压力比进口压力大，因此，气体便沿着机壳的壁面与叶轮之间的间隙向进口方向倒流；在叶轮背面间隙中，由于气体有黏性，与叶轮背面一起转动的气体质点在离心惯性力的作用下，被叶轮甩出去引起的。由此可见，轴向间隙增大使潜流和鼓风损失增加。

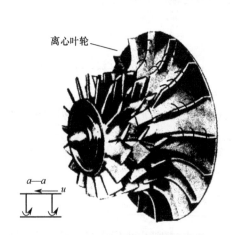

图 8-9 叶轮通道中潜流现象

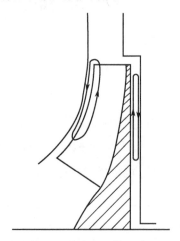

图 8-10 叶轮中的鼓风作用

精确计算以上各项损失是困难的，但根据试验研究结果，工程计算中可将 L_r 表示为

$$L_r = \alpha U_2^2 \tag{8-10}$$

式中：α 为由试验确定的系数，对目前常用的压气机而言，$\alpha = 0.03 \sim 0.05$。

在轴向进气的条件下，$C_{1u} = 0$，故有效功 L_e 的表达式可以写为

$$L_e = (\mu + \alpha) U_2^2 \tag{8-11}$$

8.3.2 效率

离心式压气机效率的定义与轴流式压气机效率的定义一样，是等熵压缩过程所需要的功与实际压缩过程所需要的功之比，这里的实际压缩功就是上面所讲的有效功 L_e，即

$$\eta_C^* = \frac{L_{i,C}^*}{L_e} \tag{8-12}$$

式中：$L_{i,C}^* = C_p T_1^* (\pi_C^{*\frac{k-1}{k}} - 1)$，$\pi_C^* = \dfrac{P_C^*}{P_a^*}$，$P_a^*$ 为预旋导流片前的气流总压，P_C^* 为扩压器后面出气管出口处的气流总压或轴向扩压器出口处的气流总压。

8.4 超音离心式压气机

所谓超音离心式压气机，是指跨声速导风轮、高速高载荷工作轮和超音扩压器三大部件所组成的离心式压气机。超音离心式压气机可以大大提高离心式压气机的增压比，并且仍然有较高的压气机效率，从而提高了发动机的推力（功率）重量比。下面分别介绍三大部件的概况。

8.4.1 跨音导风轮

导风轮进口的相对马赫数从叶根到叶尖是变化的，若从某个半径处起速度是超声速的，就称为跨音导风轮。早期发展的高增压比离心式压气机，一般都将导风轮进口叶尖相对马赫数控制在 $M_{w1} \leqslant 1$。到了 20 世纪 70 年代以后，新研制的高增压比离心式压气机普遍采用了叶尖处 $M_{w1} > 1$ 的跨音导风轮。跨音导风轮的设计目前采用跨音轴流式压气机的设计经验，取得了良好的效果，而且还在开展相关的试验研究工作，以求发展更为合适的设计计算方法，具体做法有以下两种。

（1）串列叶轮。采用导风轮与叶轮分开的形式，因而可以完全按照轴流式压气机的设计方法设计导风轮，其设计步骤与先进的跨音轴流式压气机转子完全一样。

（2）普通叶轮。导风轮与叶轮仍采用传统的紧连在一起的结构形式，但在关键的导风轮进口顶部区采用跨声速轴流式压气机提供的设计数据，而其余部分则仍可按离心式压气机的设计经验处理。

8.4.2 高速高载荷工作轮

为了提高发动机的推重比就必须采用高速高载荷的工作轮。目前，主要从下列几方面进行研究。

（1）叶轮载荷分布的研究。即研究最佳的叶轮载荷分布规律。目前，在离心式压气机的设计工作中，除了调整叶轮子午流道中的载荷分布外，对回转面上的速度分布也进行了详细的计算和分析。

（2）工作轮中新的流动模型的研究。到目前为止，离心式压气机工作轮的计算方法一般仍然是建立在位流理论的基础上。但是，这种计算方法能否反映影响性能的基本流动现象是值得怀疑的。其主要缺点是没有考虑离心叶轮中附面层增长对气流分离的影响这一重要现象。美国 R. C. 迪安等在 20 世纪 60 年代末提出了一种工作轮内部流动的射流—尾迹模型。该模型认为，气流在导风轮叶片吸力面分离后，形成一个近似为等马赫数的射流区，然后冲向工作轮叶片压力面而流出。这样在分离点后，叶轮内部流动由截然不同的两部分组成，一部分称为射流区，另一部分是相对静止的尾迹区，其中充满了由流动中各种损失产生的大量低能量流体。同时，由于科里奥利力的影响，射流区和尾迹区互不混合，两个区域的分界线在流动中保持相对稳定。这一模型在低速情况下已通过内部流场的测量得到验证，证实了二元射流—尾迹区的分离模型。特别是证实了两个区域是互不混合的，但对于高速情况还只是通过出口流场的测量做了局部的验证。目前，对旋转坐标系中气流的分离流动和混合过程，以及对工作轮内尾迹区形成机理的理论和试验都还不够深入，有待进一步探讨。

（3）后弯叶轮的新发展。后弯式叶轮的主要优点是：当压气机沿等转速线流量减少时，输入功增加，从而提高了压气机工作的稳定性，提供了控制工作轮载荷分布的手段，并降低扩压器进口马赫数，使扩压器叶片可适应较大的攻角变化范围，也有利于改进非设计状态的性能。后弯叶轮的主要缺点是：与径向叶轮相比，为达到相同的压缩指标，需要有较高的圆周速度，而且还增加了叶片的弯曲应力，所以叶片应力比径向叶片高。

另外，考虑到现有离心式压气机设计方法的一些准则，均是建立在径向式叶轮的试验研究基础之上的，因此，应该开展后弯叶轮的试验研究，以求建立可靠的设计方法和相应的设计准则。

8.4.3 超音扩压器

近年来，离心式压气机的级增压比增长很快，早期增压比一般在 4.0 左右，而目前在航空发动机上实际使用的离心式压气机已有 6.0 左右的，正在研究发展中的增压比有高达 12 以上的。一般来说，当增压比超过 3.0 时，叶轮出口绝对速度已超过声速；当增压比为 10 左右时，叶轮出口的绝对速度高达 1.4 马赫数。所以，在高增压比离心式压气机中，需要设计出适合于来流为超声速气流的扩压器。20 世纪 60 年代末期发展起来的管式扩压器就是适应叶轮出口绝对速度超过声速的一种新型的结构型式。它比由无叶扩压器和有叶二维扩压器组成的组合式扩压器的性能好得多，虽然其原因目前还不完全明白，但可能与出现在超声速气流前的"后掠"外形有关。后掠已应用于高超音冲压喷气发动机扩压器的前缘。目前，在加拿大的 JT-15D 小型涡轮风扇发动机的离心式压气机上，已使用了这种管式扩压器。

如图 8-11 所示，在离心式压气机叶轮的外面装有管式扩压器，其具体结构是在一个整体环形金属板上面均匀地钻有一系列切向孔。这些孔的前段是圆柱形直孔，后段则为有一定扩张角的锥形孔。这些孔的中心线与压气机叶轮的出口圆周接近于相切。切向孔的出口与另一个喇叭形的下游扩散段相连，通过喇叭形扩散段将气流拐弯，最后成为轴向。因此，管式扩压器是由一系列切向孔以及后面的喇叭形扩散段所形成的单独通道所组成。JT-15D 离心式压气机的管式扩压器有 20 个这种独立的通道，如图 8-11 所示，当这些钻孔互相相交时，在叶轮外径与管式扩压器内径之间就形成了一个缝隙扩压器，这将有助于降低扩压器进口处的速度，当切向圆柱孔和环形整体金属板的内圆柱面相贯时，两个相贯圆柱面的交线形成通道的锐边前缘，如图 8-11 左下角所示。

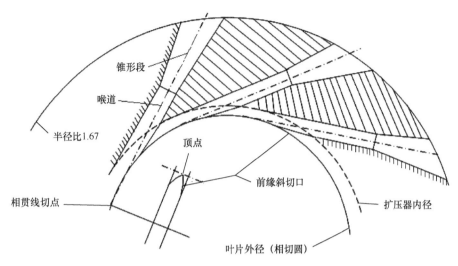

图 8-11 管式扩压器结构示意图

气流流出压气机叶轮时的绝对速度是超声速的，如 M_{C2} 为 1.30 左右。由于叶轮轮盘和离心机匣上的附面层以及叶片上的附面层的影响，速度场的分布无论从数值上和方向上都很不均匀，当气流流过缝隙式扩压器时将会减速、扩压并有所调匀，然后接触到每个通道的锐边前缘。锐边前缘可以减弱激波的强度，并使气流在沿锐边前缘区的流动过程中得到进一步调匀。试验表明，前缘区后面的喉道区无须太长。气流通过喉道区后进入锥形扩压段，在扩压段内是亚声速减速扩压。在后面的喇叭形扩压段内除亚声速减速扩压外，还进一步把气流转成轴向。在管式扩压器的出口，气流已减速到马赫数为 0.3 左右。

实验结果表明，装有管式扩压器的离心式压气机在级增压比为 5.42 时，效率高达 81.8%。由此可见，管式扩压器用于叶轮出口绝对速度超声速时的优越性很明显。总之，其效率较高的主要原因如下。

1）它具有锐边前缘，适合于超声速来流。

2）切向孔的锐边前缘区能够把不均匀来流进行调匀，从而也可减少损失。

3）对于小流量高增压比离心式压气机来讲，扩压器的轴向宽度很小，叶片式扩压器在畸角区的二次损失严重，而在管式扩压器的圆管通道中二次损失将大为减少，这也是有利的因素。管式扩压器的另一方面优点是加工方便，成本较低。

管式扩压器的缺点主要有两个：一是工作范围较窄，在亚音进气条件下，效果不够好；二是迎风面积较大，因而只适用于不考虑迎风面积的小流量航空发动机。

思考题和习题

1．离心式压气机的增压原理与轴流式压气机的相比有何异同点？
2．在离心式压气机中为什么要采用导风轮？不采用是否可以？
3．试说明单级离心式压气机比单级轴流式压气机的压比高，效率低的原因。

4. 试画出离心式压气机增压过程的 h-S 图。
5. 试说明管式超音扩压器的优点。
6. 设有一离心式压气机，轴向进气，出口处 $\beta_2 = 60°$、$\alpha_2 = 20°$，外径处圆周速度 $U_2 = 400\,\text{m/s}$，试求该压气机的轮缘功为多少？
7. 设某离心式压气机的增压比为 $\pi_C^* = 4.8$，在温度为 20℃ 条件下的进气质量流量为 50kg/s，试问带动该压气机需要多少千瓦的动力（设压气机的效率 $\eta_C^* = 0.82$）？

第 9 章 压气机的特性和调节

9.1 压气机的工作范围

压气机的设计点是决定压气机主要几何尺寸和级数以及压气机性能的一个重要工况。但是，只工作于设计点的压气机是没有用的，压气机还必须在偏离设计点的其他工况下运转。特别是军用飞机上的压气机，由于战术的需要，在空战的大部分时间中都是在非设计工况下工作。因此，评定一台压气机设计的好坏，除了设计点外，还要考核其非设计点性能好坏及安全工作范围是否宽广。通常，压气机的非设计点性能和安全工作范围都是通过压气机特性线表示的。

压气机的性能参数是指增压比 π_C^* 和效率 η_C^*，而这两个性能参数又决定于压气机的 4 个工作参数：压气机转速 n、气体质量流量 $\dot{m}_a$、压气机进口的滞止压力 P_1^* 和滞止温度 T_1^*。用方程表示则有以下方程式，即

$$\begin{cases} \pi_C^* = f_1(P_1^*, T_1^*, \dot{m}_a, n) \\ \eta_C^* = f_2(P_1^*, T_1^*, \dot{m}_a, n) \end{cases} \quad (9\text{-}1)$$

根据式（9-1）画出的曲线，称为"压气机特性线"。取得压气机特性线的方法主要有试验法和数值计算法两类。

试验是获得压气机特性线的基本方法，也是最可靠的方法。压气机特性是否满足设计要求以及数值计算方法的计算结果可靠性和精度最终都要通过试验检验。但是，全尺寸的压气机试验往往成本高且周期长——不仅压气机实验台建设需要付出大量的人力、物力和时间，而且全尺寸压气机（特别是大功率和超跨音压气机）试验件的加工和试验也需要很高的费用和较长的时间。为了节约压气机试验成本，缩短压气机研发周期，已有多种不同的压气机特性数值计算方法应用于压气机研发流程的各个环节，成为压气机设计过程中不可或缺的工具。

9.2 压气机的流量特性及其绘制

9.2.1 压气机的流量特性

压气机的流量特性线是指在压气机进口条件（即进口总压和总温）不变的情况下，对于某个恒定转速压气机的增压比和效率随通过压气机的流量而变化的曲线。由于进口条件不变，认为密度的变化可忽略不计，这时就可用容积流量 V_1 的大小表示质量流量 $\dot{m}_a$，从而压气机的流量特性（又称正常特性）就可以由式（9-1）导出，即

$$\begin{cases} \pi_C^* = f_1(V_1, n) \\ \eta_C^* = f_2(V_1, n) \end{cases} \tag{9-2}$$

当压气机的转速改变时，可以得出另一条特性线。显然，压气机的流量特性是以转速为参变量的一簇曲线。图 9-1～图 9-3 分别表示单级离心、单级轴流和多级轴流式压气机的流量特性线。

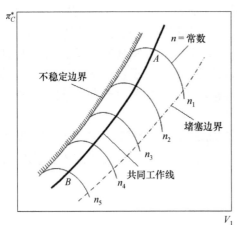

图 9-1 单级离心式压气机流量特性　　图 9-2 单级轴流式压气机流量特性

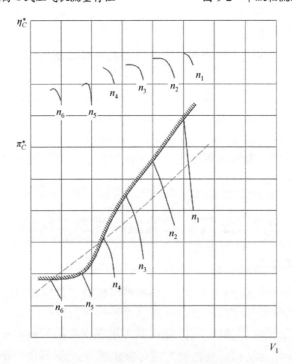

图 9-3 多级轴流式压气机流量特性

图 9-1~图 9-3 中效率和增压比是分别画出的，但在实际使用中常把效率曲线和增压比曲线画在同一张图上。其画法如图 9-4 所示，在 η_C^* 曲线上做任意一条水平线，从这一水平线与不同转速的效率曲线之交点向增压比曲线作垂线，此垂线与对应的转速线相交于一点，把这些点用光滑的曲线连接起来就得出等效率线。

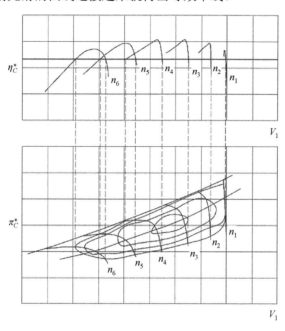

图 9-4　等效率级的画法

9.2.2　流量特性的试验方法

一般说来，一个压气机实验台的主要组成部分如图 9-5 所示。

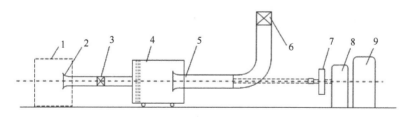

图 9-5　压气机试验台的主要组成部分

1—防尘网；2—流量测量管；3—进气节流阀；4—稳压箱；5—实验压气机和测量段；6—排气系统和节流阀；
7—转速和功率测量机构；8—增速箱；9—动力。

（1）防尘网（或称气体滤）。其功用在于防止因外物吸入压气机而打坏机件，同时又把压气机中的尘沙等滤掉，以保证气流清洁，从而避免探针孔的堵塞。

（2）流量测量管。一般采用双扭线流量管或孔板流量计测量压气机的流量。

（3）进气节流阀。流入压气机的气体经过进气节流阀之后压力和密度大大下降，流量也随着减少，从而使得带动压气机所需的功率减少。因此，当动力不能满足压气机所需的功率时，就可以使用进气节流阀，以降低压气机所需的功率，如果动力源足够，也可以免去进气节流阀。

（4）稳压箱。其作用是保证压气机进口的气流均匀和稳定，稳压箱的尺寸必须足够大，其大小为压气机直径的 20～25 倍以上。因此，稳压箱内的气流速度一般为 10m/s 左右。箱内装有蜂窝格子以及金属网格，其目的在于使气流均匀和降低紊流度。

（5）实验压气机和测量段。这是安装实验压气机的地方，根据研究的需要实验段可设计成单级、双级，或多级轴流式压气机（或离心式）试验台的形式，也可以设计成可供组合压气机（轴流加离心）实验的形式。对整个实验设备来说，这部分是关键，其结构设计必须满足研究的需要。

（6）排气系统和节流阀。排气系统一般包括集气器、排气管和节气门。设计排气系统时应尽量减少流阻损失。如果压气机出口有较大的切向分速度，要在压气机出口安装整流部件，使气流沿轴向流出，以便减少排气损失；节气门的作用则在于调节流入压气机的流量和控制出口反压。

（7）转速和功率测量机构。为了绘制压气机的效率曲线，必须测量压气机的转速和输入压气机的功率，一般采用扭矩测功器或其他测功装置。

（8）增速箱。现代航空发动机压气机的转速都比较高，大、中型发动机采用的轴流式压气机一般都在 10000r/min 以上，而小型发动机采用的离心式压气机的转速可达 30000～50000r/min 或更高，但动力的转速（特别是采用电机作动力）往往较低，因此，需要增速器把动力源转轴的转速增加到试验时所需要的转速。

试验时，维持某个转速不变，通过操纵节气门的位置改变流入压气机的气体流量。在每一个节气门的位置下，要同时测量以下几个参数。

（1）压气机进口总温 T_1^* 和总压 P_1^*。

（2）压气机出口总温 T_2^* 和总压 P_2^*。

（3）流量测量截面处的总压 P_m^*、总温 T_m^* 和静压 P_m。

（4）从测功装置测得压气机轴的扭矩。

有了以上数据就可以进行以下的计算。

（1）流量为

$$\dot{m}_a = 0.04042 A_m \frac{P_m^*}{\sqrt{T_m^*}} q(\lambda_m) \quad (\text{kg/s})$$

式中；A_m 为测量截面处的几何面积乘以流量修正系数；P_m^* 和 T_m^* 分别为测量截面处的总压和总温，如果流量测量管加工较好，向外散热不严重，则可初步认为分别等于压气机进口的大气压力和温度；$q(\lambda_m)$ 为流量函数。

（2）进口容积流量为

$$V_1 = \frac{\dot{m}_a}{\rho_1}$$

（3）压气机滞止增压比为

$$\pi_C^* = \frac{P_2^*}{P_1^*}$$

(4)流过压气机的单位流量所需的有效功。因为 $\omega = \dfrac{2n\pi}{60}$,$n$ 为压气机每分钟转数,而扭矩 M_{Cp} 又已测量得到,故可求出向压气机输入的功率为

$$N_C = M_{Cp}\omega$$

故流过压气机的每千克气体所得到的轮缘功为

$$L_u = \dfrac{N_C \cdot \eta_m}{\dot{m}_a}$$

式中:η_m 为压气机转子的机械效率。

(5)压气机的滞止绝热效率为

$$\eta_C^* = \dfrac{L_{i,C}^*}{L_u}$$

式中:$L_{i,C}^*$ 为滞止等熵压缩功,其值可由下式算得,即

$$L_{i,C}^* = \dfrac{k}{k-1}RT_1^*\left[(\pi_C^*)^{\frac{k-1}{k}} - 1\right]$$

(6)压气机出口总温。由于出口总温 T_2^* 不易测量(特别是在小功率时),故可利用公式 $L_u = C_p(T_2^* - T_1^*)$ 求出,即

$$T_2^* = \dfrac{L_u + C_p T_1^*}{C_p}$$

式中:C_p 为等压比热。

根据计算得出的 π_C^* 和 η_C^*,可以以容积流量 V_1 为横坐标,以 π_C^* 和 η_C^* 为纵坐标而得出某一转速下流量特性线上的一个点。在同一个转速下改变节气门位置,按照以上测量方法和计算步骤可以得出另外一点,由此类推,可以得出多个点,把这些点用光滑曲线连接起来,就是某一转速下的容积流量特性线。在另外的转速下重复以上步骤,可以得出以转速为参变量的某几个转速的容积流量特性线,如图 9-1~图 9-3 所示。

9.3 流量特性线的变化特点

由图 9-1~图 9-3 可以看出,每一条等转速线的左方被一条称为"不稳定边界"的曲线所限制,每一条等转速线和不稳定边界的交点,就是在该转速下压气机能够稳定工作的流量最小(也就是该转速下节气门开度最小)的那个点,或者说,把每个转速下压气机能够稳定工作的最小流量点连接起来就形成了该压气机的"不稳定边界"。当压气机的工作点落在不稳定边界上时,原来的稳定流动开始向不稳定过渡。这时,可能产生的不稳定流态有两种:旋转失速和喘振。这是两种性质不同的不稳定流态,不论二者之中的哪一种都会破坏压气机的正常工作,严重时会引起叶片的断裂,甚至导致全机的毁坏。因此,不稳定边界是压气机的气流稳定和不稳定的分界线。边界的左边是该压气机的工作禁区,应该极力避免压气机进入该区。在流量特性线的右下方有一条称为"堵塞边界"的曲线。这条曲线是连接每一转速下最大流量的那个工作点而形成的。这条曲线和不稳

定边界的性质不同，不会导致严重的危害，但由于这时压气机流程某截面上的气流达到临界状态，该截面处的叶型进口为较大的负攻角而变成了涡轮工作状态（所谓涡轮工作状态，是指压气机的工作由压缩转为膨胀），这时增压比和效率都大大下降，这种状态也应该避免。

由上述分析可知，压气机的稳定工作范围就是被两条曲线所包围的那块区域。在这个区域内工作，不但气流稳定而且效率也较高。但在航空发动机上，压气机的工作范围往往超出这个区域。为了保证压气机的稳定工作，就需要采取各种措施来扩大工作范围，特别是使不稳定边界向左方（小流量）移动以避免进入不稳定边界。

由图 9-1～图 9-3 可以看出，单级离心和单级轴流的流量特性线非常相似，它们的每一条等转速线都有一个最高点，这个最高点把曲线分为左右两支，但单级轴流的流量特性线相对比较陡峭。多级轴流式压气机的流量特性线没有左右两支而且更加陡峭，并且转速越高越陡峭，下面简要阐述这些特性线的变化特点及其原因。

9.3.1 离心式压气机

从第 8 章离心式压气机可知，需要加给每千克气体的轮缘功 $L_u = \mu U^2$，μ 为功率系数。在理想流动下，该轮缘功等于等熵压缩功，即 $L_u = L_{i,C}^*$，而与容积流量 V_1 无关，用图表示则是增压比 π_C^* 是一条平行于 V_1 轴的水平线 a—a，如图 9-6 中所示。

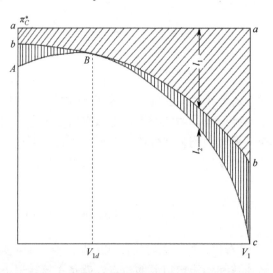

图 9-6　单级离心压气机流量特性线的特点

但是实际的压缩过程是有损失的。这个损失大致可分为两类，即摩擦损失 l_1 和分离损失 l_2。摩擦损失与流速（气流的容积流量）有关，一般可写为

$$l_1 = K_1 V_1^2$$

式中：K_1 为比例系数，可认为不变；V_1 为压气机进口容积流量。

至于分离损失则来自偏离设计状态时的气流分离，其大小可由下式计算，即

$$l_2 = K_2 \left(1 - \frac{V_1}{V_{1d}}\right)^2$$

式中：K_2 为比例系数；V_{1d} 为压气机进口的设计容积流量。

当 $V_1 = V_{1d}$ 时，$l_2 = 0$。

当 $V_1 < V_{1d}$ 时，$i > i_d$，气流在叶背发生分离，$l_2 > 0$。

当 $V_1 > V_{1d}$ 时，$i < i_d$，气流在叶盆发生分离，$l_2 > 0$。

把以上两种损失从 a—a 平行线减去就得出单级离心式压气机的流量特性线，如图 9-6 所示。

9.3.2 单级轴流式压气机

离心式压气机的轮缘功与容积流量无关，但是轴流式压气机即使在理想压缩过程中，其轮缘功 L_u（或等熵压缩功）也与流量有关。这是因为在转速不变和叶栅出口的气流角（β_2）近似不变的情况下，气流的扭速 ΔC_u（或 ΔW_u）与进口的容积流量（或轴向分速）成反比，即 V_1 小时，ΔC_u 上升，反之则下降。轮缘功 L_u（等熵压缩功 $L_{i,C}^*$）也与容积流量成反比，如图 9-7 所示。与离心式压气机一样，流动过程的损失也大致可分为摩擦损失与分离损失两类。由于 $L_{i,C}^*$ 与容积有关，a—a 不是水平线，从而单级轴流压气机的流量特性线比离心式压气机的特性线陡峭。必须指出的是，这种特性线是指单级亚音和一级增压比不高（$\pi_C^* < 1.3$）的单级轴流而言，对于跨超音级则其特点和多级相似。

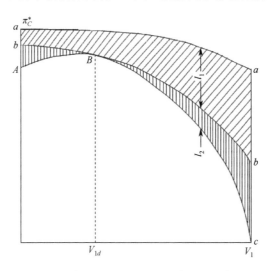

图 9-7 单级轴流压气机流量特性线的特点

9.3.3 多级轴流式压气机

和单级轴流压气机相比较，多级轴流压气机的流量特性线有两个明显的特点，即没有左、右两支，并且形状更为陡峭，高转速时几乎接近于一直线。另外，到达不稳定边界之前，压气机仍处于连续增压的压缩过程，然后突然进入不稳定边界，级数多和增压比较高或者第一、二级为跨超音级的多级轴流式压气机更是如此。原因是在设计状态下，各级的流通面积、气流速度和密度大小是协调的。当流量减小时，第一级的轴向分速随之减小，引起第一级攻角 i 的增加、加功量增加，从而第一级出口的气流密度增加，这时，流通面积和设计点相比显得过大。这种不协调的程度越到后面越剧烈，导致最后几级的截面显得太大或轴向速度过小，导致攻角 i 过大而产生旋转失速或者喘振，以致突然进入不稳定边界。另外，高转速、高增压比和大流量的轴流式压气机，在设计状态下，各级速度较高，如增加流量则极易在某个截面发生堵塞，特别是有超音级时更是如此。此时，节气门虽然继续加大，但由于某截面已达临界，压气机的进口流量都不再增加。这就是在高转速时流量特性线几乎接近于直线的原因。

以上的分析是对设计转速下的工况而言，至于偏离设计转速时的各级工作特点，将在下面章节进行分析。

9.4 压气机进口总压和总温对流量特性线的影响

压气机的流量特性线是在一定的进口条件下（一定的总压 P_1^* 和总温 T_1^* 下）实验得出的，下面讨论这两个参数的改变对流量特性线的影响。

首先，假设进口总温 T_1^* 不变，在一定转速下维持容积流量不变。实践证明，当进口总压 P_1^* 改变时，其他截面上的总压相应成比例变化。也就是说，这时压气机的增压比不变，从而流量特性线的形状不变。这样进口总压就不是决定增压比和效率的因素，因此描写压气机流量特性的方程式（9-1）可改写为

$$\begin{cases} \pi_C^* = f_1(n, T_1^*, V_1) \\ \eta_C^* = f_2(n, T_1^*, V_1) \end{cases}$$

但是，必须指出的是，虽然这时增压比 π_C^* 和滞止等熵绝热效率 η_C^* 不随 P_1^* 而改变，但流入压气机的质量流量却随 P_1^* 的变化而变化。显然，进口总压 P_1^* 上升时，带动压气机所需的功率 N_C 要增加，反之则减少。上述分析的前提是进口压力的变化范围应保证压气机的雷诺数 Re 在自模化的范围内，如果过雷诺数 Re 低就会产生影响。

其次，当保持进口总压 P_1^* 不变只变化进口总温 T_1^* 时，看看它对增压比和效率有何影响。对于离心式压气机，已经分析过轮缘功是一个常数，则

$$L_{i,C}^* = \frac{k}{k-1} RT_1^* \left[\left(\frac{P_2^*}{P_1^*} \right)^{k-1/k} - 1 \right] = 常数$$

从上式可以看出，当 T_1^* 上升时，增压比 $\frac{P_2^*}{P_1^*} = \pi_C^*$ 下降，反之则上升。对于轴流式压气机来说，轮缘功随容积流量做相反变化。小容积流量时，轮缘功 L_u 增加，这时，如 T_1^* 上升，则增压比 π_C^* 可能上升或下降，但总要变化。当容积流量变大时，可以做同样分析。总之，改变进口总温 T_1^* 时，增压比曲线就要改变，如图 9-8 所示。另外，进口总温的变化对滞止等熵绝热效率 η_C^* 也有影响。总温下降时，压气机各截面上的马赫数上升，因而损失增加。反之，温度上升时，马赫数下降，损失也随着减小，如图 9-8 所示。

综上所述，当压气机进口总温变化时，同一个压气机在某一个转速下就有几条和进

口总温 T_1^* 相对应的流量特性线，如图 9-8 所示。因此，为了得到不同进口总温下的流量特性，就必须做大量的试验和数据整理工作。最合适的方法是在一定进口条件下做一次完整的试验就得出能适用于不同进口条件下的压气机特性线，为此首先要研究压气机的动力相似问题。

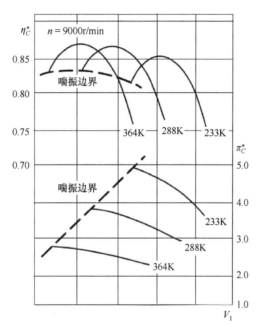

图 9-8 进口总温对流量特性线的影响

9.5 相似理论在叶片机中的应用

航空叶片机的功率常在几千匹甚至万匹马力以上，因此，要在地面上做原型叶片机的试验往往遇到动力上的困难。另外，由于喷气发动机多在高空条件下工作，要得到压气机的高空特性，需要有价值高昂的高空实验台。这样，就自然面临以下 3 个问题。

（1）能不能用比原型叶片机小的模型机做试验？
（2）做试验时，要测量哪些参数？
（3）如何综合实验数据，使它能应用到原型机上去？

对于上面提出的 3 个问题，相似理论的 3 个定理给出了完满的答复。相似第三定理指出，用比原型机小的模型机是可以的，但必须满足单值性条件相似，而且由单值性条件组成的相似准则也必须相同。在叶片机上，边界条件指的是进口处的流动条件。因此，只要由进口处的参数组成的相似准则（也就是压气机进口的马赫数）在原型机和模型机上均相同，那么原型机和模型机中的气流必然动力相似。对于第二个问题，相似第一定理指出，试验时，只要测量相似准则（或与相似准则成比例的无量纲综合数群）中所包括的参数就可以了。至于第三个关于如何综合实验数据的问题，相似第二定理指出，必须将实验数据整理成相似准则间的关系式。这样综合出来的相似准则间的关系式对原型和模型机都是适用的。

根据相似理论，我们就可以将式（9-1）的右边综合成无量纲综合数群的形式。考虑到原型和模型的尺寸大小，在该式的右边还要加上代表压气机直径大小的特征尺寸 D。略去雷诺数 Re 影响，式（9-1）可写为

$$\begin{cases} \pi_C^* = f_1(P_1^*, T_1^*, n, \dot{m}_a, D) \\ \eta_C^* = f_2(P_1^*, T_1^*, n, \dot{m}_a, D) \end{cases} \tag{9-3}$$

式中：$\dot{m}_a$ 为流入压气机的质量流量。

根据相似第二定理（又称 π 定理），可以将方程式中的 5 个物理量综合成无量纲的综合数群（相似准则），如果选定的量纲系统是质量[M]、长度[L]和时间[T]，那么在式（9-3）的 5 个物理量中，取 $k=3$ 个独立变量，从而得出 $n-k=5-3=2$ 个无量纲综合数群，其求法如下。

（1）将 5 个有量纲的物理量相对于基本量纲系统的量纲公式写出，如表 9-1 所列。

表 9-1 基本量纲系统

参数	[M]	[L]	[T]
P_1^*	1	-1	-2
T_1^*	0	2	-2
n	0	0	-1
$\dot{m}_a$	1	0	-1
D	0	1	0

（2）选定 P_1^*、T_1^* 和 D 为相对量纲系统中的独立变量，并组成下面的无量纲参数，即

$$\pi_1 = \frac{\dot{m}_a}{(P_1^*)^{m_1}(T_1^*)^{m_2} D^{m_3}}$$

$$\pi_2 = \frac{n}{(P_1^*)^{p_1}(T_1^*)^{p_2} D^{p_3}}$$

（3）将各变量的量纲代入上式，根据上面两式为无量纲参数的条件，可以分别得到指数 m_1、m_2、m_3 以及 p_1、p_2、p_3 的方程组，即

$$\pi_1 = \frac{[M][T^{-1}]}{[ML^{-1}T^{-2}]^{m_1}[L^2T^2]^{m_2} L^{m_3/m_3}} = M^0 L^0 T^0$$

$$[M]: 1 - m_1 = 0$$
$$[L]: m_1 - 2m_2 - m_3 = 0$$
$$[T]: -1 + 2m_1 + 2m_2 = 0$$

解上面的联立方程组，可得

$$m_1 = 1, \quad m_2 = -\frac{1}{2}, \quad m_3 = 2$$

所以，有

$$\pi_1 = \frac{\dot{m}_a \sqrt{T_1^*}}{P_1^* D^2}$$

同理,可得

$$\pi_2 = \frac{Dn}{\sqrt{T_1^*}}$$

根据 π 定理可以把式(9-3)转换为无量纲参数间的关系式,即

$$\begin{cases} \pi_C^* = f_1\left(\dfrac{Dn}{\sqrt{T_1^*}}, \dfrac{\dot{m}_a \sqrt{T_1^*}}{P_1^* D^2}\right) \\ \eta_C^* = f_2\left(\dfrac{Dn}{\sqrt{T_1^*}}, \dfrac{\dot{m}_a \sqrt{T_1^*}}{P_1^* D^2}\right) \end{cases} \quad (9\text{-}4)$$

如果用静参数计算增压比 π_C 和效率 η_C,那么与式(9-4)相同,可得

$$\begin{cases} \pi_C = f_3\left(\dfrac{Dn}{\sqrt{T_1}}, \dfrac{\dot{m}_a \sqrt{T_1}}{P_1 D^2}\right) \\ \eta_C = f_4\left(\dfrac{Dn}{\sqrt{T_1}}, \dfrac{\dot{m}_a \sqrt{T_1}}{P_1 D^2}\right) \end{cases} \quad (9\text{-}5)$$

从以上两式可以看出,把增压比和效率与 5 个变量的关系综合成无量纲参数间的关系以后,意味着把 5 个变量综合成两个无量纲参数,这样大大简化了实验工作。虽然相似第二定理不能给出它们之间的函数形式,但是,由无量纲参数画出的特性却适用于所有相似现象。

下面证明无量纲参数 $\dfrac{Dn}{\sqrt{T_1}}$ 和 $\dfrac{\dot{m}_a \sqrt{T_1}}{P_1 D^2}$ 实际上就代表气流的决定性相似准则——马赫数。先讨论无量纲参数 $\dfrac{Dn}{\sqrt{T_1}}$,按照下面的方式把该常数转变为另外一种写法,即

$$\frac{Dn}{\sqrt{T_1}} = \frac{60U}{\pi\sqrt{T_1}} = \frac{60\sqrt{kR}}{\pi\sqrt{kRT}}U = \frac{60\sqrt{kR}}{\pi}M_u$$

式中:M_u 为轮缘速度 U 的马赫数,$M_u = \dfrac{U}{\sqrt{kRT}}$。

显然,如果 M_u 不变,$\dfrac{Dn}{\sqrt{T_1}}$ 也就不变。因此,实际上 $\dfrac{Dn}{\sqrt{T_1}}$ 就代表了气流的决定性准则 M_u。同理,可以得出 $\dfrac{\dot{m}_a \sqrt{T_1}}{P_1 D^2}$ 是否与 M 数有关,因为

$$\dot{m}_a = V_1 \rho_1 = \frac{P_1}{RT_1} V_1$$

所以,有

$$\frac{\dot{m}_a\sqrt{T_1}}{P_1} = \frac{1}{R}\frac{V_1}{\sqrt{T_1}} = \frac{A_1\sqrt{kR}}{R\sqrt{kRT_1}}C_{1a} = \frac{\frac{1}{4}\pi D^2\sqrt{kR}}{R\sqrt{kRT_1}}C_{1a}$$

最后上式可写成为

$$\frac{\dot{m}_a\sqrt{T_1}}{P_1} = \frac{\pi\sqrt{kR}}{4R}M_{C1a}$$

式中：M_{C1a} 为轴向速度 C_{1a} 的马赫数，$M_{C1a} = \frac{C_{1a}}{\sqrt{kRT_1}}$。因此，若 M_{C1a} 不变，则 $\frac{\dot{m}_a\sqrt{T_1}}{P_1}$ 保持不变，所以该参数代表了气流的决定性准则马赫数。

在讨论叶片机的气流相似时，往往只涉及一个马赫数，为什么现在出现了两个马赫数（M_u 和 M_{C1a}）呢？下面做一个简要的解释。若只考虑气体的可压缩性，只要保持马赫数相同就可以保证气流的动力相似。然而，叶片机中的速度有绝对和相对之分，这就出现了表征绝对速度的 $M_{C1a} = \frac{C_{1a}}{\sqrt{kRT_1}}$ 和相对速度的 M_u。从图 9-9 可以看出，绝对速度 C_1 取决于轴向分速 C_{1a} 和预旋 C_{1u}，但是决定 C_1 的主要参数是 C_{1a}（也代表流过压气机流量的大小）。此外，运动相似是动力相似的前提条件，运动相似时进口的绝对速度三角形是相似的。因此，由轴向速度算得的 M_{C1a} 就代表了绝对速度的 M_{C1}。至于相

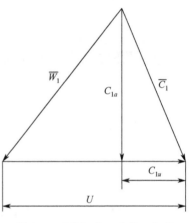

图 9-9 压气机进口速度三角形

对速度的 $M_{w1} = \frac{W_1}{\sqrt{kRT_1}}$，则决定于轮缘速度 M_u，也就是说，M_u 代表了 M_{w1}，这就是出现两个马赫数 M_{C1a} 和 M_u 的原因。

综合上述可知，无论分析 N-S 方程或用 π 定理，其结果都是一样的，那就是决定两台压气机（或同台压气机，在不同进口条件下）动力相似的决定性准则就是 M_{C1a} 和 M_u，从而可写成

$$\begin{cases} \pi_C^* = f_3(M_u, M_{C1a}) \\ \eta_C^* = f_4(M_u, M_{C1a}) \end{cases} \tag{9-6}$$

从式（9-6）可以看出，当两台几何相似的压气机进口处的 M_u 和 M_{C1a} 相等时，增压比和效率以及其他同名物理量在各对应截面上的比值也一定相同。

9.6 压气机的通用特性线

基于以上推导的无量纲参数（又称相似参数或准则），就可以用这些相似参数为坐标画出不受压气机进口条件限制的"通用特性线"。需要指出的是，与决定性准则 M_u 和 M_{C1a}

成比例或是它们的函数无量纲综合数群并不限于上面所讲的两组。其实，凡是与 M_u 和 M_{C1a} 成比例的任意综合数群，都可以作为相似参数来画通用特性线。例如，和 M_{C1a} 对应的

$$\frac{C_{1a}}{D^2\sqrt{T_1}}, \frac{C_{1a}}{D^2\sqrt{T_1^*}}, \frac{V_a}{D^2\sqrt{T_1}}, \frac{V_a}{D^2\sqrt{T_1^*}}, \cdots$$

和 M_u 对应的

$$\frac{DU}{\sqrt{T_1}}, \frac{DU}{\sqrt{T_1^*}}, \frac{Dn}{\sqrt{T_1}}, \frac{Dn}{\sqrt{T_1^*}}, \cdots$$

对于同台压气机，可去掉几何条件 D，这样相似参数中，就不含 D（压气机直径）因子，亦即变为

$$\frac{C_{1a}}{\sqrt{T_1^*}}, \frac{C_{1a}}{\sqrt{T_1}}, \frac{V_a}{\sqrt{T_1^*}}, \frac{V_a}{\sqrt{T_1}}, \frac{m_a\sqrt{T_1^*}}{P_1^*}, \cdots$$

$$\frac{U}{\sqrt{T_1^*}}, \frac{U}{\sqrt{T_1}}, \frac{n}{\sqrt{T_1^*}}, \frac{n}{\sqrt{T_1}}, \cdots$$

用上述两种相似参数绘制成的压气机通用特性线如图 9-10 所示。图 9-11 是用较常用的相似参数绘制成的同一台压气机的通用特性线。

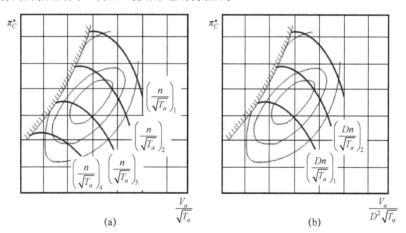

图 9-10 用相似参数画出的通用特性线

在航空发动机中，最常用的相似参数是折合转速（又称换算转速）和折合流量（或换算流量），并被用来绘制同一台压气机的通用特性线。折合转速（n_{cor}）和折合流量（$\dot{m}_{a,cor}$）是指压气机在标准大气（T_1^* =288K，P_1^* =101325 Pa）的进口条件下的转速和流量，如果压气机进口不是标准大气条件，要满足动力相似则必须满足

$$\frac{n_{cor}}{\sqrt{288}} = \frac{n}{\sqrt{T_1^*}}$$

$$\frac{\dot{m}_a\sqrt{T_1^*}}{P_1^*}=\frac{\dot{m}_{a,\text{cor}}\sqrt{288}}{101325}$$

从上式可得：

折合转速为

$$n_{\text{cor}}=n\sqrt{\frac{288}{T_1^*}}=\frac{n}{\sqrt{\theta}}$$

其中

$$\theta=\frac{T_1^*}{288}$$

折合流量为

$$\dot{m}_{a,\text{cor}}=\dot{m}_a\frac{\sqrt{\dfrac{T_1^*}{288}}}{\dfrac{P_1^*}{101325}}=\dot{m}_a\frac{\sqrt{\theta}}{\delta}$$

其中

$$\delta=\frac{P_1^*}{101325}$$

图 9-12 就是用折合转速 n_{cor} 和折合流量 $\dot{m}_{a,\text{cor}}$ 绘制的压气机通用特性线。

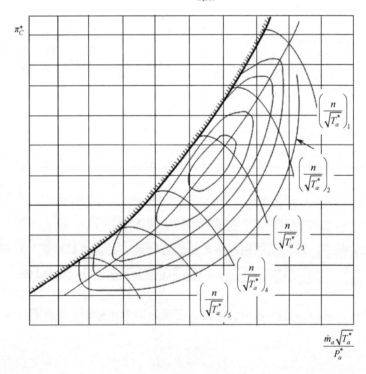

图 9-11　压气机的通用特性线

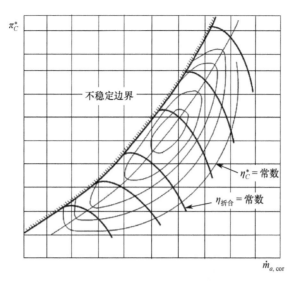

图 9-12　压气机的通用特性线

9.7　压气机特性计算方法

压气机特性计算的方法有很多种，不同的机构或不同的设计者所采用的计算方法都可能有所不同——这主要取决于以往积累的经验和当前所拥有的计算条件。实际工程应用中所采用的压气机特性计算方法，根据计算原理可以分为统计法、一维平均流方法、二维轴对称方法和三维 CFD 方法等几大类。

统计法是根据压气机特性随设计参数变化的一般规律和特性的相似性，以对同类压气机试验特性数据分析为依据，建立的一种近似方法。统计法可用于在开展压气机的具体设计之前，对压气机总体设计方案的快速预估。

一维平均流方法用于在压气机的初始设计中（图 2-4）利用非常有限的设计参数预估压气机的特性，在方法体系中对应第 7 章的内容。

二维轴对称方法是简化的 S_2 流面方法（图 2-4），建立在轴对称假设的基础上，将 S_2 流面简化为子午面，根据流线曲率和径向平衡方程确定压气机内的气流参数分布，进而预估压气机的特性。二维轴对称方法在方法体系中对应第 6 章的内容。

三维 CFD 方法用于在获得压气机的完整设计参数后通过三维流场分析（图 2-4）对压气机特性进行详细评估。

本节结合本教材的部分内容，对若干方法进行简单介绍。本节介绍的方法不能理解为解决同类问题的标准方法或通用方法，但是方法的计算原理和理论基础具有通用性。

9.7.1　一维平均流方法

计算站设于各级叶排进、出口截面的面积平均半径上（图 9-13）。忽略气流参数的周向变化，并假设各叶排进、出口截面中径处的气流参数即为截面的平均气流参数，则压气机气动计算简化为一维流动问题。

平均半径的定义为

$$r_m = \sqrt{\frac{r_t^2 + r_h^2}{2}}$$

在计算中，流经各计算截面的气流满足流量连续方程，即

$$\dot{m}_1 = \dot{m}_2 = \cdots = \dot{m}_n$$

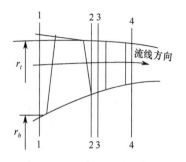

图 9-13　一维平均流计算站点示意图

一维平均流方法通常采用 row-by-row（叶排叠加）或 stage-by-stage（级叠加）的方式。本节介绍的方法采用 row-by-row 的方式，沿流程依次确定每一个叶排中径处进口和出口的速度三角形参数及其他气动参数（温度、压力等）。一般流程如下。

（1）根据已知的压气机进口的总温、总压、流量、几何尺寸和转速等参数，解出第一个叶排进口截面平均半径处的速度三角形。

（2）根据由经验确定的叶排特性确定叶排的气流转折角、总压损失等，继而求解得到叶排出口处的速度三角形。

（3）将前一个叶排的出口参数作为后一个叶排的进口参数，采用同样的方法计算得到后一叶排的出口参数。

（4）重复（2）、（3）的计算过程，直至求得所有叶排的中径进、出口气流参数，并根据进、出口截面的气动参数计算压气机的性能参数。

在以上流程中，（2）、（3）均为根据一个叶排的进口参数计算叶排出口参数的过程。下面对此类计算的方法做简单介绍。方法介绍中，无论转子叶排还是静子叶排，下标 o 都代表当前叶排出口，下标 i 代表当前叶排进口。

1. 静子（包括进口导向器）叶排出口参数计算

进口导向器进口气流参数由压气机的进气条件确定，其他静子叶排的进口参数由上游叶排的出口参数确定。

出口总温为

$$T_o^* = T_i^*$$

出口总压为

$$P_o^* = P_i^* \cdot \sigma \quad (\sigma \text{ 为静子叶排绝对总压恢复系数})$$

叶排进出口的流量连续关系可表达为

$$\frac{P_o^* q(\lambda_o)}{\sqrt{T_o^*}} A_o \sin \alpha_o = \frac{P_i^* q(\lambda_i)}{\sqrt{T_i^*}} A_i \sin \alpha_i$$

根据叶排进出口的流量连续关系，在已知进口气流参数的条件下，可以确定叶排出口的马赫数（M_o），进而确定叶排出口的其他参数。

出口静温为

$$T_o = T_o^* \Big/ \left(1 + \frac{k-1}{2} M_o^2\right)$$

出口静压为

$$P_{\mathrm{o}} = P_{\mathrm{o}}^* \Big/ \left(1 + \frac{k-1}{2} M_{\mathrm{o}}^2\right)^{\frac{k}{k-1}}$$

出口气流绝对速度为

$$C_{\mathrm{o}} = M_{\mathrm{o}} \cdot \sqrt{kRT_{\mathrm{o}}}$$
$$C_{\mathrm{o}a} = C_{\mathrm{o}} \cdot \sin\alpha_{\mathrm{o}}$$
$$C_{\mathrm{o}u} = C_{\mathrm{o}} \cdot \cos\alpha_{\mathrm{o}}$$

出口（即下游转子进口）中径轮缘速度为

$$U_{m\mathrm{o}} = \frac{\pi \cdot n \cdot r_{m\mathrm{o}}}{30}$$

出口相对速度为

$$W_{\mathrm{o}u} = U_{m\mathrm{o}} - C_{\mathrm{o}u}$$
$$W_{\mathrm{o}} = \sqrt{C_{\mathrm{o}a}^2 + W_{\mathrm{o}u}^2}$$

出口相对马赫数为

$$M_{w\mathrm{o}} = \frac{W_{\mathrm{o}}}{\sqrt{kRT_{\mathrm{o}}}}$$

2. 转子叶排出口参数计算

转子叶排采用相对坐标系计算较为方便。

若转子叶排为第一个叶排，叶排进口参数由压气机进气条件确定；若非第一个叶排，叶排进口参数由上游叶排出口参数确定。

出口相对总温为

$$T_{r\mathrm{o}}^* = T_{r\mathrm{i}}^* + \frac{U_{m\mathrm{o}}^2 - U_{m\mathrm{i}}^2}{2C_p}$$

出口相对总压为

$$P_{r\mathrm{o}}^* = P_{r\mathrm{i}}^* \cdot \sigma_r \quad （\sigma_r \text{ 为叶排总压恢复系数}）$$

在相对坐标系下表达的叶排进出口流量连续关系为

$$\frac{P_{r\mathrm{o}}^* q(\lambda_{r\mathrm{o}})}{\sqrt{T_{r\mathrm{o}}^*}} A_{\mathrm{o}} \sin\beta_{\mathrm{o}} = \frac{P_{r\mathrm{i}}^* q(\lambda_{r\mathrm{i}})}{\sqrt{T_{r\mathrm{i}}^*}} A_{\mathrm{i}} \sin\beta_{\mathrm{i}}$$

根据相对坐标系下的叶排进出口流量连续关系，在已知进口气流参数的条件下，可以确定叶排出口的相对马赫数（$M_{w\mathrm{o}}$），进而确定叶排出口的其他参数。

出口静温为

$$T_{\mathrm{o}} = T_{r\mathrm{o}}^* \Big/ \left(1 + \frac{k-1}{2} M_w^2\right)$$

出口静压为

$$P_{\mathrm{o}} = P_{r\mathrm{o}}^* \Big/ \left(1 + \frac{k-1}{2} M_{w\mathrm{o}}^2\right)^{\frac{k}{k-1}}$$

出口相对速度为

$$W_{\mathrm{o}} = M_{w\mathrm{o}} \cdot \sqrt{kRT_{\mathrm{o}}}$$

$$W_{ou} = W_o \cdot \cos\beta_o$$

出口绝对速度为

$$C_{oa} = W_o \cdot \sin\beta_o$$
$$C_{ou} = U_{mo} - W_{ou}$$
$$C_o = \sqrt{C_{oa}^2 + C_{ou}^2}$$

出口绝对马赫数为

$$M_o = C_o / \sqrt{kRT_o}$$

出口绝对总温为

$$T_o^* = \left(1 + \frac{k-1}{2}M_o^2\right) \cdot T_o$$

出口绝对总压为

$$P_o^* = \left(1 + \frac{k-1}{2}M_o^2\right)^{\frac{k}{k-1}} \cdot P_o$$

在以上一维平均流计算方法中，静子叶排的总压恢复系数和出口气流角度两个参数为未知参数，转子叶排的总压恢复系数和出口相对气流角度两个参数为未知参数。对于几个未知参数的确定，实际应用中往往依赖于叶排特性经验数据。若无叶排特性数据，可用第 5 章介绍的叶栅正常特性近似代替叶排特性，以确定叶排的总压损失和出口气流角或落后角。

9.7.2 二维轴对称方法

本节介绍的二维轴对称方法属于叶轮机通流计算方法，在不少文献中也称为流线曲率法。

在引入轴对称假设的前提下，图 6-2 中的 S_2 流面简化为子午面。对于压气机的子午流面，采用径向网格线和流向网格线划分计算网格，如图 9-14 所示。其中，流向网格线就是子午面流线。子午面流线与径向网格线的交点为计算站点。

二维轴对称方法通过基本的叶轮机气动力学关系求解子午流面各计算站点的气动参数，然后根据各计算站点的气动参数确定压气机的性能参数，并可以得到每一级的速度三角形及其他气动参数沿径向的分布。

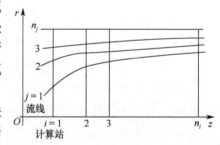

图 9-14　二维轴对称方法计算网格示意

分析图 9-14 所示的计算网格的特点，有助于理解子午流面流场求解所需的各种气动力学关系。

流向网格线是子午面流线。根据气动力学的理论，流线之间是没有流体质量交换的，所以求解出的流场要满足保证流体沿子午流线流动的约束条件。这样的约束条件可以用完全径向平衡方程表达。

完全径向平衡方程为

$$\frac{\partial h^*}{\partial r} = T\frac{\partial S}{\partial r} + \frac{C_u}{r}\frac{\partial (C_u r)}{\partial r} + C_a\left(\frac{\partial C_a}{\partial r} - \frac{\partial C_r}{\partial z}\right) \tag{9-7}$$

式中：S 为气体的熵。式（9-7）与第 6 章介绍的完全径向平衡方程式（6-7）等价。

在满足径向平衡约束的前提下，气体沿流线流动，满足流量连续方程。

图 9-14 中每一条径向网格线代表压气机流道内的一个截面，各截面的流量连续关系为

$$\dot{m}_i = 2\pi \int_{r_h}^{r_t} \rho C_a r \mathrm{d}r = \dot{m}_{i-1}\beta \tag{9-8}$$

式中：β 为反映流量变化的系数。若某个截面没有质量流量变化，取 $\beta = 1$；若某个截面有质量流量变化（如级间放气、抽取冷却气等），则 $\beta \neq 1$。

式（9-7）和式（9-8）为二维轴对称方法的主控方程。但是，仅靠这两个方程并不足以确定子午流面内各计算站点的全部气流参数。要确定子午流面内各计算站点的全部气流参数，还需要求解沿每一条子午流线的气流参数变化。

每一条子午流线代表一个与压气机同轴的回转面，其沿流程流动参数的求解可以仿照前述"一维平均流方法"的平均半径气流参数求解方法进行。

在二维轴对称方法求解的过程中，径向网格线可以始终保持不变，但是流向网格线需要随计算迭代过程而改变。因为流向网格线是子午流线，子午流线的几何参数（如曲率）对径向平衡方程的求解有重要影响（见第 6 章的完全径向平衡方程部分）。

二维轴对称方法的求解流程如下。

（1）确定初始子午流线。初始的子午流线可以按照等环面面积的方式确定。假设子午流面上共设置 n_j 条流线，则将流道截面（每一条径向网格线代表一个截面）划分成 n_j-1 个面积相等的环形面，相邻环形面的分界处半径即为子午流线在当前截面处的半径。另外，设定第一条子午流线紧贴轮毂，最后一条子午流线紧贴外机匣内壁，如此可确定全部子午流线的初始几何坐标。

（2）确定初始速度分布。根据压气机的进、出口条件，沿每一条子午流线确定流线上各站点的气流参数。沿子午流线计算的方法可参照一维平均流方法中平均半径气流参数的求解方法。因为是对每一条子午流线孤立计算，所以计算结果不一定满足径向平衡方程（式（9-7））。

（3）径向平衡迭代。根据初始速度分布和各子午流线的几何参数，从压气机进口到出口沿流程依次计算判定每一条径向网格线上各站点的气流参数是否符合径向平衡方程（式（9-7））。若不满足径向平衡方程的约束条件，则调整速度分布。如此反复循环迭代，直到获得满足径向平衡（式（9-7））和截面流量连续（式（9-8））的速度分布。

（4）子午流线重算。根据（3）确定的速度分布，按照等环面流量的方式重新计算子午流线的几何坐标。假设子午流面上共设定 n_j 条流线，则将流道截面划分成 n_j-1 个流量相等的环形面，相邻环形面的分界处半径即为子午流线在当前截面处的半径。另外，设定第一条子午流线紧贴轮毂，最后一条子午流线紧贴外机匣内壁。如此可确定全部子午流线的新几何坐标。

(5) 计算收敛检验。若新的子午流线几何坐标与上一次计算的子午流线几何坐标之间的偏差满足预先设定的计算误差要求，则计算收敛；否则，重复（2）、（3）、（4）的计算过程，直至计算收敛或按既定规则判定计算发散。

以上流程只是二维轴对称方法的原理性简单计算流程，实际工程应用中计算所要考虑的因素则更多。很多用于叶轮机设计的二维轴对称计算程序会加入对二次流影响的修正而形成准三维方法。其他常用的对二维轴对称方法的改进包括加入超声速流动的计算模型（见5.6节）和加入稳定边界判定的计算模型。

9.7.3 三维 CFD 方法

CFD（Computational Fluid Dynamics，计算流体力学）是流体力学的一个分支。CFD是近代流体力学、计算数学和计算机技术结合的产物，是一门具有强大生命力的交叉科学。它以电子计算机为工具，应用离散化的数学方法，对流体力学的各类问题进行数值求解，以解决各种实际问题。

CFD 兴起于 20 世纪 60 年代，随着 90 年代后计算机技术的迅猛发展，CFD 也得到了飞速发展，逐渐与实验流体力学一起成为产品开发中的重要手段。

CFD 的原理是用数值方法求解非线性的质量、能量和动量的微分方程组，求解结果能预报流动过程的细节，并成为叶轮机械精细设计和优化的有力工具。计算流体力学的基本特征是数值模拟和计算机试验，它从基本物理定理出发，在一定程度上减少了对耗资巨大的流体动力学试验的需求，在科学研究和工程技术中发挥了巨大的作用。

随着计算机技术的迅猛发展和 CFD 计算软件的日益完善，在叶轮机设计领域中三维CFD 数值模拟所占比重和所起的作用也越来越大，成熟的商业 CFD 软件如 NUMECA、CFX、FLUENT 等已在工程设计中作为检验设计效果的分析工具获得了大量应用。

9.8 压气机中的不稳定流态

在高性能燃气涡轮发动机的发展过程中，压气机是关键部件之一。压气机在提供高压比的同时也限制了发动机的稳定工作范围。在给定的转速下，通过压气机的最大流量是由压缩系统或发动机某个部件的堵塞决定的；随着流量的不断降低，最终将首先在压气机内发生稳定流态的破坏，从而发生喘振或旋转失速。喘振和旋转失速是压气机或发动机中两类典型的气动不稳定流态。由于喘振的发现先于旋转失速，而且起先人们认为压气机中的不稳定流态只有喘振，所以至今仍习惯于将压气机的气动不稳定边界称为"喘振边界"。在堵塞边界和不稳定边界之间的流量范围就是发动机可能的稳定工作范围。

压气机的气动稳定性决定了燃气涡轮发动机的稳定性，但是发动机的稳定工作范围还受到涡轮或喷管等下游部件特性的影响。在喷管没有发生堵塞而且涡轮进口温度一定的情况下，涡轮为压气机提供相应的动力。此时，通过压气机的流量由涡轮的流量/功特性确定。当喷管堵塞时，喷管决定了压气机流量。稳定工作范围的重要性还在于非设计转速下发动机的工作点不是趋向于不稳定边界就是向堵塞边界靠拢，这与具体是涡轴还是涡扇或者涡喷发动机有关。发动机的启动过程、加速过程,以及巡航状态优良的燃油经济性等都由稳定工作范围内各部件的匹配所决定。

压气机喘振和旋转失速的研究包括稳定性需求研究、旋转失速/喘振气动过程的物理性质研究以及压气机和发动机扩稳方法研究等。这一节简要介绍压气机中气动不稳定现象的基本性质。

9.8.1 旋转失速现象与分类

失速的含义对于外流和内流有所区别。外流失速被认为是叶型升力不断上升的结束,而内流失速则认为是扩压器或叶栅内静压升不断增大的结束。对于任何一种情况,失速都是附面层分离的结果。

在叶栅流动中习惯于用气流转折角和静压升系数表示叶栅的流动性能。当进气气流攻角超过某个值后,由于吸力面的气流分离,气流转折角和静压升均不再随攻角的增大而增大。

失速的发生均是由于附面层承受逆压力梯度的有限能力造成的。对于孤立叶型应限制环量,而对于叶栅或扩压器要限制压升系数。所以,压气机的压升能力受到叶片失速的限制。

实验已证实压气机中存在两种类型的失速。一种是简单的叶片失速,另一种则是旋转失速。当整个叶片排同时失速时,发生简单叶片失速。这种失速与外流中孤立叶型的失速类似。如果所有叶片是完全相同的,而且同时感到相同的失速进气角,那么整个环形通道的叶片排应同时失速。但是,最常见的失速类型是旋转失速。这种失速由覆盖少些叶片的若干个失速团组成,而且失速团以部分转子转速沿转子旋转方向旋转。旋转失速可以发生在转子和静子叶排内以及轴流和离心压气机中。

在压气机通道中,一个叶片可以仅在部分叶高内失速。图 9-15 所示为轴流压气机转子的一个失速模态。在压气机通道中有两个集中于叶尖附近的失速团。失速团延伸到叶排的上、下游,而且在失速团内有总压损失并且几乎没有流量通过。相对于转子,失速团沿转子旋转的相反方向旋转,旋转速度一般在 10%~90%的转子转速内。

可以从通道顶端观察到的叶栅流动(图 9-16)解释旋转失速的产生。虽然至今尚不十分清楚为何不是所有的叶片同时失速,但是如 Schulze 等指出的,叶型尺寸的误差可能是主要原因之一。由于加工误差,某个叶片的安装角可能略大一些,或者叶型型面略有不同等。此外,进入某个或某一组叶片的气流进气角略微不同于其他叶片也可能触发某一个或某几个叶片首先失速。如图 9-15 所示,当失速始发于某个叶片 A 后,由于失速对A-C 叶栅通道的堵塞作用,使得进口气流将向该叶片的两侧通道偏转。随着失速的加剧,叶栅通道的堵塞越来越严重。叶排进口流线的偏转减小了前方叶片 B 的进气攻角,同时增大了后方(转子旋转的相反方向)叶片 C 的进气攻角。后方叶片 C 将成为下一个失速叶片。在此情况下,原先的失速叶片将位于失速团的小进气角一侧,并受此影响退出失速状态,从而导致了失速团在相对坐标系中沿转子旋转相反方向的传递。但由于传递速度小于转子的旋转速度,在绝对坐标系中观察,失速团显然沿转子旋转方向移动,但速度要低得多。

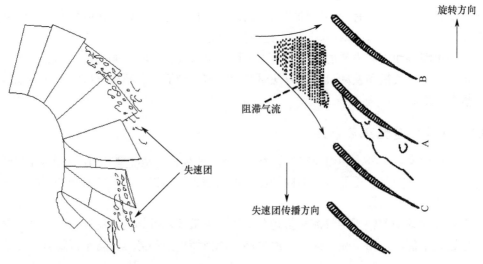

图 9-15 轴流压气机转子旋转失速的示意图　　图 9-16 叶栅中失速的传播

旋转失速的失速团数可以高达 9 个或者低至 1 个,与其失速类型有关。旋转失速具有两种类型——渐进失速和突变失速,这两种失速的差别如图 9-17 所示。对于渐进失速,压气机工作点由稳定工作状态向旋转失速变化的过程中,压气机的压比特性是逐渐降低的,没有突变。突变失速的特点是压比特性具有明显的不连续性,会突然降低。渐进失速一般具有多个失速团,突变失速似乎始终发生于单团失速的情况。

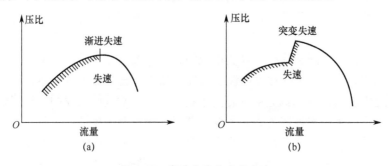

图 9-17 渐进失速和突变失速

失速团具有变化的几何形状,很少稳定。但是,在一般研究中,通常认为完全发展的旋转失速团是稳定的,不再随时间变化。失速团可以仅占据部分叶高,或者占据整个叶高。全叶高失速通常为突变失速,但在有些情况下也可以是渐进失速。小轮毂比轴流压气机的实验结果表明,其多为渐进失速,而大轮毂比实验数据多数呈现为突变失速。对于多级压气机来说这很重要。低转速失速发生在小轮毂比的进口级,而高转速失速发生在大轮毂比的出口级。

"滞后性"是旋转失速的一个重要特性。所谓滞后性,是指压气机进入旋转失速状态的流量通常小于其退出旋转失速状态恢复到稳定工作状态的流量。当滞后环较大时,由旋转失速退出将变得非常困难。在压气机试车台上,通过打开阀门可以比较容易地实现退出旋转失速,恢复到稳定工作状态。但是,在发动机中就不那么容易了,有时甚至无法退出。燃烧室中燃烧加热将使流过涡轮的流量下降,而涡轮临界状态的出现则限制了流过发动机的最大流量,所有这些对于压气机来说都类似于节气阀门。因而,在发动机中就存在着流过发动机的流量达到最大时,压气机仍不能退出旋转失速的可能,此时的发动机已进入"不可恢复失速",而且只有通过停车后再启动方能恢复正常的稳定工作状态。

9.8.2 喘振现象与分类

喘振是由压气机及其进、出口管道和下游节流装置等构成的整个压缩系统的一种气流中断为特征的不稳定流态。当压缩系统进入喘振时,通过系统的流量以及压气机出口的压力等参数都随时间作低频振荡。通常,将这种流量随时间的波动形象地称为流量的轴向振荡。此时,在压缩系统的特性图上,压缩系统瞬时工作点的轨迹形成一个封闭的环,并且部分与压气机的右支稳态特性重合,如图 9-18 所示。在这种高强度的振荡过程中,通过压气机的瞬时流量可以是负的,即出现流动阻塞或倒流现象。

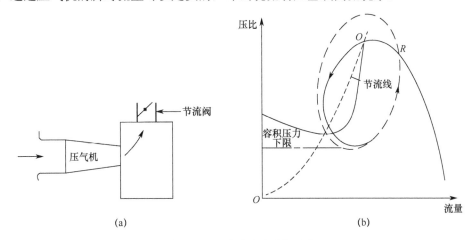

图 9-18 压缩系统的喘振现象

喘振与前面介绍的旋转失速不同。对于完全发展的旋转失速来说,流过压气机的流量是稳定的,不随时间变化,只是局部失速团的出现破坏了压气机中原有的轴对称流态,而且失速团绕轴旋转使得周向局部位置的流动具有非定常特性。但是,此时压气机仍能实现与下游部件的稳定匹配,从而整个压缩系统仍能稳定于某一个工作点,只是流量、压升和效率都有较大的下降,系统的气动性能恶化。喘振时,压气机则不能实现与下游部件的稳定匹配,从而使得整个压缩系统进入不稳定状态。

由图 9-18 中的喘振环可以看出,在喘振的一个振荡周期内,部分周期通过压气机的流量小于压气机的失速流量,而另外部分周期的流量又大于压气机的失速流量。因而,在喘振的一个振荡周期内就有可能伴随着流量大于和小于失速流量而呈现出旋转失速的产生、发展和消失。

根据喘振时是否出现倒流现象,可将喘振分为经典喘振和深度喘振。通常将没有出现倒流现象的喘振称为经典喘振。经典喘振的振荡频率相对较高,而且在一个振荡周期内往往伴随有旋转失速的产生、发展和消失。有倒流现象出现并且仅在喘振周期的很短时间内伴有旋转失速的喘振称为深度喘振。图 9-19 很好地反映了旋转失速、经典喘振和深度喘振的基本性质，横坐标"流量系数"定义为 C_{1a}/U_m，纵坐标"压升系数"定义为 $\Delta P/(0.5\rho U_m^2)$。图中 B 为下 Greitzer-B 参数，虚线为周向局部位置参数，实线表示通道平均参数，而且该压气机的失速流量系数为 0.5。

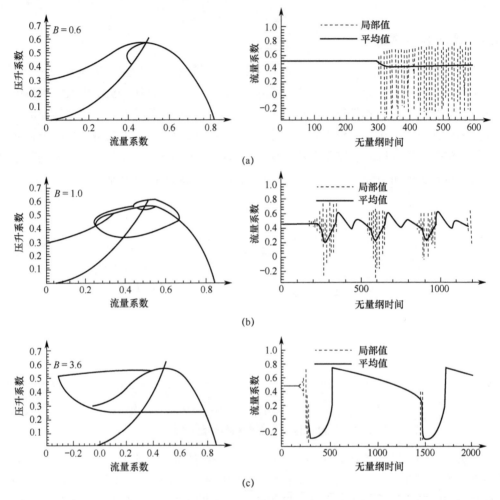

图 9-19　旋转失速、经典喘振和深度喘振基本特性
（a）旋转失速；（b）经典喘振；（c）深度喘振。

图 9-19 纵坐标的压升系数中的 ΔP 为压气机后集气箱静压 P_S 与压气机进口环境大气压力 P_T 的差值。因此，图中瞬时工作点即反映了集气箱内气体瞬时压力的大小。下面采用图 9-20 所示的简单压缩系统对喘振现象的物理过程给予解释，并将喘振的振荡环分为 $O{\rightarrow}A$、$A{\rightarrow}B$、$B{\rightarrow}R$ 和 $R{\rightarrow}O$ 4 个部分，如图 9-21 所示。当外界扰动使得压缩系统进入喘振状态时，在 $O{\rightarrow}A$ 的第一部分内，由于压气机能够提供的压升无法平衡集气箱内已经建立起来的压力，在高反压的作用下，流过压气机的流量急剧下降，但由于动态响应的滞后，集气箱内的压力变化缓慢。在某些情况下，如集气箱的容积很大或压气机的增压比较高时，瞬时流量可以减小到零，甚至出现倒流现象。当瞬时流量达到 A 点的最小值后，对应同一集气箱内的系统压力 P_S，由于通过压气机流入的流量 Φ_A 远小于通过节

流阀流出的流量 $\Phi_{A'}$，因此，在 $A \to B$ 的第二部分内，流入压气机的流量不断增大，而集气箱内的压力逐渐下降。当集气箱内的压力在 B 点达到最小值后，压气机能够提供的压升已远大于同样流量下节流阀的压降，同时压气机后的反压也很低，所以在 $B \to R$ 的第三部分内，通过压气机的流量迅速由 B 点流量增大到 R 点的最大瞬时流量。对于现状态的阀门开度，R 点的瞬时流量无疑太大，亦即此时压气机能够提供的压升又远小于对

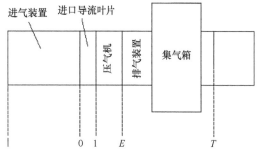

图 9-20　压缩系统简图

应同样流量节流阀所需要的压降，因此，在节流阀的限制下，通过压气机的流量必须再减小，而后集气箱的压力不断上升，压缩系统的瞬时工作点由 R 重新向原失速起始点 O 靠近。因为 O 点为系统的不稳定工作点，当系统的瞬时工作点重新达到 O 点后，必然重复上述动态过程，形成周而复始的周期性变化——喘振。

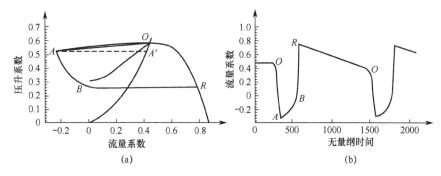

图 9-21　压缩系统的喘振

喘振和旋转失速不同的基本性质还表现在退出各自不稳定状态的恢复特性上。现代高压比的多级轴流压气机在退出旋转失速的过程中往往具有很大的滞后性，而由喘振退出时不存在滞后现象。现代高性能的航空发动机一旦进入不稳定状态后，其首要任务就是迅速、可靠地退出不稳定状态。如上所述，喘振和旋转失速的恢复特性具有很大的差异，从而导致了退出喘振和旋转失速方案和系统装置的很大差异。所以，设计人员在进行航空发动机控制系统设计时，必须要能准确地判断系统可能出现的气动失稳类型。为了判别航空发动机的气动失稳类型，最可靠、最直接的方法是实时监测判别。虽然微电子和测量技术的发展已使其成为可能，同时为了实现对压缩系统气动失稳的主动控制，以及发展"自适应"航空发动机，这必将成为今后努力发展的方向。但是就目前情况来看，这无疑向控制系统提出了很高的要求，增加了系统的复杂性以及制造成本。就理论研究来说，设计人员在进行压缩系统设计时，也需要了解、掌握当系统进入失稳状态时，系统参数对可能发生的气动失稳类型及其特性的影响。

1976 年，Greitzer 于首先给出了决定压缩系统气动失稳类型的 B 参数，即

$$B = \frac{U}{2a}\sqrt{\frac{V_P}{A_C L_C}} \tag{9-9}$$

式中：U 和 a 分别为转子切向速度和当地声速；V_P、A_C 和 L_C 分别为集气箱容积、压气机的当量通道面积和压气机管道的有效长度。

Greitzer 的研究结果表明，对于压气机一定的不同压缩系统，其参数 B 是不变的，当压缩系统的参数 B 大于该临界值 B_{cr} 时，其失稳类型为喘振；若系统的参数 $B < B_{cr}$，则其失稳类型为旋转失速。

9.9 叶片机的气动弹性不稳定现象——颤振

除了以上阐述的自激振动——喘振外，轮毂比小的压气机前几级，由于叶片的展弦比大，叶片的刚性较弱。因此，在工作过程中压气机前面级（或大功率蒸汽涡轮后面几级长叶片）的叶片会由于某种原因而发生微弱的振动，每振动一周，由于叶片振动而产生的非定常气动力和力矩对叶片做正功。如果叶片的机械阻尼不足以消耗此输入功时，叶片的振幅就会不断增加，从而导致叶片的毁坏。国外一些航空发动机，如 RB211、奥林柏斯 593、F-100 和 J-85 等，在研制过程中都碰见过这种故障，这就是叶片的颤振现象，属于风扇长叶片的自激振动。发生颤振时，压气机的气动性能并没有突然变化，也没有温度的突然升高，这和旋转失速与喘振现象是不同的。颤振虽然也是"自激振动"，但它是叶片机中的一种气动—弹性不稳定现象。在带风扇的发动机出现以前，颤振的危害并不显得很突出。但是，随着涡扇发动机的迅速发展，前面几级的风扇叶片越来越长，颤振的问题就日益严重。一般在压气特性线上只画不稳定边界，也就是说只反映了气动性能的问题。但是随着颤振现象的日益突出，很可能压气机的工作点没有接近不稳定边界而已，由于颤振的发作导致压气机的破坏。因此，有必要在同一张特性图上画出颤振边界。目前，在风扇和压气机中碰见的颤振种类及其在压气机特性线上的大致位置如图 9-22 所示。

图 9-21 中所示各类颤振的特点简述如下。

（1）堵塞颤振（负攻角时）。风扇在亚音或超音情况下工作时都有可能发生这种颤振。叶片应力随增压比下降而增大，这时转子在近似堵塞状态下工作，如 E 线所示。

（2）亚跨音失速颤振。实践证明，压气机在不稳定边界附近常会遇到这类颤振。在低转速下，高速风扇可能发生这种颤振，如 A 线所示。目前对于失速颤振时，叶片表面是否产生分离，尚有不同认识，有待进一步研究。

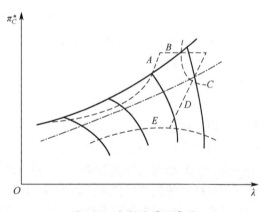

图 9-22 颤振边界示意图

（3）超音非失速颤振。这种颤振的边界靠近高转速，在压气机的设计和非设计点都可能发生，如 D 线所示。颤振的特征是，叶片以自然频率振动时，应力突然增大。

（4）超音失速颤振。这种颤振常在不稳定边界附近发生，如 B 线所示。目前，还没有试验数据证明颤振开始时叶背气流是否分离，也未证明叶片的振荡部分气流是分离的。值得注意的是，一个研究用的风扇级在发生失速颤振时录下的时间平均的气流测量值表明,在跨越颤振边界时,转子后气流损失的测量值没有增加。未观测到在颤振过程中大部分气流是失速的,而且有时还观察到失速颤振边界出现在压气机效率最高点附近,这表明,失速并非"超音失速颤振"的实质。

从各类颤振在压气机特性图上所处的位置来看,叶片颤振大都出现在压气机气动性能变劣之前。在目前的高性能压气机叶片设计中,如何预测颤振的发作,也是刻不容缓的。

为了避免颤振事故,应该在设计系统中包括对于叶片颤振发作与否的估算方法。大量的实践证明,采用加大减振凸台的阻尼、增大弦长、增加叶片相对厚度和控制相邻叶片间的频差等措施都可以防止或推迟颤振的发作。但这些措施往往以增加重量或牺牲效率为代价。因此,如何判断颤振是否发作成为一个重要问题。目前,普遍采用能量法预测颤振发作。如上所述,叶片颤振是一种自激现象。起初由于叶片的初始微小振动而从周围气流中吸取能量,但在振动过程中,由于振动系统的机械阻尼将消耗一部分能量。因此,可以根据在一个振动周期内,叶片由外界气流中得到的能量为正或负作为准则判断颤振是否发作。在一个叶片振动周期内,气流向叶片做负功,或者气流对叶片所做的正功小于机械阻尼所消耗的功时,叶片的振幅会逐渐衰减而振动趋于消失。反之,当气流对叶片做正功且大于机械阻尼所需的能量时,振幅逐渐加大,从而出现颤振。当气流对叶片所做的正功恰好等于机械阻尼时,振幅将维持不变,这时叶片处于平衡状态。

根据以下所述,在每一个振型下(弯曲、扭转或弯曲加扭转振动),可以算出非定常流对整个振动系统(包括全部叶片和轮盘)所做的正功。从阻尼的意义来说,系统的机械阻尼为正,而周围气流对叶片所做的正功可看作是负阻尼(负功为正阻尼)。这样就得出振动系统的总阻尼为两者之和,即

$$\delta_{合} = \delta_{气动} + \delta_{机械} \tag{9-10}$$

式中:$\delta_{合}$ 为转子组件系统的总阻尼;$\delta_{气动}$ 为气动阻尼;$\delta_{机械}$ 为机械阻尼。

若对于叶片的某一振型,总阻尼 $\delta_{合} < 0$,则表明气流对该系统输入的正功超过了系统在振动过程中由于机械阻尼而消耗的能量,因而颤振发作;当 $\delta_{合} \geq 0$ 时,不发生颤振。式(9-10)就是从能量观点出发得出的颤振判别准则。必须指出的是,对于不同的振型,转子系统的总阻尼 $\delta_{合}$ 会有不同的数值,其中 $\delta_{合}$ 最小的振型就是易于出现颤振的危险振型。

转子系统的机械阻尼包括材料阻尼和结构阻尼两部分。结构阻尼是由于在振动过程中不同零件之间在接触面处有相对运动而产生的阻尼,材料阻尼则由于材料循环变形而造成的能量消耗。考虑到一旦颤振发作,气动阻尼将大大超过机械阻尼,同时使颤振预估偏于安全,常略去机械阻尼对颤振稳定性的影响,而以气动阻尼 $\delta_{气动} \geq 0$ 作为判别颤振发作与否的准则,满足该式时颤振不会发作,反之则发作。

9.10 进口流场畸变对压气机稳定性和性能的影响

9.10.1 畸变的形成及其分类

进气畸变可按下列各种情况分类。

（1）按畸变参数分类。由于进气气流的参数不同而形成不同参数的畸变，一般可分为总压畸变、总温畸变、静压畸变、平面波、旋流畸变以及不同参数畸变组合的复合畸变。

（2）按畸变空间分布分类。由于畸变区的空间位置不同而形成不同的畸变，如周向畸变和径向畸变，其中又可分为尖部周向畸变、根部周向畸变、尖部径向畸变、根部径向畸变。既有周向畸变也有径向畸变，有时也称之为复合畸变。

（3）按畸变随时间的关系分类。进气畸变基本上不随时间而变化的称为稳态畸变，随时间变化的称为动态畸变。动态畸变由于其动态变化过程不同又可分为随机性动态畸变和周期性动态畸变，后者如平面波进气畸变。

由于产生畸变的原因不同，畸变类型也不同，现分述如下。

1. 总压畸变

总压畸变主要是因进气道进口前和进气道内部流动的扰动而形成的畸变。进气道进口前气流扰动源包括飞机机动条件下的大攻角、大侧滑、起飞条件下的地面涡以及大气侧风等形成的进气道唇口、侧板等绕流分离等。另外，进气道进口前机体结构形成的扰动源如天线、弹舱、挂架以及机体附面层等，也可产生进气总压畸变。进气道内部气动扰动源主要是由于激波/附面层相互干扰、气流扩压分离以及气流绕支板或测量受感部形成的气流分离而产生总压畸变。

图 9-23 显示出了飞机机动飞行时进气道吸入了机身脱体激波或各种分离流等，从而在压气机进口形成总压不均匀分布的气流。

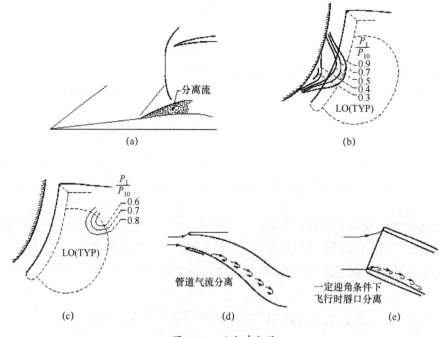

图 9-23　压力畸变源

(a) 激波与附面层干扰；(b) 超声速进气道吸入了前机身的附面层溢流；(c) 进气道吸入了上游的脱体激波；
(d) S 弯管分离流进入发动机；(e) 皮托进气道的唇口分离流进入发动机。

图 9-23（a）是超声速进气道激波系与压缩面附面层干扰形成的分离气流进入了发动机；图 9-23（b）是进气道吸入了飞机前机身附面层的溢流；图 9-23（c）是进气道吸入了上游的脱体波；图 9-23（d）是进气道 S 弯扩压管的分离流进入发动机；图 9-23（e）是在一定攻角条件下皮托进气道的唇口分离流进入发动机。进入发动机的分离流有很高的紊流度，若分离流涡度的尺度大，发动机气动界面的总压空间分布是不稳定的。通常要用瞬态畸变概念描述，称为动态畸变或时变畸变。

此外，机身上的凸起物也可引起扰动，如飞机皮托管及静压管的尾流、起飞着陆时短舱干扰、装在后机身上的发动机吸入了机翼上的低能流等。发动机进口畸变图谱与飞机的机动性及进气道的形式有关，如分叉式进气道垂直隔板的尾迹所产生的畸变图谱是每转两个低压区。

2. 总温畸变

总温畸变主要是吸入进气道前不同总温的气流而形成的畸变。发动机进口产生总温畸变的原因是：飞机在发射导弹时吸入了导弹排出的废气（图 9-24（a）），飞机在格斗区吸入了导弹或发动机排出的废气；飞机编队飞行时吸入了前面飞机排出的燃气；发动机吸入了短舱回流的气体（图 9-24（b））；装有反推力装置的发动机吸入了本身的回流气体（图 9-24（c））；直升机贴地飞行时，发动机排气受到旋翼下洗气流的影响回流到发动机进口（图 9-24（d））；垂直/短距飞机起降时排气再吸入（图 9-24（e））；舰载弹射飞机起飞时吸入了蒸汽（图 9-24（f））；灭火飞机飞过火灾区时吸入了燃气，都会在发动机进口产生温度畸变。

进气道内的防冰装置加热时也会形成进气总温畸变。在总压畸变条件下工作时，风扇或低压转子将在高压压气机进口形成进气总温畸变，这对于高压压气机的稳定性分析是很重要的。

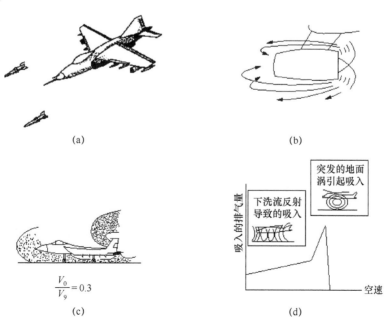

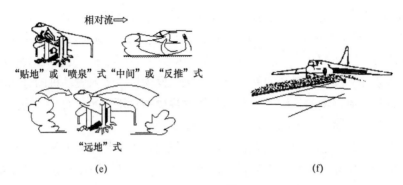

图 9-24 温度畸变源

(a) 吸入导弹废气；(b) 发动机吸入短舱回流气体；(c) 二维喷口反推时的回流；(d) 贴地排气吸入图谱；
(e) 垂直/短距起降时排气再吸入；(f) 航空燃气涡轮发动机蒸汽吸入。

3. 旋流畸变

旋流畸变主要是由于进气道 S 弯扩压管路内气流流动形成压力梯度而产生的畸变，通常为固态型旋流，这主要是由于进气道进口处产生气流分离时的二次流形成的；与风扇旋转反向的旋流将引起发动机稳定裕度的损失，在进气道侧壁处安置整流片可明显地抑制旋流，同时还将减少周向总压畸变值，其出口旋流场如图 9-25 所示。

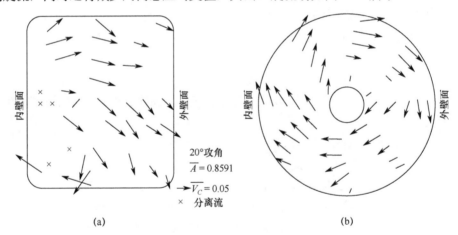

图 9-25 S 弯管道出口旋流场

(a) 1 截面；(b) 2 截面。

4. 静压畸变

静压畸变主要是由于在进气道与发动机的气动界面（AIP）处流路弯曲形成的畸变，静压畸变可在等熵条件下产生，这时总压畸变较低。静压畸变通常用压力系数 ΔC_p 表示，存在静压畸变可影响发动机的推力值，在 AIP 截面前加置等直段可减少静压畸变。

9.10.2 畸变对发动机工作的影响

进气畸变对发动机工作的影响主要是改变发动机的不稳定边界，一般是使不稳定边界下移，减小发动机的稳定裕度，影响发动机的气动稳定性。本节中主要介绍总压、总温畸变及其组合畸变对发动机稳定性的影响。图 9-26 表示不同畸变角的周向总压畸变条件下压气机不稳定边界的变化。由图可见，压气机不稳定边界随着周向畸变角的增大而下移，也就是减小了压气机的稳定裕度。

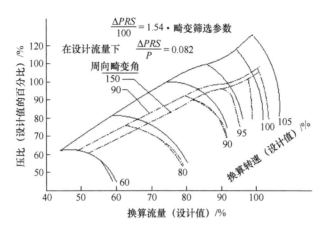

图 9-26　周向总压畸变条件下压气机不稳定边界的变化

图 9-27 表示 J85-GE-13 涡喷发动机在周向总压畸变条件下不稳定边界的变化。由图可见，总压畸变条件下的不稳定边界较无畸变条件下的不稳定边界线下移较多，其影响是相当明显的。稳定裕度损失一般与畸变强度、畸变分布特性以及发动机对畸变的敏感程度等因素有关。图 9-27 表示出不同转速下畸变工作点与无畸变工作点略有偏差。由于畸变条件下发动机的压气机效率、压比、流量以及其他部件的性能参数均有不同程度的变化，因而，发动机的工作线由于存在畸变而产生偏移，通常是向上偏移，但其量级较小，所以一般不稳定边界的下移是主要的影响因素。

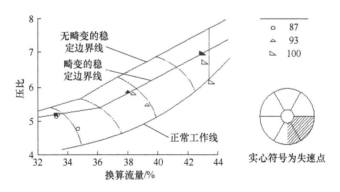

图 9-27　总压畸变条件下发动机不稳定边界的变化

与总压畸变一样，总温畸变也将对发动机的不稳定边界和工作线产生影响。总温畸变一般包括空间温度畸变和温度跃升，通常空间温度畸变的影响是降低发动机的不稳定边界线，而温度跃升则将改变发动机的共同工作线，因而，总温畸变对发动机气动稳定性的影响是二者的线性叠加，如图 9-28 所示。

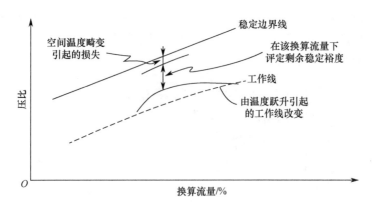

图 9-28　温度畸变对压气机特性的影响

畸变对发动机稳定性影响的程度与畸变范围、畸变区多少、畸变强度等有关。在周向畸变条件下畸变范围以畸变角大小表示。图 9-29 中表示的是一种压气机在不同的畸变角下进行试验而得出的喘振压比变化关系。

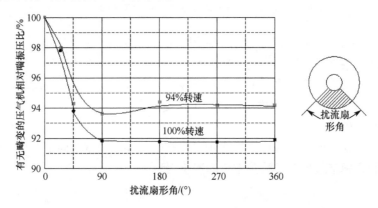

图 9-29　不同畸变角下有无畸变的压气机的相对喘振压比变化

由图可见，当畸变角从 0°增加到 90°时，有无畸变的相对喘振压比迅速下降，而当畸变角从 90°增大至 360°时，相对喘振压比基本上维持为一常值。这表明，对于一台特定的压气机，畸变对其稳定性的影响存在一个临界畸变角。图 9-29 中的压气机畸变角的临界值为 90°。在不同的折合转速下，压气机的临界畸变角也有所不同，通常是转速下降其相应的临界畸变角值也下降。对于采用先进技术的新一代发动机，压气机的抗畸变能力有所改善，其相应的临界畸变角值将明显增大，可以增加至 120°或 180°。

如进气畸变流场中具有一个以上的低压区时，其对压气机稳定性的影响如何，也是研究畸变对发动机稳定性影响的重要方面。图 9-30 中表示的为周向总压畸变，在总畸变角为 90°的条件下，当将低压区划分为 2×45°均布、4×22.5°均布时其相应的喘振压比变化情况。由图可见，喘振压比仅与每个畸变区的大小有关。应该指出的是，上述畸变区划分形成的各畸变区之间的间隔均大于 60°，反映出压气机对畸变的响应相当于孤立的一个畸变区。

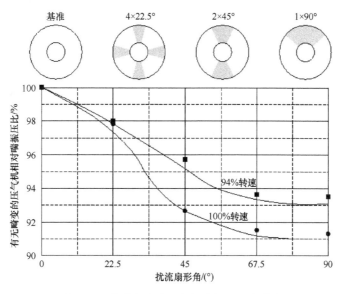

图 9-30 多畸变区对压气机喘振压比的影响

研究表明，如多畸变区相邻低压区之间的间隔小于一定值时，压气机稳定性对畸变的响应则相当于将多个畸变区叠加起来的作用，而不是单个畸变区的影响相邻低压区之间临界值的大小与具体的压气机有关。也就是说，与压气机叶片通道在低压区的停留时间以及压气机叶片对绕流动态响应时间有关。在某些情况下，一般建议间隔的临界值可取为 25°，即当二畸变区之间间隔角度小于或等于 25°，则可按二畸变区叠加处理。

上述分析和试验结果均是在相同的畸变强度条件下得出的。如畸变强度不同，其相应的喘振压比也将不同，图 9-31 表示的是某一压气机在畸变角为 90°的周向总压畸变条件下喘振压比与畸变强度的变化关系，图中用流场中最小进口总压与最大进口总压之比

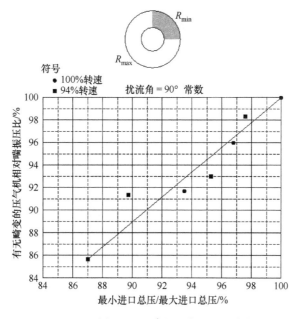

图 9-31 喘振压比与畸变强度的变化关系

表示畸变强度。由图可见，有无畸变的相对喘振压比与畸变强度基本上成反比，即畸变强度越大（图中最小进口总压/最大进口总压比越小），有无畸变的相对喘振压比就越小。

畸变对发动机稳定性的影响与周向畸变或径向畸变有关。图 9-32 表示某台压气机稳定性对周向畸变和径向畸变响应的比较。在相同的畸变强度下，畸变区面积均为 25% 流路面积的径向畸变和周向畸变相比较，径向畸变的喘振压比损失仅为周向畸变的 1/5。

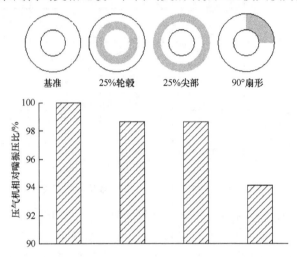

图 9-32　径向和周向畸变对压气机稳定性影响的比较

径向畸变对压气机稳定性的影响较小，主要是由于压气机叶片通道内存在较大的压力和温度的径向梯度，使径向参数不均匀，易于掺混而衰减，压气机对径向畸变的承受能力与级反动度、功的径向变化以及沿径向旋涡流动设定等因素有关。

流场畸变不仅对发动稳定性有显著的影响，而且对发动机的性能也会产生影响。图 9-33 所示为进气畸变对三级风扇性能的影响。试验研究表明，压气机的折合流量和效率变化约为 2%，这将对发动机的性能产生影响。

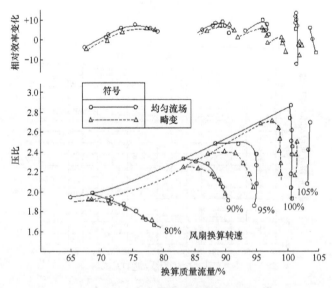

图 9-33　畸变对风扇性能的影响

9.11 非设计工况下多级轴流压气机中各级的工作特点

压气机是根据一定的工况设计的,该工况的参数称为"设计参数",在特性线上就是在设计转速线上的一个点,如图 9-34 中的 A 点所示。

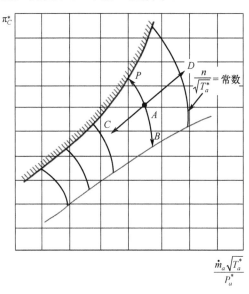

图 9-34 压气机的各种可能工况

但是,从静止开始到设计转速,中间有一段加速过程,转速由零逐渐上升至设计转速。到了设计转速之后,流量不一定就是设计点的流量。因此,还必须利用节气门进行调节,如图 9-34 中的 BA(或 AP)所示。有时,为了满足发动机的某些要求,还要将转速增加到大于设计转速,如 AD 方向所示。总之,从压气机的设计点出发,存在 3 种可能的走向:在设转速下,由 A 向 P(或反向 PA),或由 A 向 B(或反向 BA);向低于设计转速的转速方向变化,如图 9-34 中的 AC(或反向 CA)方向所示;向高于设计转速的方向变化,如 AD 所示。

下面分析当压气机工作点沿上述方向移动时,各级的工作特点。

9.11.1 在设计转速下,流量小于或大于设计流量时的工作情况

当压气机在设计工况下运转时,各级都有合适的轴向速度和流量系数(C_a/U),而且流动情况良好,每级都在拟定的攻角 i 下工作。第一级进出口的流量方程为

$$\rho_1' C_{1a}' A_1 = \rho_3' C_{3a}' A_3$$

式中:参数右上角的"'"表示设计状态。

将上式转变后,可得

$$\frac{C_{3a}'}{C_{1a}'} = \frac{C_{3a}'/U}{C_{1a}'/U} = \overline{\frac{C_{3a}'}{C_{1a}'}} = \frac{A_1 \rho_1'}{A_3 \rho_3'} = \frac{A_1}{A_3}\left(\frac{P_1'}{P_3'}\right)^{\frac{1}{n}} = \frac{A_1}{A_3} \cdot \frac{1}{\pi_1'^{1/n}}$$

两者又可变化为

$$\frac{C'_{3a}}{C'_{1a}}(\pi'_1)^{1/n} = \frac{A_1}{A_3} = 常数 \qquad (9\text{-}11)$$

假设第一级的轴向速度由 C'_{1a}（或流量系数 $\overline{C}'_{1a}$）减少至 C_{1a}（或流量系数 $\overline{C}_{1a}$），则第一级的增压比 $\pi_1 > \pi'_1$，可以从式（9-11）得到

$$\frac{C_{3a}}{C_{1a}} < \frac{C'_{3a}}{C'_{1a}}$$

或

$$\frac{C_{3a}}{C'_{3a}} < \frac{C_{1a}}{C'_{1a}}$$

从上式可知，第一级出口的轴向速度 C_{3a} 的减少比进口处的来得快，但第一级出口就是第二级进口，因此第一级进口处的轴向速度稍微减小时，其余各级的进口处的轴向速度会逐级做更多的减小，用式子表示为

$$\left(\frac{C_{1a}}{C'_{1a}}\right)_1 > \left(\frac{C_{1a}}{C'_{1a}}\right)_2 > \left(\frac{C_{1a}}{C'_{1a}}\right)_3 > \cdots > \left(\frac{C_{1a}}{C'_{1a}}\right)_{末级}$$

由于轴向速度逐级减小很快，到最后几级时，轴向速度（或流量系数）变得如此之小，以至在叶背发生严重的气流分离，如图 9-35 所示，从而导致旋转失速发生，全台压气机进入不稳定状态。因此，压气机进入不稳定状态是由最后一级（或最后几级）引起的。

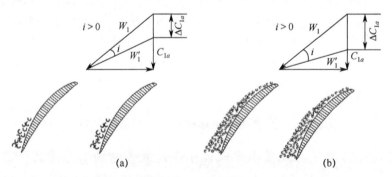

图 9-35 在设计折合转速下，流量减小时，各级的工作状态

如果第一级的轴向速度由 C'_{1a} 增加至 C_{1a}，那么，情况正好相反，即

$$\left(\frac{C_{1a}}{C'_{1a}}\right)_1 < \left(\frac{C_{1a}}{C'_{1a}}\right)_2 < \left(\frac{C_{1a}}{C'_{1a}}\right)_3 < \cdots < \left(\frac{C_{1a}}{C'_{1a}}\right)_{末级}$$

当流量比设计值大时，流量系数逐级增加很快，最后一级（或几级）的轴向速度（或流量系数 $\overline{C}_{1a}$）增加得如此之大，从而导致很大的负攻角 $i \ll 0$，如图 9-36 所示。

最后几级可能由压缩过程变为膨胀过程,亦即转变为涡轮状态,这就对应特性线上的堵塞状态。

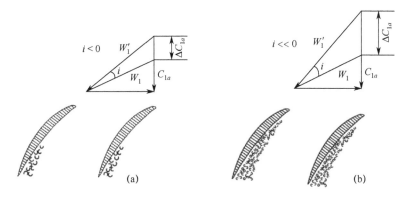

图 9-36　在设计折合转速下,流量增加时各级的工作状态

9.11.2　当折合转速小于设计值时的各级工作情况

在图 9-34 中,当设计点 A 沿 AC 方向移动时,折合转速下降。根据相似原理,折合转速的下降可以是压气机进口总温 T_1^* 不变,而物理转速 n 降低,也可以使物理转速不变而进口总温 T_1^* 升高,其结果是一样的。下面分析物理转速变化的情况,当 $n<n_{设计}$ 时,在单轴的压气机中,随着 n 的下降,各级的轮缘速度 U 的下降是相同的。这时,第一级的流量系数为 $\bar{C}_{1a}=\dfrac{\dot{m}_a}{\rho_1 F_1 U_1}$。由于流量的下降,压气机抽吸能力减弱。因此,进口的密度 ρ 相应上升,但进口环形面积 F_1 不变,结果使第一级的流量系数 $\bar{C}_{1a}$ 小于设计值。根据式(9-11),这时压气机第一级和末级进口的流量方程可以表示为

$$\frac{\bar{C}_{az}}{\bar{C}_{1a}}(\pi_C^*)^{1/n}=常数$$

式中:$\bar{C}_{az}$ 为末级进口的流量系数。

从特性图中可以看出,转速下降时 π_C^* 下降,这必然使 $\dfrac{\bar{C}_{az}}{\bar{C}_{1a}}$ 上升。因为这时进口的流量系数下降。因此,$\bar{C}_{az}$ 和设计值相比或者下降,但其速度一定要比 $\bar{C}_{1a}$ 下降得慢,或比原来的流量系数大。由此可以看出,从第二级开始,流量系数的减小一级比一级慢。当折合转速下降较多,即 $n\ll n_{设计}$ 时,可能导致第一级(或二级)的流量系数下降过多而发生严重的叶背分离,最后进入不稳定状态。后面 n 级的流量系数则可能比原来的大而形成很大的负攻角进入涡轮状态,而中间各级却接近设计工况。

为什么流量系数会发生这样不协调的变化?从前面的分析可知,在设计状态下,各级的环形通流面积 F、轴向速度 C_a 以及密度 ρ 都是适应的。但是,由于转速的下降而导致全台压气机的增压比下降时,因为环形通流面积 F 不变。这时,轴向速度 C_a、密度 ρ 和面积 A 之间发生了不协调。由于增压比小于设计值,因此末级的密度 ρ 比设

计值小，从而 A 值就显得过小。这时，末级的轴向速度会自动调节到比设计值大以满足流量方程。这种矛盾的程度逐级严重，当 $n \ll n_{设计}$ 时，就有可能前面若干级进入不稳定边界，中间级近似保持不变而最后几级转入涡轮状态工作，如图 9-37 所示。根据以上的分析可知，当折合转速下降时，使压气机进入不稳定状态的是前面几级所造成的；后面几级严重时最多进入堵塞状态，这时的压气机工作一般又称为"前喘后涡"。实践证明，这种分析确实符合各级的工作情况。当压气机的物理转速不变而进口总温 T_1^* 增加时，同样会使折合转速下降。此时，各级的工作和上面分析 $n < n_{设计}$ 的情况完全相同。

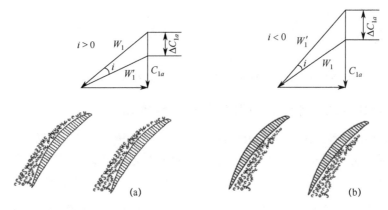

图 9-37　折合转速下降时，前面和后面级的工作特点

这种折合转速小于设计值的情况可出现在发动机起动加速过程，或者在飞机低空以高速飞行时，或者周围大气温度较高时。例如，安装涡喷六发动机的歼 6 飞机，在气温为 40℃ 的夏天，以 $M = 0.8$ 做低空飞行时，若关小油门而使得转速下降到 10000r/min 以下时，发动机就会发生喘振。

9.11.3　当折合转速大于设计值时的各级工作情况

当飞机在高空低速飞行，或周围大气温度很低时，由于压气机进口温度低，如果保持设计转速不变，则折合转速将高于设计值。从图 9-33 中可以看出，设计点 A 将沿 AD 方向走向高折合转速。从特性图上看出，这时压气机的流量和增压比都比设计值大。因此，最后几级的环形面积由于密度 ρ 的增大而嫌过大。为满足连续方程，最后级进口的轴向速度必然减少。第一级（或前面几级）则由于流量比设计值大，从而轴向速度（或流量系数 $\bar{C}_{1a}$）也大，产生负攻角 $i < 0°$。后面级的轴向速度逐级下降，并且下降速度逐级加剧，即轴向速度和流通面积 A 之间存在矛盾，由于密度 ρ 的逐级升高而加剧。不难看出，前面几级由于负攻角而进入涡轮状态，最后几级则由于轴向速度的下降，以致正攻角 i 过大而发生旋转失速/喘振，进入不稳定状态（图 9-26）。但是，中间级仍可能接近设计状态。因此，折合转速高于设计值时的各级工作正和低于设计值时的情况相反，使压气机进入不稳定边界的是后面几级，而前面几级则处于涡轮状态，这时的工作状态又称为"前涡后喘"，如图 9-38 所示。

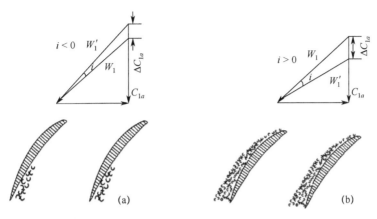

图 9-38 折合转速大于设计值时，各级的工作特点

9.12 燃气涡轮发动机上扩大压气机稳定工作范围的方法

在前面的章节中详细分析了压气机偏离设计点时的各种可能工况。当压气机作为发动机的一个部件和涡轮一起工作时，它的工作范围要受到涡轮的限制。这些限制归纳起来就是：两者的转速相同（单轴时）；流过压气机和涡轮的流量相等；略去带动附件所消耗的功率后，压气机所需的功率等于涡轮发出的功率。再加上调节规律，压气机的工作状态只能沿着一条称为"共同工作线"变化。当共同工作线和不稳定边界相交时，压气机才进入不稳定工作状态。在图 9-39 中，P 点为设计点，CP 连线为共同工作线。在图 9-38 中 CP 线和较小的折合转速交于不稳定边界上，根据以前章节对于折合转速小于设计值时的分析。这时，压气机处于"前喘后涡"的工作状态。

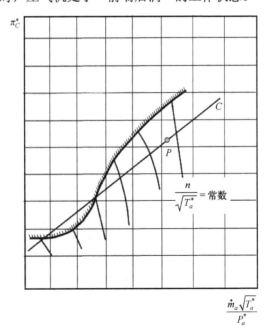

图 9-39 压气机和涡轮的共同工作线

在近代高性能发动机中，共同工作线一般都非常靠近不稳定边界，而且有几处和不稳定边界相交甚至深入不稳定区。因此，在这些轴流式压气机中一般都有扩大稳定区的措施，通过这些措施，一方面可使共同工作线不和不稳定边界相交，另一方面又能改善前后各级的工作状态。下面分析在实际中较为普遍的扩稳措施。

9.12.1 中间放气法

当发动机在启动加速过程中或其他工况下折合转速小于设计值时，根据前面的分析，压气机的第一级（或前面几级）在不稳定边界内的 N 点工作，如图 9-40 所示。为了解除压气机的不稳定工作状态，可以在压气机流程的某部分（一般在中部）的机匣上沿着整个圆周备有放气孔，用钢质放气带来开启或关闭这些放气孔。当压气机进入低折合转速时，打开放气带，这时就有一部分气体通过放气孔排出。这股气体的流出，一方面解除了后面级的堵塞状态，使后面级的工作点由 N 点向 M 点移动；另一方面又加大了通过前面级的气体流量，使前面级从不稳定边界内的 N 点沿特性线离开不稳定边界，如图 9-40 所示。

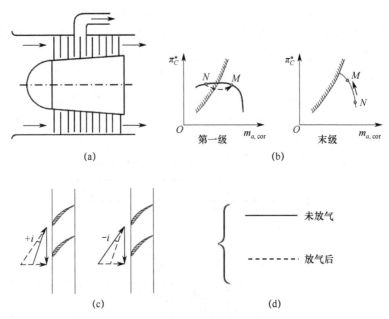

图 9-40 放气改变压气机各级工作点示意图

由于中间放气的实施，不但使压气机避开了气动失稳，而且又改善了前后级的工作状态，此外，还可减少启动时的启动功率。但必须指出，放气时有15%～25%的被压缩气体排出，意味着浪费了一部分机械功，导致发动机推力的减少，燃油消耗率增大，涡轮前温度升高等缺点。例如，涡喷六在放气时涡轮温度要升高 100℃以上，此外，由于放气而引起放气截面上气流的重新组织，有可能发生局部气流分离和对叶片的激振。为了防止这些现象的产生，可以加大放气孔区域中级与级之间的间隙，并尽可能沿着整个周向均匀放气。中间放气后，压气机的不稳定边界基本不变，但其等转速线朝向大流量和高增压比的方向移动，而且共同工作线由 AA 线变为 $A'A'$ 线，远离不稳定边界而进入正常工作状态，如图 9-41 所示。放气法对于增压比小于 10 的多级轴流式压气机比较有效。

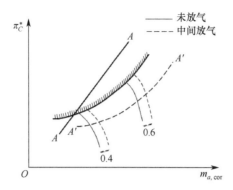

图 9-41　中间放气后等转速线裕共同工作线的变化

9.12.2　可转动的进口导流叶片和静子叶片

当增压比高于 10 时，实践证明放气的效果不很显著，这时往往采用旋转导流叶片和静子叶片的办法。根据前面的分析，当第一级动叶的攻角 i 过大而产生叶背分离时，如果能及时改变流入工作轮的气流方向，使其仍按原设计攻角流进动叶，那么，就不会发生叶背分离，从而使第一级恢复到原来的稳定工作状态。这就是转动进口导流叶片或静子叶片能够避免进入不稳定状态的机理，如图 9-42 所示。在低折合转速时，第一级动叶的攻角 i 很大，从而导致不稳定工况的发生。将进气导向叶片转动 $\Delta\varphi$ 角，使进口绝对速度 C_1 朝向动叶旋转的方向偏斜，如图中虚线所示，就改变了第一级动叶进口处的速度三角形，使相对速度 W_1 的方向和设计工况下的一致。由于攻角不再过大，就解除了不稳定工况，这时，不稳定边界向左移动，使工作点 A 远离不稳定区间向 A' 点移动。由于进口导向叶片转动后，使得第一级的攻角 i 减少，等转速线就向低增压比和小流量方向变动。

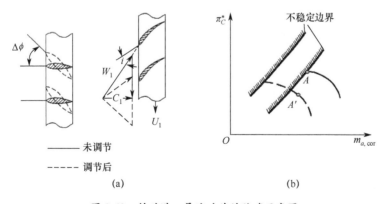

图 9-42　转动进口导流叶片的防喘示意图

根据前面的分析，多级轴流式压气机的中间各级在非设计工况下基本上仍靠近设计状态，因而不需要旋转静子叶片。对于增压比为 8 左右的多级轴流式压气机，转动前面一、二级的静子叶片可以收到较好的效果。例如，涡喷六的九级压气机原来没有进口导流片，气流以轴向进入第一级并单纯采用中间放气防喘。后来在第一级前面增加了可旋转的进口导向叶片，并将前面三级静叶改为可旋转，并取消了原来的放气装置。改用旋转叶片后的低转速特性，如图 9-43 所示，图上实线代表未改装情况，虚线代表改装后的特性。由图可见，改用旋转叶片后，压气机的不稳定边界向左移动，于是，共同工作线 AA 就远离了不稳定边界。同时，旋转了导向叶片和静叶以后，由于叶片角度和气流方向配合得更好，使得压气机损失减少，效率提高，这样又使得共同工作线向右移动，从而工作点更远离不稳定边界。但是，调节后的等转速线朝着增压比和流量都较小的方向移动，因而，使发动机的推力有所下降。如果压气机的级数很多，可采用旋转进气导向叶片和静叶的方法。如 J-29-3A 涡轮喷气发动机，压气机共 17 级，总增压比为 13，由于是单转子结构，采用了可转导向叶片和 6 级可以旋转的静子叶片。这种防喘方法从经济上看比放气好，但结构比较复杂，从气动上来看，这种方法只能改善叶高某一截面（一般为中径）上的流动情况，不能照顾叶片的两端。由于这种方法的效果较好，现在得到广泛的应用。

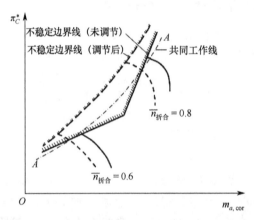

图 9-43 某发动机改用旋转叶片后的低转速特性线图

目前，在发动机上使用的"变弯度叶片"可以看作是旋转导向叶片和静叶的发展。旋转叶片的特点是导向叶片或静子叶片本身是一个刚体，只不过绕自身的轴线旋转以改变安装角。"变弯度叶片"的叶片不再是一个刚体，而是变成两段，即把叶片从弦长 2/3 处分开，前缘是固定的，后缘则是全程可调，在动叶前面安装这种"变弯度"的进口导向叶片后，可以在非设计工况下保证进气角和动叶进口的几何角相协调。美国 F100 加力式涡轮风扇发动机的增压比为 23，采用双转子结构，前面是 3 级风扇，后面是 10 级高压压气机，在风扇进口就采用了变弯度进口导向叶片以改善风扇的特性，此外，高压压气机的前面三级还装有可转静子叶片。

9.12.3 可变进口通道面积法

当压气机在低折合转速下工作时，第一级的攻角 i 增加很多，这是因为轴向速度的下降比轮缘速度下降来得快的缘故，这时，如果设法增加进口的轴向速度就可以使攻角恢复到正常值。要达到这个目的，可将进口面积做成可变的，如图 9-44 所示。在低折合转速下工作时，第一级和前面几级的攻角 i 很大而进入不稳定状态，这时可将进口面积

A_1 缩小；在相同流量下，A_1 的缩小使轴向速度 C_{1a} 增加，第一级动叶进口的速度三角形由实线转化为虚线所示，从而使第一级和前面几级的工作恢复到稳定状态。此外，不稳定边界向左移，使得工作点由 A 变为 A' 而远离不稳定边界。英国早期的"普获尔 Sa.7"发动机曾采用过这种方案。

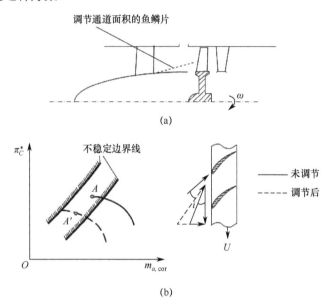

图 9-44　可变进口通道面积的工作原理

9.12.4　双转子（或三转子）方案

当压气机的折合转速低于设计值时，就会发生"前喘后涡"的不稳定状态，但中间各级基本上仍在该级的设计点上工作。所以，发生"前喘后涡"的主要原因是前后几级的轴向速度下降和轮缘速度下降不成比例。例如，前面级的轴向速度的下降比轮缘速度下降得快，结果造成了攻角 i 过大而进入不稳定状态。但是，后面级刚好相反，轴向速度的下降比轮缘速度下降得慢，从而使攻角 i 成为过大的负值而进入涡轮状态。由此可以推论，如果前后级轮缘速度的下降和轴向速度的下降成比例变化，就可以近似保持各级的设计攻角 i，使各级都能在稳定状态下工作。这种方案在单轴压气机上是实现不了的，这就是轴流式压气机由单转子转而采用双转子（或三转子）的气动机理。

在双轴发动机中，压气机分别由不同轴的低压压气机和高压压气机构成，并分别由低压涡轮和高压涡轮带动，如图 9-45 所示。这两个涡轮的设计转速不同，当发动机在低折合转速工作时，高、低压涡轮发出的功率都要减少。此时，高压涡轮和低压涡轮所发出的功率的比例或者不变或者增大。当高低压涡轮发出的功率的比例确定后，现在讨论低压压气机和高压压气机的转速是如何变化的。由于低压压气机进口的正攻角 i 很大，而高压压气机的进口为很大的负攻角，由此可见，低压压气机所需要的功率较高压压气机要多，从而导致低压压气机不容易带动，高压压气机则容易。因此，在两者功率之比为常数时，低压压气机的转数下降较快，高压压气机则较慢。如果两者功率之比是增大的，低压涡轮功率下降的比高压涡轮多，就更能促进这种变化趋势的加剧，使得低压和高压两轴转速下降不同,并导致前后各级的轴向速度与轮缘速度。或者说,各级的流量系数接近于设计状态,从而消除了前面几级进入不稳定边界同时又防止了后面级的堵塞作用。

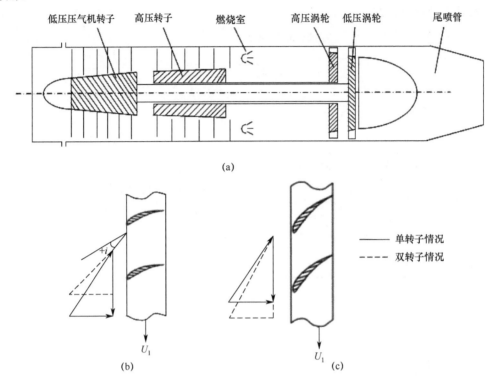

图 9-45 双转子发动机示意图

由于双转子压气机具有的一系列优点。例如,在宽广的范围内工作而仍保持较高的效率,不易发生气动失稳,适应性好和容易启动等,所以这种方案得到广泛的采用。在涡轮风扇发动机上还成功地制造了包括风扇在内的三转子发动机,如英国的 RB211 发动机就是一台这样的风扇发动机,但缺点也很明显,即结构比较复杂。

9.13 提高轴流式压气机稳定裕度的可能途径

前面已经讲过,压气机的稳定工作范围的宽广是通过压气机的稳定裕度 SM 的大小评定的。前面所介绍的各种防喘措施旨在扩大工作点与不稳定边界的距离,换言之,提高稳定裕度。稳定裕度越大,工作范围也越宽广和安全。但是,如果稳定裕度过大,则工作点过于远离效率和增压比都较好的区域,这也是不利的。因此,在设计阶段就能较合理地拟定稳定裕度的大小是十分关键的问题。

前面谈到的各种防喘措施(除双转子外)都是当叶型正攻角过大而在叶背将要产生严重分离时才起作用的,这种防喘措施称为"被动式"。然而,在设计过程中,如果能够从不同的角度扩大不稳定边界,恰如其分地拟定合理的稳定裕度,那么,就能变被动为主动。

9.13.1 适当选择气动设计参数

在低折合转速下，发生不稳定工况的原因是前几级的攻角 i 过大，叶背严重分离，以及后几级出现负攻角 $i<0$ 而进入堵塞，并加重了前几级的叶背分离，而中间级则变化很小。因此，在气动设计时，可以减少前后各级的加功量而适当加大中间各级的加功量，也就是在总加功量沿各级的分配上采取措施，从而提高全台压气机的效率和改善非设计点的性能。压气机的气动设计点应根据发动机在飞机上的工作情况选取，尽量使得在整个工作范围由偏离设计点比较小，以保持较高的效率和足够的安全性。

9.13.2 尽量推迟叶背分离的发生

前几级进入不稳定状态是由于叶背产生严重分离引起的，而气流分离则由于叶背附面层内的低能气流不足以反抗正压力梯度。如果设法使附面层内的低能气流获得外部能量或吸去贴在叶面上的一层厚附面层，就有可能使叶背气流不分离或推迟分离的发生。基于这种考虑，存在向附面层吹气或从附面层吸气的两种方案。

1. 向附面层吹气

图 9-46 是一种有可能在轴流式压气机静叶上采用的结构方案。这种结构提供了通过叶面缝隙向附面层吹气的可能性。通过上部管接头从气源将气体引入叶片内腔，并经具有叶片型线的线缝排出。吹静叶上的附面层时，来自气源的气体沿着叶背的切线方向吹出缝隙，如图 9-46 所示。这股气流的压力比叶片槽道的压力高，通过缝隙的气体流量和流速的大小，应根据缝隙至叶片出口尾缘这一段叶面保持无分离流动而定。对于多级轴流压气机的静叶，吹喷气流可引自下一级或引自别的压缩气源。根据叶片排在非设计工况的流动特性，流过缝隙的吹气强度可以沿叶片变化。例如，为了防止长叶片级中发生旋转失速，叶尖截面上的吹气强度应高于轮毂截面。

图 9-46 向附面层吹气的轴流压气机静叶

2. 抽吸附面层

对静叶抽吸附面层是通过缝隙或叶片内腔的多孔段，从叶片附面层中吸出一定数量的气体，把叶片内腔与压气机进口段连通就可以把气体抽吸出来。至于动叶上的附面层的抽吸则可通过离心现象的作用，使叶片内腔抽吸真空来达到。一种为实现抽吸附面层而具有多孔壁表面的动叶如图 9-47 所示。

以上两种方法都需要从外部供给能量，也可以依靠重新分配气流本身的能量去影响附面层而无须从别的系统向气流补增能量。下面简单介绍这方面的可能方案。

1) 在叶片上安装紊流发生器

在没有外部能源供应的条件下，要增强附面层抗分离能力的一种方法就是强化附面层内部以及附面层和主流之间的能量交换，具体措施就是在叶片上设置紊流器，使被绕流表面一侧的气流强迫紊流化，叶片上的紊流器原则上可以由整体的或间断的一些凸肩构成，这些凸肩可以具有不同的高度。紊流发生器可分为两种形式。

（1）主气流紊流器。这种紊流器的高度足以触及附面层之外的气流，从而可以强化气流核心区和附面层之间的能量交换。

（2）附面层紊流器。这种紊流器主要对附面层内部的流动特性有影响。

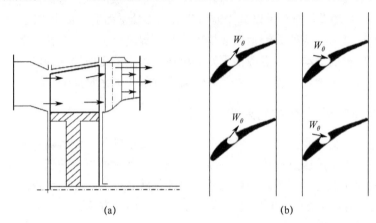

图 9-47 轴流压气机中向附面层吹气和抽吸附面层的方案

试验研究证明，紊流器对稠度 $b/t=1.0\sim1.5$ 的叶栅临界攻角的影响最为显著。紊流器的高度（h_T）相当于位移厚度 δ^* 和动量损失厚度 δ^{**}。因此，设法把紊流器的高度限制在 $\delta^*<h_T<\delta^{**}$ 范围内时，可能提高叶片的临界攻角，从而扩大了该级的无分离绕流的范围。必须指出的是，由于涡流区的存在，气动损失增加，扭转角下降，因此，稳态工作时的加功量和效率都会降低。

2）采用开缝叶片

另一种依靠调整气流本身的能量推迟附面层分离的方案就是采用开缝叶片，如图 9-48 所示，这种叶片具有能改变叶栅分离特性的前缘襟翼。叶片槽道内的气体重新分配，使得有一部分气体穿过主叶型和缝隙时与主流混合，这部分混合气流跟缝隙处的主叶型表面附面层中的气流相比，速度已大大提高，这就保证了大攻角工况下，开缝叶栅的叶型全部处于无分离的绕流状态。

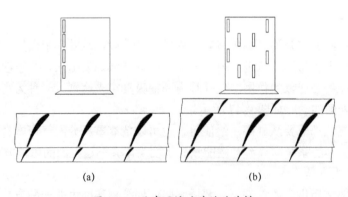

图 9-48 具有开缝叶片的叶片排

3）串列叶栅

串列叶栅（图 9-49）的作用除了和开缝叶片一样改善了附面层内的流动外，还把原来由单个叶栅负担的气流转折角和增压分给这两个叶片排,这样就可能具有较小的损失。大量的试验结果表明,如果叶片之间的相互位置安排得当,就可以使总的流动损失比单排时的损失小。例如,法国透默Ⅲ-C涡轴发动机压气机出口和美国 J85-B 压气机出口都采用了串列叶栅。

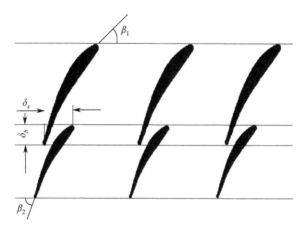

图 9-49 串列叶栅示意图

下面把上述方案画在图 9-50 中加以比较。

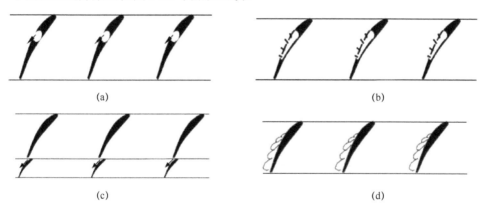

图 9-50 4 种推迟气流分离的方案示意图

9.13.3 机匣处理

进气畸变对压气机的直接影响就是不稳定边界的右下移动,和无畸变时相比,缩小了稳定工作范围,稳定裕度大大下降。为了扩大压气机的稳定工作范围和提高压气机的抗畸变的能力,除了在设计叶片时采用小的展弦比外,从 20 世纪 60 年代开始采用了"机匣处理"技术,这种技术发展很快。结构简单、效果明显的机匣处理技术已经在新型航空发动机中得到了实际有效的应用。例如,JT-9D 发动机的风扇的外机匣、CF-6 发动机和苏联米-23 飞机上用的 P-29 发动机上都采用了这种技术。

机匣处理的形式很多,经过实验考验的大体有如下几种:蜂窝式、周向槽式、轴向缝式、叶片角向缝式、轴向倾斜缝式等(图 9-51)。除周向槽形式以外,其他各种机匣处理均可带气室或不带气室。实验证明,与实壁机匣相比,采用机匣处理后,压气机的不稳定边界都不同程度地向左上方移动，从而使稳定裕度提高。大量的试验研究也表明，几何形状及尺寸不同的机匣处理形式都不同程度地提高了稳定裕度，然而每种机匣处理的效果是不同的。评定其效果不仅要注意稳定裕度的增加量，而且要注意对效率的影响，以及考虑机匣处理的工艺性和结构、质量等。试验结果还表明，机匣处理在进气畸变的条件下，具有更明显的效果，这是其他扩大稳定工作范围方法所不具备的特点，即机匣处理不仅可以扩大压气机的稳定工作范围，而且可以有效地提高压气机抗进口畸变的能力。

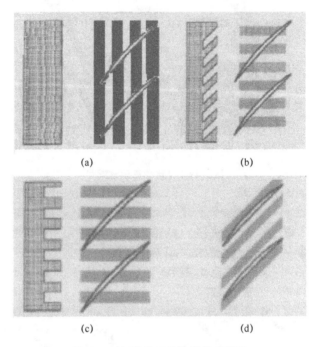

图 9-51　机匣处理结构形式示意图

(a) 周向槽式；(b) 轴向倾斜缝式；(c) 轴向缝式；(d) 叶片角向缝式。

思考题和习题

1. 一台压气机的工作范围通过什么表示？
2. 单级离心、单级轴流和多级轴流式压气机的流量特性线有何不同？试述其原因。
3. 压气机实验台有哪些主要的组成部分？每部分的作用如何？
4. 哪些压气机进口的参数对流量特性线有影响？哪些没有影响？试述其原因。
5. 如要绘制不受进口参数影响的特性线则需要应用什么原理？
6. 试简要阐明三大相似定理的意义及其在绘制压气机通用特性时的应用。
7. 决定两台压气机动力相似需要具备什么条件？
8. 举出一些常用来绘制通用特性线的相似参数。
9. 当压气机工作点和不稳边界相交时，可能出现哪两种不稳定流态，各自的特点如何？
10. 试述旋转失速的类型。

11. 目前对旋转失速区的流态结构是怎样认识的?
12. 当压气机进入喘振时,压气机中的气流是怎样做循环振荡的?
13. 颤振现象和喘振都属于自激振动,但它们的起因是否相同?
14. 压气机进口流场畸变是由哪些因素引起的?
15. 试述畸变的类型。
16. 进口畸变对压气机的性能有何影响?
17. 试述轴流式压气机临界畸变角的意义。
18. 当压气机在低于设计的折合转速下工作时,为什么说是"前喘后涡",而在高于设计折合转速工作时则是"前涡后喘"?
19. 试述目前压气机上通常采用的防喘措施及其原理。
20. 提高轴流式压气机稳定裕度的途径可能有哪几方面?

第三篇

轴流式涡轮

第 10 章　轴流式涡轮的工作原理

第 11 章　基元级的基本理论

第 12 章　级的基本理论

第 13 章　多级轴流式涡轮

第 14 章　涡轮特性

第 15 章　涡轮冷却

第 10 章 轴流式涡轮的工作原理

10.1 涡轮的工作原理

在燃气涡轮发动机中，有两个主要部件具有大量旋转的和静止的叶片，其中一个是前面所介绍的压气机，另一个就是本节要讨论的涡轮。

涡轮和压气机同是和气流进行能量交换的叶片机，这决定了它们之间有许多相似之处。但是，涡轮和压气机与气流间的能量转换在程序上恰恰相反。气流流过压气机时从工作叶片获得机械能，因而提高了焓和压力；在涡轮中，气流则将焓转变为动能，然后一部分动能通过叶片转变为涡轮轴上的机械功。也就是说，当压气机运转时，必须从外界加入机械能；当涡轮运转时，则可以从涡轮轴取得机械功。在燃气涡轮发动机中，当压气机和涡轮平衡运转时，涡轮轴上的机械功除了一部分用于克服轴承上的摩擦，以及带动螺桨和附件外，其余全部用于带动压气机。

按气流流动方向是否和涡轮轴轴线方向大体一致，涡轮可分为轴流式和径流式（向心式）两类，航空发动机上采用的基本都是轴流式涡轮，只有微小型涡轮发动机才使用向心式涡轮。本篇主要分析轴流式涡轮的工作特点，但是所述的基本工作原理同样也适用于径流式涡轮。

和压气机相类似，燃气涡轮发动机中的涡轮通常也是由多级所组成，每一级则由静止的叶片环（一般叫作喷嘴环，又称导向器）和旋转的叶片环（叫作工作轮）组成。不过，在涡轮中，静止的喷嘴环位于旋转的工作轮前面，图 10-1 是某一发动机的涡轮解剖图。

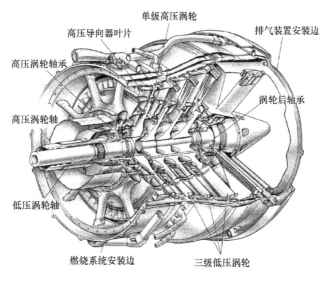

图 10-1　一种双转子涡轮解剖图

图 10-2 是一涡轮级示意图,以及燃气的参数在涡轮静、转子流道中的变化趋势。和压气机分析中一样,涡轮平面"基元级"也是由无穷多叶型组成的。将任意半径上的"基元级"展开,则得如图 10-3 所示的涡轮基元级,包括喷嘴环叶栅和工作轮叶栅。

从图 10-3 可以看到,喷嘴环的进口截面面积 A_z 大于气流出口截面面积 A_{1nz},工作轮的进口截面面积 A_{1r} 也是比气流出口截面面积 A_{2r} 大。一般来说,流出燃烧室的燃气速度是很低的,马赫数远小于 1,但当燃气流过喷嘴环后,由于喷嘴环通道是收敛的,气体在通道中膨胀,压力和温度显著下降,而速度大大增加。由喷嘴环流出的高速燃气具有很大的动能,冲击工作轮叶片,就可使工作轮发出很大的机械功,这就是喷嘴环安置在工作轮前的主要原因。在工作轮中,燃气继续膨胀,其出口相对速度 W_2 一般都大于进口的相对速度 W_1,如图 10-3 所示。由此可以看到,气体流经涡轮时经历的是膨胀过程,而不是如在压气机中那样的压缩过程。

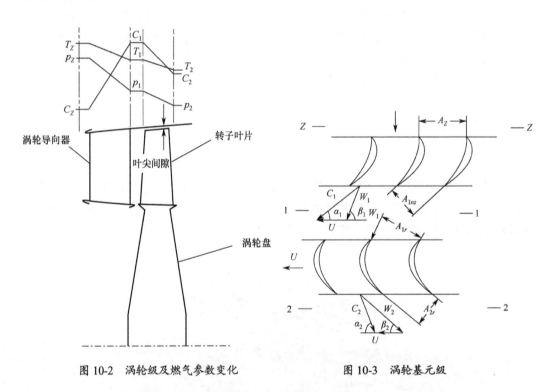

图 10-2 涡轮级及燃气参数变化　　图 10-3 涡轮基元级

10.2 涡轮中气体流动所遵循的能量方程和动量矩方程

与在压气机中一样,我们将分别在定坐标系和动坐标系中观察气流的运动。

10.2.1 热焓方程式

1. 定坐标系

燃气流经涡轮时（这里的涡轮进口截面以 1—1 标记，出口截面以 2—2 标记），对外输出功记为 $-L_u$，对外界放出热量记为 $-q_w$，所以能量方程写为

$$-q_w - L_u = h_2 - h_1 + \frac{C_2^2 - C_1^2}{2} = h_2^* - h_1^* \tag{10-1}$$

对于不冷却的涡轮来说，每千克燃气对外界放出的热量很少，可以忽略热量，认为 $-q_w = 0$，则

$$L_u = h_1 - h_2 + \frac{C_1^2 - C_2^2}{2} = h_1^* - h_2^* \tag{10-2}$$

与压气机中一样，L_u 通常称为轮缘功。这表明，每千克燃气对涡轮所做的轮缘功等于燃气流经涡轮时的滞止焓降。

2. 动坐标系

与压气机相同，当燃气流经涡轮转子时，转子焓 I 保持不变，即

$$h_1 + \frac{W_1^2}{2} - \frac{U_1^2}{2} = h_2 + \frac{W_2^2}{2} - \frac{U_2^2}{2} \tag{10-3}$$

记为

$$I_1 = I_2 \tag{10-4}$$

当 $U_1 = U_2$ 时，有

$$h_1 + \frac{W_1^2}{2} = h_2 + \frac{W_2^2}{2} \tag{10-5}$$

或

$$h_{1r}^* = h_{2r}^* \tag{10-6}$$

式（10-6）表明，当 $U_1 = U_2$ 时，气流在涡轮中的相对总焓 h_r^* 保持不变。

10.2.2 机械能形式的能量方程式（伯努利方程式）

1. 定坐标系

在涡轮中，气体对外做功，L_u 前面取 "-" 号使方程中轮缘功为正值，所以类似于式（2-5）的机械能形式的能量方程为

$$-L_u = \int_1^2 \frac{\mathrm{d}P}{\rho} + \frac{C_2^2 - C_1^2}{2} + L_f \tag{10-7}$$

由于燃气在膨胀过程中 $\mathrm{d}P<0$，所以 $\int_1^2 \frac{\mathrm{d}P}{\rho}$ 将为负值，把这个积分的绝对值称为涡轮的多变膨胀功，以 $L_{n,T}$ 表示，即

$$L_{n,T} = -\int_1^2 \frac{dP}{\rho} = \frac{n}{n-1} R'(T_1 - T_2) = \frac{n}{n-1} R'T_1 \left(1 - \frac{1}{\left(\frac{P_1}{P_2}\right)^{\frac{n-1}{n}}} \right) \quad (10\text{-}8)$$

式中 $\frac{P_1}{P_2}$ ——气流在涡轮中的膨胀比（又称为落压比）。

当膨胀过程是等熵过程时，称为等熵膨胀，其等熵膨胀功为

$$L_{i,T} = \frac{k'}{k'-1} R'T_1 \left(1 - \frac{1}{\left(\frac{P_1}{P_2}\right)^{\frac{k'-1}{k'}}} \right) \quad (10\text{-}9)$$

式中 k' ——燃气的比热比；
R' ——燃气的气体常数。

式（10-7）可以改写为

$$L_{n,T} + \frac{C_1^2 - C_2^2}{2} = L_u + L_f \quad (10\text{-}10)$$

式（10-10）表明，燃气在涡轮中膨胀时所做的多变膨胀功和燃气动能变化之和是用来产生轮缘功以及克服流动损失。

2. 动坐标系

在动坐标系中，离心惯性力做功为 $\frac{U_2^2 - U_1^2}{2}$，而叶轮相对动坐标系静止，$L_u = 0$，则

$$\frac{U_2^2 - U_1^2}{2} = \int_1^2 \frac{dP}{\rho} + \frac{W_2^2 - W_1^2}{2} + L_f \quad (10\text{-}11)$$

当 $U_1 = U_2$ 时（轴流式涡轮），离心惯性力做功为 0，即

$$\int_1^2 \frac{dP}{\rho} + \frac{W_2^2 - W_1^2}{2} + L_f = 0 \quad (10\text{-}12)$$

10.2.3 动量矩方程

把质点系的动量矩定律应用到涡轮工作轮中，其推导方法和压气机中的相同，动量矩方程式的形式仍为

$$M = \dot{m}(C_{2u} r_2 - C_{1u} r_1)$$

相应地，对流过工作轮的每千克燃气而言的轮缘功 L_u 仍可用前面在压气机部分推导出的公式，即

$$L_u = \omega(C_{2u} r_2 - C_{1u} r_1)$$

但是要注意：①在涡轮中 L_u 前应该带有一负号；②在涡轮中，工作轮出口燃气速度的切向分速度 C_{2u} 一般与圆周速度 U 的方向相反，C_{1u} 与 U 的方向相同，而且通常认

为 U 的方向是正的，所以 C_{2u} 是负的，而 C_{1u} 是正的。考虑到这两点，则动量矩和轮缘功分别为

$$M = \dot{m}(-C_{2u}r_2 - C_{1u}r_1) \tag{10-13}$$

$$-L_u = \omega(-C_{2u}r_2 - C_{1u}r_1) = -(C_{2u}U_2 + C_{1u}U_1) \tag{10-14}$$

$$L_u = C_{2u}U_2 + C_{1u}U_1 \tag{10-15}$$

式（10-15）是对涡轮而言的，其中 L_u、C_{1u}、C_{2u} 的值都认为是正的，在下列所有有关涡轮的公式中，也都采用该约定。

当进出口半径相同时，即 $r_1 = r_2$ 时，可得

$$L_u = U(C_{2u} + C_{1u}) = U\Delta C_u \tag{10-16}$$

第 11 章 基元级的基本理论

涡轮的基元级已经表示在图 10-3 中。气体在基元级中的膨胀过程可用 h–S 图（图 11-1）表示。

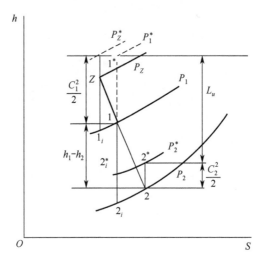

图 11-1 涡轮基元级的 h–S 图

和研究压气机的基元级一样，研究涡轮基元级也是首先从研究它的速度三角形开始。因为从速度三角形可以清楚地看出燃气流过喷嘴环和工作轮时的膨胀情况，根据速度三角形，还可以计算轮缘功以及通过涡轮的燃气流量等。

11.1 决定基元级速度三角形的主要参数

如果将图 10-3 中工作轮进出口的速度三角形叠加在一起，就可得出图 11-2 中所示的基元级速度三角形。

一般情况下，决定压气机基元级速度三角形的主要参数有 4 个：与流量有关的轴向速度 C_{1a}、预旋 C_{1u} 以及决定轮缘功 L_u 的圆周速度 U 和扭速 ΔW_u。那么，决定涡轮基元级速度三角形的主要参数是否和压气机中的完全相同呢？

首先，利用式（10-16）和式（3-22），并

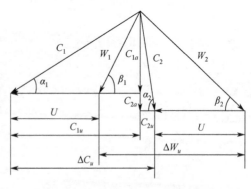

图 11-2 涡轮基元级速度三角形

参看图 11-2，分别写出计算涡轮和压气机轮缘功的公式，即

$$\begin{cases} L_u = U\Delta C_u = U(C_{1u} + C_{2u}) & （涡轮）\\ L_u = U\Delta C_u = U(C_{2u} - C_{1u}) & （压气机）\end{cases} \quad (11\text{-}1)$$

由式（11-1）可以看出，除了圆周速度 U 之外，决定压气机轮缘功的主要是工作轮出口的切向分速度 C_{2u}，C_{1u} 是预旋，它可以为零（轴向进气时 $C_{1u}=0$）。至于涡轮，由于它的出口紧接尾喷管，一般希望它的出口绝对速度 C_{2u} 接近轴向，亦即要求 $\alpha_2 \geqslant 85°$。因此，C_{2u} 很小，决定涡轮轮缘功 L_u 的主要是 C_{1u}。在涡轮中，反映燃气流量的参数一般采用喷嘴环出口的气流角 α_1，而不直接采用轴向速度 C_{1a}。原因是这个角度不但能反映轴向速度 C_{1a} 的大小（$C_{1a} = C_{1u}\tan\alpha_1$），而且还可以与叶片长短和效率等联系起来，这在后面还要提到。另外，在压气机中，由于一级增压比很小，可以近似认为 $C_{1a} \approx C_{2a}$。但是，在涡轮中由于一级中气体的膨胀可以很大，如果再认为两者相等，就会导致较大的误差。根据目前设计经验，两者的比值为 $C_{1a}/C_{2a} \approx 0.75 \sim 0.85$。综合以上的分析，决定涡轮基元级速度三角形的主要参数有 5 个：C_{1u}、α_1、C_{2u}、U 和 C_{1a}/C_{2a}。设计涡轮时，这 5 个参数决定了之后，基元级速度三角形就完全确定了。

11.2　反力度

由于在涡轮基元级中，燃气流过喷嘴环和工作轮都会加速膨胀，这就存在着在两者中加速膨胀所占比例的问题。反力度就是用来衡量燃气在工作轮中的降压膨胀（也就是相对动能变化）占整个基元级总膨胀功的百分比。按照这一定义，涡轮基元级的反力度 Ω_T 可以表示为

$$\Omega_T = \frac{\dfrac{W_2^2 - W_1^2}{2}}{L_u} \quad (11\text{-}2)$$

下面分析 1kg 质量燃气流过基元级时所做出的轮缘功的表达式。显然，气体对外做功是通过旋转的工作轮，而不是静止不动的喷嘴环，所以只要写出工作轮进出口截面 1—1 和 2—2 的能量方程式，即

$$L_u = h_1^* - h_2^* = (h_1 - h_2) + \frac{C_1^2 - C_2^2}{2} \quad (11\text{-}3)$$

式（11-3）表明，1kg 质量燃气所发出的轮缘功 L_u 等于工作轮进出口截面上的总焓之差（注意 $h_2^* = h_1^*$）。如果再从旋转的工作轮上观察（在进出口轮缘速度 $U_1 = U_2$ 的情况下），则

$$h_1 - h_2 = \frac{W_2^2 - W_1^2}{2} \quad (11\text{-}4)$$

将式（11-4）代入式（11-3），可得

$$L_u = \frac{C_1^2 - C_2^2}{2} + \frac{W_2^2 - W_1^2}{2} \quad (11\text{-}5)$$

式（11-5）说明，轮缘功 L_u 的大小决定于气体的绝对动能和相对动能的变化。在涡

轮中，相对动能变化较小，一般只占 L_u 的 25%~40%，有的甚至不变化。按照上述反力度的定义，相对动能不变化的涡轮，就是"零反力度涡轮"。在这种涡轮中，气流的加速膨胀全部在喷嘴环中进行，气流在工作轮中没有膨胀（$W_1=W_2$，但方向不同），这时，工作轮之所以会转动，完全靠的是由喷嘴环中流过来的高速气流对工作轮的冲击。这种涡轮做功能力大，而且由于气流在喷嘴环中膨胀程度很大，温度降低多，改善了工作轮的工作条件，因而，在汽轮机中得到广泛应用。但在航空燃气涡轮发动机中应用较少，主要因为在这种涡轮的工作轮中，气流不加速膨胀，没有顺压力梯度，因而气流易于分离，涡轮效率较低。目前，航空上常采用的是反力度不等于零的"反力式涡轮"，平均半径处的反力度 Ω_T 为 0.25~0.40。

在式（11-2）中，用 $\left[L_u - \dfrac{C_1^2 - C_2^2}{2}\right]$ 代替 $\dfrac{W_2^2 - W_1^2}{2}$，并为了简化计算，如果假定 $C_{1a} \approx C_{2a}$，再应用式（11-1），最后简化得到计算反力度的公式为

$$\Omega_T = 1 - \frac{C_{1u} - C_{2u}}{2U} \tag{11-6}$$

这个反力度称为"运动反力度"，因为它的大小决定于速度 C_{1u}、C_{2u} 和 U，并且是在 $C_{1a} \approx C_{2a}$ 的假定下简化得出的。但为了防止在叶根处出现反力度小于零的情况（即工作轮叶片在根部截面进入扩压状态，使 $P_2 > P_1$），以保证涡轮效率不致过小，用式（11-6）表示的运动反力度的数值就不够准确。为此，在涡轮设计中还常用能量反力度的概念，用它来核算根部截面的反力度。

计算涡轮轮缘功 L_u 可以从热焓方程得出，如式（11-5），也可以从动量矩方程得出，如式（11-1）。如果将式（11-1）变化一下，则得出计算涡轮轮缘功的又一式子，即

$$L_u = U \Delta C_u = U^2 \frac{\Delta C_u}{U} = \frac{C_{1u} + C_{2u}}{U} U^2 = \bar{H}_T U^2$$

式中：$\bar{H}_T = \dfrac{C_{1u} + C_{2u}}{U} = \dfrac{\Delta C_u}{U}$ 称为"载荷系数"，这个系数大于 1；载荷系数等于 1 意味着气流不对涡轮叶片形成周向冲击载荷。对于单级涡轮，$\bar{H}_T$ 取值为 1.4~1.7。

上面已经介绍过，决定涡轮基元级速度三角形的主要参数是 C_{1u}、α_1、C_{2u}、U 和 C_{1a}/C_{2a}。但在航空燃气涡轮设计中，还常常采用以下 5 个参数，即运动反力度 Ω_T、载荷系数 $\bar{H}_T$、进出口轴向速度比值 C_{1a}/C_{2a}、角度 α_1 以及轮缘功 L_u，确定速度三角形。当已知轮缘功的大小时，如果选定载荷系数 $\bar{H}_T$，则可求出圆周速度为

$$U = \sqrt{\frac{L_u}{\bar{H}_T}}$$

计算出 U 之后，由反力度和载荷系数的定义，可以解得 C_{1u} 和 C_{2u} 为

$$\begin{cases} C_{1u} = U\left(\dfrac{\bar{H}_T}{2} + (1-\Omega_T)\right) \\ C_{2u} = U\left(\dfrac{\bar{H}_T}{2} - (1-\Omega_T)\right) \end{cases} \tag{11-7}$$

例如，再选定 C_{1a}/C_{2a} 和 α_1，则

$$\begin{cases} C_{1a} = C_{1u}\tan\alpha_1 \\ C_{2a} = \dfrac{C_{1a}}{\left(\dfrac{C_{1a}}{C_{2a}}\right)} \end{cases} \tag{11-8}$$

这样一来，基元级的速度三角形就完全确定了。

11.3 涡轮叶栅中的流动

在航空燃气涡轮发动机中主要采用反力式涡轮，也就是在工作轮和喷嘴环中都是加速膨胀流动，两排叶栅中的共性很多。下面就通过一排平面叶栅介绍涡轮叶栅的流动，所介绍的叶栅既代表涡轮的喷嘴环，又代表涡轮的工作轮。

在分析涡轮叶栅流动时，常用栅后等熵马赫数 $M_{2,i}$ 作为涡轮叶栅的工况马赫数，其定义为

$$M_{2,i} = \sqrt{\frac{2}{k'-1}\left[\left(\frac{P_1^*}{P_{2av}}\right)^{\frac{k'-1}{k'}} - 1\right]} \tag{11-9}$$

式中　　P_1^*——栅前燃气总压；

P_{2av}——栅后平均静压。

涡轮叶栅通道形式可分为两类：一类是纯收缩型；另一类是收缩扩张型，如图 11-3 所示。亚音涡轮叶栅以及出口马赫数 M_2 小于 1.2 的跨音涡轮叶栅一般采用纯收缩型，$M_2 = (1.2 \sim 1.4)$ 的叶栅，则可采用收缩—扩张型。实践证明，叶栅几何参数和叶型型线设计等对涡轮中气流的绕流特性有很大影响，因而不同的叶栅有不同的流动特性。对于一个几何参数完全确定的叶栅，当进出口气动参数改变时，涡轮叶栅的流场也会发生变化。

下面具体介绍一个纯收缩型通道的典型涡轮叶栅，当进口气流参数（如 β_1 和 P_1^*）不改变，而降低叶栅后反压 P_2 时的流动情况。

图 11-3　涡轮叶栅通道形式

(a) 收缩—扩张型；(b) 纯收缩型。

（1）在涡轮叶栅中气流是膨胀加速流动的。当反压 P_2 较高时，在叶栅进口处，流动速度很低；当燃气流经叶型时，在叶型前缘的某一点（前驻点）处，气流分叉流向叶背和叶盆；随着涡轮叶栅通道不断收缩，气流逐渐加速。但这时叶栅前后压差不大，叶栅

中降压膨胀加速并不多,全流场都是亚声速流动,出口马赫数很小。

(2) 随着反压 P_2 的逐渐降低,涡轮叶栅中降压膨胀加速程度加大,气流沿叶背加速,就有可能在槽道内叶背曲率最大的部位出现局部超声速区,该区以声速线开始,并大体上以正激波结尾。局部超音区以外都是亚声速流动,如图 11-4 所示。

定义叶型上某一点已达声速时的工况马赫数为临界马赫数 M_{2cr},对一般叶栅来说,其值为 0.7～0.8。

反压继续降低时,局部超音区逐渐扩大,其后的结尾正激波也顺流后移。

(3) 当反压降低到使工况马赫数达到某一数值时,在叶片尾缘处,由于气流急剧转弯加速,压力下降,出现另一个局部超音速区。从叶背、叶盆表面流出的气流离开尾缘后形成两道分离激波,两股气流在尾缘后某一位置汇合,发生折转,同时产生两组压缩波,并汇集成一对燕尾形的斜激波,其右支(顺气流流动方向看)伸向槽道称为内尾波,左支伸向栅后,称为外尾波,如图 11-5 所示。

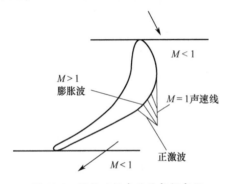

图 11-4 涡轮叶栅中的局部超音区

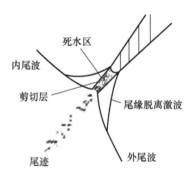

图 11-5 尾部激波系

(4) 反压继续降低,当内尾波与相邻叶型的叶背局部超音区后的正激波相遇时,即形成贯穿整个槽道的超音区(声速线),叶栅进入阻塞工况。此时的工况马赫数称为阻塞工况马赫数,一般约为 1.0(或略大于 1.0);与此同时,栅前进口马赫数 M_1 也不随 M_2 的加大而增大,达最大值 $M_{1\max}$,称为栅前阻塞马赫数,与之对应的叶栅流量也不再加大而达到最大值。这时,栅后反压与栅前总压之比 P_2/P_1^* 称为临界压力比。叶栅槽道内的速度分布如图 11-6 所示,正激波(垂直激波)和内尾波相交贯穿的位置在喉部附近。

(5) 反压继续降低,叶栅出口气流超过声速,这是叶栅的超声速工况段。

正激波沿叶背迅速推向叶栅外空间,气流绕叶盆尾缘急剧加速,在斜切口(叶栅喉部以后的槽道区域)内形成一组扇形膨胀波射向相邻叶片的叶背,并在叶背上形成反射膨胀波。气流穿过这组膨胀波及其反射膨胀波在斜切口继续超声速膨胀。随出口马赫数的增大,内尾波逐渐变斜,射向叶背,并作用在叶背上,与附面层相互干扰后产生反射激波。内尾波在叶背上的入射点随 M_2 增大向尾缘移动。

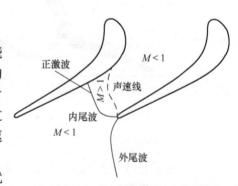

图 11-6 阻塞工况时槽道内的速度分布

在超声速工况下，有时还可以从一些叶栅的纹影照片上看到一种原生激波，这是由于有些叶栅的叶背型线突变所引起的。此时，由于型线突变，使壁面附面层突增，叶背有效轮廓外凸，气流绕流时形成压缩波。在亚声速工况下，该压缩波隐藏在局部超声速区内，或声速线与垂直激波之间的超声速区内。在超声速工况下，槽道内声速线后全为超声速时，该原生激波就传递出来，尤其在叶栅外可以清晰地见到。

（6）当 M_2 大到某值后，内尾波在叶背上的入射点移至尾缘处，其反射波与另一叶片的外尾波重叠，膨胀波系的最后一道波也大致与叶栅出口额线相平行，这时达到了该叶栅的极限负荷工况，斜切口的膨胀能力已经得到充分利用，与额线相垂直的气流分速即气流轴向分速这时也达到当地声速了。

如果反压 P_2 比极限负荷状况对应的值还要低，并进一步下降，则气流只能在叶栅外面无约束膨胀，并使轴向分速继续增加。但叶片表面的压强分布不再受到反压进一步下降的影响，气流作用给叶片的气动力也不会改变。因此，决定涡轮输出功的切向分速就再也不会增加了，所以当叶栅几何参数完全确定以后，叶栅的最大膨胀能力也就确定了。

上面列举了反压变化时的多种涡轮叶栅工作状况。在发动机涡轮中，亚音涡轮叶栅大体以工况（2）、（3）、（4）所对应的反压或者更高一些的反压工作，跨音涡轮叶栅大体以工况（5）对应的反压工作。

11.4 叶型损失及其工程估算

在涡轮叶栅流动过程中，由于实际流动是有黏性的，所以沿叶背和叶盆都有附面层存在。对于有限长度的叶型来说，叶盆和叶背的附面层要在尾缘处汇合。因此，和压气机叶栅中一样，在尾缘后存在着尾流，也有叶栅后尾流与主流的掺混，并因此导致尾迹损失，以及尾迹和主流的掺混损失。

另外，由上面所分析的涡轮叶栅中流动情况还可以看出，尽管在涡轮叶栅中从总体上说是降压加速流动，进口静压高，出口静压低，沿叶型的大部分区域存在顺压力梯度，但在部分区域如叶背型面的后部仍可能出现逆压力梯度。例如，当出现激波时，在激波和型面相交处就有陡峭的静压升高即很大的逆压力梯度。因此，形成激波附面层干扰，引起气流分离，使损失加大。

但是，与压气机叶栅相比，涡轮叶栅中附面层薄，不易分离，因此损失较小而效率较高。此外，由于涡轮叶栅的顺压力梯度和进口气流马赫数较小，以及前缘小圆半径一般比压气机叶型大等原因，涡轮叶栅对气流攻角不如压气机叶栅那样敏感，可以有较大的攻角变化范围而不至于使损失急剧增长。

因此，与压气机中类似，涡轮基元级的流动损失，就是所谓的叶型损失，包括以下几部分。

（1）附面层内的摩擦损失。

（2）尾迹损失。

（3）尾迹和主流的掺混损失。

（4）附面层中的气流分离损失。

(5) 波阻损失。

这些损失（流动损失 L_f）反映在 T-S 图上，如图 3-5 中的面积 12dc1 所示。前面已指出，这个面积是由再生热（图 3-5 中的面积 122$_i$1）和动能损失（图 3-5 中面积 22$_i$cd2）两部分组成。再生热是流动损失中可转变为机械功的那一小部分热量，而动能损失不能再被回收。因此，在涡轮中也同样要力求减少流动损失。

11.4.1 涡轮叶栅的出口速度计算

燃气涡轮是从蒸汽涡轮发展起来的，因而不少设计计算方法沿用了蒸汽涡轮的习惯。例如，在估计叶型损失方面至今仍采用蒸汽涡轮的"速度损失系数"。如图 11-1 所示，对喷嘴环来说，若流动过程是等熵的，则出口速度为

$$C_{1,i} = \sqrt{2(h_z^* - h_{1i})} = \sqrt{2C_p'(T_z^* - T_{1,i})} = \sqrt{2\frac{k'}{k'-1}R'T_z^*\left(1 - \frac{T_{1,i}}{T_z^*}\right)}$$

$$= \sqrt{2\frac{k'}{k'-1}R'T_z^*\left[1 - \left(\frac{P_1}{P_z^*}\right)^{\frac{k'-1}{k'}}\right]} \tag{11-10}$$

但是，在实际的膨胀过程中是有损失而不是等熵的。若以 C_1 表示出口的实际速度，则显然 $C_1 < C_{1i}$，两者之比值称为速度损失系数 φ，即

$$C_1 = \varphi \cdot C_{1i} = \varphi\sqrt{2\frac{k'}{k'-1}R'T_z^*\left[1 - \left(\frac{P_1}{P_z^*}\right)^{\frac{k'-1}{k'}}\right]} \tag{11-11}$$

式中：T_z^*、P_z^* 分别为喷嘴环进口的总温、总压；P_1 为喷嘴环出口的静压；k'、R' 分别为燃气的比热比和气体常数。

例如，已知落压比 P_1/P_z^* 和 T_z^*，并在 φ=0.96～0.98 范围内选定速度系数 φ，根据式（11-11）就可求得 C_1。

由于 $C_1 < C_{1i}$，所以实际过程终了的动能比等熵过程终了的小，两者之差就是喷嘴环中的动能损失，即

$$\Delta L_{f损,nz} = \frac{1}{2}(C_{1i}^2 - C_1^2) = \frac{C_1^2}{2}\left(\frac{1}{\varphi^2} - 1\right) \tag{11-12}$$

另外，在航空涡轮设计中，还常常采用"总压恢复系数"表示损失的大小。喷嘴环的总压恢复系数为

$$\sigma_{nz} = \frac{P_1^*}{P_z^*} = \frac{P_1/\pi(\lambda_{C_1})}{P_1/\pi(\lambda_{C_{1i}})} = \frac{\pi(\lambda_{C_1}/\varphi)}{\pi(\lambda_{C_1})} \tag{11-13}$$

同样，对工作轮来说，也有类似的关系式。当气流以绝对速度 C_1 流出喷嘴环时，即以相对速度 W_1 流向工作轮，如图 11-3 所示。如果站在旋转的工作轮上观察，那么，气流在工作轮通道中的流动和喷嘴环中的流动是一样的。这时，速度由进口相对速度 W_1 膨胀到出口相对速度 W_2，如果以 ψ 表示工作轮中的速度损失系数，以 σ_r 表示工作轮中的总压恢复系数，以 $\Delta L_{f损}$ 表示工作轮中的动能损失，则得到下面公式（当 $U_1 = U_2$ 时），即

$$W_2 = \psi \sqrt{2\frac{k'}{k'-1} R'T_{1r}^* \left[1 - \left(\frac{P_2}{P_{1r}^*}\right)^{\frac{k'-1}{k'}}\right]} \quad (11\text{-}14)$$

$$\sigma_r = \frac{P_{2r}^*}{P_{1r}^*} = \frac{\pi(\lambda_{W_2}/\psi)}{\pi(\lambda_{W_2})} \quad (11\text{-}15)$$

$$\Delta L_{f损} = \frac{W_2^2}{2}\left(\frac{1}{\psi^2} - 1\right) \quad (11\text{-}16)$$

式中　Ψ——在 0.95~0.97 范周内选定；

T_{1r}^*——工作轮进口相对总温，$U_1 = U_2$ 时，$T_{1r}^* = T_{2r}^*$；

P_{1r}^*、P_{2r}^*——工作轮进出口的相对总压。

11.4.2　涡轮叶栅出气角计算

以上介绍了如何计算喷嘴环和工作轮出口的气流速度 C_1 和 W_2，下面叙述和速度相对应的气流流出角 α_1 和 β_2 的计算方法。根据涡轮叶栅流场随栅后反压的变化可知，若按照叶栅中是否存在由叶背一直贯穿到叶盆的局部超声速区来区分，叶栅中的流动可以分成两种流态。当反压 P_2 和栅前总压 P_1^* 之比 P_2/P_1^* 大于临界压力比时，称为亚临界流态；小于临界压力比时，称为超临界流态。对于这两种情况下计算落后角的方法分述如下。

1．亚临界流态

图 11-7（a）是喷嘴环的亚临界流态。由于叶栅前后压差不大，所以在喉部 AB（宽度为 a）处并未达到声速，并且斜切口内也未形成超声速膨胀。这时，由于叶背曲率和附面层的影响，气流不是沿几何出口角 α_{1k} 的方向流出，而是偏转一个称为"落后角"的 δ 角，以 $\alpha_1 = \alpha_{1k} + \delta$ 的角度流出喷嘴环。根据大量的试验研究，发现这个落后角 δ 和出口的速度以及叶栅的喉部宽度 a 与栅距 t 有关。$\delta = f(\lambda_{C_i}, \arcsin(a/t))$ 相关曲线如图 11-8 所示。

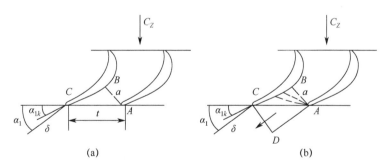

图 11-7　落后角

图 11-8 中的横坐标为等熵流动时叶栅出口速度系数，纵坐标为落后角 δ，并以 $\arcsin(a/t)$ 为参变数。要注意的是，如果知道的是实际流动的出口速度系数 λ_{C_1}，则必须换算成等熵流动的 $\lambda_{C_i} = \lambda_{C_1}/\varphi$。图 11-8 中的曲线，对工作轮同样适用，这时横坐标应是工作轮等熵流动时的出口速度系数 λ_{W_2i}。

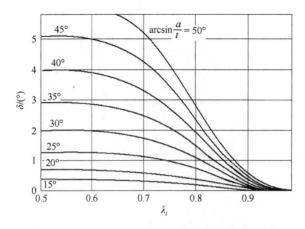

图 11-8 亚临界流态时的落后角

2. 超临界流态

当喷嘴环中的流动为超临界时（图 11-7（b）），气流经过声速截面后继续在斜切口 ABC 部分进行超声速膨胀，出口尾缘 A 点的压力等于出口压力 P_1，故 A 点可看作是扰动源。从 A 点发出一束膨胀波，如图中的虚线所示。气流穿过这束膨胀波时，继续做超声速流动并向右偏转，产生一个落后角。气流之所以不向左偏转而向右偏，原因是这时的气流通道已变成一个拉瓦尔喷管，它的超声速部分（在这里就是斜切口区域）必须做成扩散形，所以气流只有向右偏转后才能满足这个条件，即 $CD>AB$。

下面具体介绍这时落后角应如何计算。对于单位厚度的流管，可写出喉部及出口截面的流量方程，即

$$a\frac{KP^*_{cr}q(\lambda_{cr})}{\sqrt{T^*_z}} = t\sin\alpha_1 \frac{KP^*_1 q(\lambda_{C_1})}{\sqrt{T^*_z}}$$

式中：P^*_{cr} 为喉部处气流总压；t 为栅距；a 为喉部宽度；K 为系数，当比热比 $k'=1.33$ 时，$K=0.0396$。

因为 $P^*_{cr}=\sigma P^*_z$，$P^*_1=\sigma_{nz}P^*_z$，代入上式后，可解得 $\sin\alpha_1$ 为

$$\sin\alpha_1 = \frac{\sigma q(\lambda_{cr})}{\sigma_{nz} q(\lambda_{C_1})}\sin\alpha_{1k} \tag{11-17}$$

式中：σ 为喉部以前的总压恢复系数；σ_{nz} 为整个喷嘴环通道的总压恢复系数。

由于喉部处有附面层和损失，而且流动也不均匀，声速线位置和几何喉部截面不完全重合，所以当流动如式（11-17）那样考虑为一维管流时，在喉部处并不能达到 $q(\lambda_{cr})=1$，而只能在该处 $q(\lambda)$ 函数达到最大值。反过来说，如果能够得到某一个 φ 值下的 $q(\lambda)$ 函数最大值，那就一定是 $q(\lambda_{cr})$。另外，要想测量 σ 的数值也很困难，但由于斜切口区域的膨胀接近于等熵过程，这区域的损失可略而不计，因而，可近似认为 $\sigma \approx \sigma_{nz}$。这样，索性把 $\sigma q(\lambda_{cr})$ 作为一项改写成 $\left[\sigma_{nz}q(\lambda_{C_1})\right]_{cr}$，以表示这是 $\sigma_{nz}q(\lambda_{C_1})$ 的最大值，于是，式（11-17）改写为

$$\sin\alpha_1 = \frac{\left[\sigma_{nz}q(\lambda_{C_1})\right]_{cr}}{\sigma_{nz}q(\lambda_{C_1})}\sin\alpha_{1k} \tag{11-18}$$

式中：叶栅出口处的 $\sigma_{nz}q(\lambda_{C_1})$ 在一定的速度损失系数下，随出口的 λ_{C_1} 而变的关系曲线如图 11-9 所示。曲线族中每条曲线的最高点就表示 $\left[\sigma_{nz}q(\lambda_{C_1})\right]_{cr}$ 的数值，在等熵过程中，$\varphi=1$，$\sigma_{nz}=1$，则 $\left[\sigma_{nz}q(\lambda_{C_1})\right]_{cr}=1$。但在实际过程中，由于 $\varphi<1$，所以对应于每个 φ 的曲线的最高点，喉部的 $\left[\sigma_{nz}q(\lambda_{C_1})\right]_{cr}<1$。

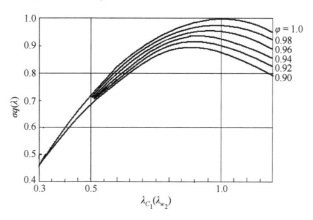

图 11-9 $\sigma q(\lambda)$ 随 λ_{C_1} 的变化关系

下面举例说明如何计算落后角 δ，如已知 $\alpha_{1k}=20°$，$\varphi=0.96$，$\lambda_{C_1}=1.15$，由图 11-9 可查得 $\left[\sigma_{nz}q(\lambda_{C_1})\right]_{cr}=0.955$，$\sigma_{nz}q(\lambda_{C_1})=0.912$，代入式（11-18）算得 $\alpha_1=21°$，所以落后角 $\delta=21°-20°=1°$。

图 11-9 的曲线也适用于计算工作轮超临界流态时出口的气流角。这时，代之以 λ_{W_2} 和 β_2，则式（11-18）变为

$$\sin\beta_2 = \frac{\left[\sigma_r q(\lambda_{W_2})\right]_{cr}}{\sigma_r q(\lambda_{W_2})}\sin\beta_{2k} \qquad (11\text{-}19)$$

第 12 章 级的基本理论

涡轮的工作原理和燃气在涡轮中的流动过程,可以说在基元级的工作过程中已基本上得到了反映。把沿叶高不同半径上的"基元级"叠加起来,就形成了涡轮级。不同半径上的基元级的工作特点各不相同,因此,现在的问题就是要找出各基元级间的相互关系,从而确定整级的工作。从气动上看,就是寻找级中空间气流参数沿径向的分布规律。

下面就先从这个问题讲起,然后再讨论级的流动损失和气动计算的有关问题。

12.1 级空间的气流组织

这里的内容和压气机中所讲的有很多地方是相类似的,因此不再做过多的重复。和分析压气机中的气流一样,所谓涡轮级中的气流组织,也是只限于组织动叶和静叶两排叶片轴向间隙中那一小块空间的气流。

如假定轴向间隙中那一小块流体沿圆柱表面流动,并认为喷嘴环进口的气流参数沿径向是均匀的,那么,气流必须满足简化径向平衡方程式,即

$$\frac{dP}{dr} = \rho \frac{C_u^2}{r} \tag{12-1}$$

在满足简化径向平衡方程式(12-1)的条件下,可以得出轮缘功 L_u、轴向速度 C_a 和切向分速 C_u 沿径向分布的微分方程式(参见式(6-14),L_u 前面取 "−" 号),即

$$\frac{dL_u}{dr} + \frac{1}{2}\left[\frac{1}{r^2}\frac{d(C_u r)^2}{dr} + \frac{dC_a^2}{dr}\right] = 0 \tag{12-2}$$

从式(12-2)可以看出,L_u、C_a、C_u 三者之中只能任意规定两个沿径向的变化规律,而第三个则要按式(12-2)所确定的关系变化。下面简单介绍几种在涡轮叶片设计中常用的变化规律。

12.1.1 等环量叶片

和压气机中一样,L_u、C_a、C_u 沿径向的变化也是满足

$$\begin{cases} C_u r = 常数 \\ C_a = 常数 \\ L_u = 常数 \end{cases} \tag{12-3}$$

由速度三角形可得

$$\begin{cases} \tan\alpha_1 = \dfrac{C_{1a}}{C_{1u}} \\ \beta_1 = \arctan\dfrac{C_{1a}}{C_{1u}-U} \\ \beta_2 = \arctan\dfrac{C_{2a}}{C_{2u}+U} \end{cases} \quad (12\text{-}4)$$

根据式（12-4），可以得出 α_1、β_1 和 β_2 沿径向的变化关系。由于 C_{1u} 和 C_{2u} 沿径向减小，C_{1a} 和 C_{2a} 沿径向不变，所以 α_1 和 β_1 沿径向增大，而 β_2 则沿径向减小。对于压气机的等环量叶片，β_1 沿径向是减小的。因此，必须注意，由于压气机和涡轮工作特点不同，虽然 C_a 和 C_u 沿径向的分布规律都是一样的（这是共性），可是其他参数（如上面指出的 β_1）却不相同了（这是特殊性）。

等环量叶片的优点是：流动是无旋的，并且 C_a 分布均匀，所以效率较高，而且计算简便，与实测数据比较一致。

等环量叶片 C_{1u} 沿径向（叶高）变化急剧，必然导致 P_1 沿径向变化急剧，在工作轮出口气流接近轴向流出的情况下，P_2 沿径向变化不大。因此，反力度沿径向变化急剧。对于轮毂比 $\bar{d}$ 较小的长叶片而言，根部可能出现负反力度，这会导致涡轮根部基元级效率急剧下降，这种情况在涡轮设计中一般是不允许的。

分析角度 α_1、β_1 和 β_2 沿径向的变化，也得到同样的结果。等环量叶片的 α_1 和 β_1 沿径向的变化都比较急剧，叶片越长越突出。特别是 β_1 和 β_2 的变化相反，所以就极易在根部基元级中出现 $\beta_2 > \beta_1$。这时，叶片通道就不是均匀收敛，而出现了局部扩压通道，从而使损失增加，这是不利的。因此，等环量叶片适用于叶片较短的前面级。

从图 12-1 可以看出涡轮叶片叶型的扭向，上、中、下分别为叶尖、叶中和叶根，安装角由大变小（注意：此图中安装角的定义为叶型弦线与轴线的夹角，与前面不同）。

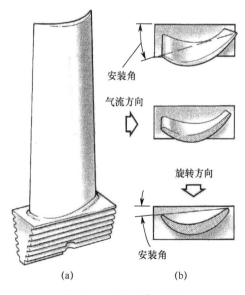

图 12-1　涡轮叶片的扭向

12.1.2 等 α_1 叶片

除了等环量叶片外,在涡轮中还常采用 α_1=常数的叶片,这种叶片的特点在于沿叶高满足

$$\begin{cases} \alpha_1 = 常数 \\ L_u = 常数 \end{cases} \quad (12\text{-}5)$$

将式（12-5）代入式（12-2）并积分,则可得出喷嘴环出口处 C_{1u}、C_{1a} 的分布规律,即

$$\begin{cases} C_{1u} r^{\cos^2 \alpha_1} = 常数 \\ C_{1a} r^{\cos^2 \alpha_1} = 常数 \end{cases} \quad (12\text{-}6)$$

由式（12-6）可知,C_{1u} 和 C_{1a} 均随半径增大而减小,C_{1u} 沿径向的变化比在等环量规律下的变化缓和。和等环量叶片相比,这两个因素都能改善反力度和喷嘴环出口马赫数 M_{c1} 等参数沿叶高变化急剧的缺点。尤其对于避免根部负反力度问题,采用等 α_1 扭向规律比等环量规律有明显改善,因而,对 α_1 较小的长叶片较为适用。

工作轮出口参数可根据 $L_u = U(C_{1u} + C_{2u})$ 沿半径不变的条件,以及积分式（12-2）得到,这里不详述。

等 α_1 叶片的优点是:喷嘴环是直叶片,便于加工而且便于做成空心叶片,进行内部冷却,在有的发动机结构设计中,还通过这种不扭的喷嘴环叶片,安装承力支杆。

12.1.3 通用扭向规律

与压气机中一样,对于涡轮叶片的多种扭向规律也可以由一个通式表示,这个通式可写为

$$\begin{cases} C_{1u} r^m = 常数 \\ L_u = 常数 \end{cases} \quad (12\text{-}7)$$

式中:m 为常数。当 $m=1$ 时,就得到等环量扭向规律;当 $m = \cos^2 \alpha_1$,就得到等 α_1 扭向规律。

因此,只要根据具体设计要求,在 $\cos^2 \alpha_1 \leqslant m \leqslant 1$ 选定 m 值,就可得到介于等环量与等 α_1 之间的扭向规律,这种规律也称为中间规律。对于轮毂比 $\bar{d}$ 很小的长叶片,若采用等 α_1 规律,工作轮叶片根部仍不能避免出现负反力度时,还可在小于 $\cos^2 \alpha_1$ 大于零的范围内选取 m 值。实践证明,选取较低的 m 值可以使根部截面反力度增加。

20 世纪 60 年代中期开始采用完全径向平衡方程计算涡轮流场,并采用可控涡设计,这样的设计能保证涡轮具有较大的作功能力,而且在根部截面不出现负反力度。下面简单介绍一下可控涡设计的概念。

12.1.4 可控涡设计概念

所谓可控涡设计方法,指的是规定环量（或称控制旋涡）沿叶片高度按一定规律变化,以便获得反力度沿叶高较缓慢变化的长叶片设计方法。显然,采用"可控涡"的基

础是运用能够反映变功、变熵和流线曲率等因素对流场影响的三元流场计算方法。

涡轮流场计算所遵循的基本方程组和压气机中的完全一样，因而，可以借鉴压气机三元流场计算方法。在涡轮计算中，从叶片到叶片的流场情况（即 S_1 流面问题）的计算，以及子午面流场或 S_2 流面流场的流动参数计算已有相当大的发展。

从计算方法的角度看，可以采用流函数法（通流矩阵法），也可以采用流线法（流线曲率通流法或流线曲率管流法）等求解涡轮流场，和压气机中采用的一样，这里不再赘述。

为了说明"可控涡"的设计概念，这里列出涡轮子午面流场的径向运动方程，即

$$\frac{1}{\rho}\frac{\partial P}{\partial r} = \frac{C_u^2}{r} + C_m^2\left(\frac{\cos\phi}{R_m} - \frac{\sin\phi}{C_m}\frac{\partial C_m}{\partial m}\right) \quad (12\text{-}8)$$

式中　m——子午面流线；

　　　C_m——子午面上的气流速度分量；

　　　R_m——子午面流线的曲率半径；

　　　ϕ——C_m 与轴线方向的夹角；

　　　r——所考虑的气体微团离轴线的距离。

式（12-8）中的压力变化如果用焓和熵的变化表示，则可改写为

$$\frac{\partial C_m}{\partial r} = \frac{1}{C_m}\left\{\left[\frac{\partial h^*}{\partial r} - T\frac{\partial S}{\partial r}\right] - \frac{C_u}{r}\frac{\partial (C_u r)}{\partial r}\right\} - C_m\left[\frac{\cos\phi}{R_m} - \frac{\sin\phi}{C_m}\frac{\partial C_m}{\partial m}\right] \quad (12\text{-}9)$$

由式（12-8）或式（12-9）可知，通过控制环量 $C_u r$、流线曲率 $1/R_m$ 和流线斜率 $\tan\phi$ 等，就可以控制气流压力沿径向的分布，即控制反力度沿叶高的变化，甚至做到使反力度沿叶高变化不大。

可控涡设计方法有以下几方面的好处。

（1）由于反力度沿叶高分布较均匀，提高了根部反力度，降低了顶部反力度，从而改善工作轮根部的流动状态并减小顶部径向间隙的漏气量（关于漏气损失，下面还要讲到）。

（2）由于提高了根部反力度和降低了顶部反力度，所以可使喷嘴环根部出口 M 数和工作轮顶部出口 M 数相应减小。这样，如果在这两处原为超声速流动，则可使它们变为亚声速流动，从而使流动的损失减小。如果在这两处按常规方法设计得到了亚声速流动，则采用可控涡设计可使级的焓降提高，增加单级作功能力。

（3）反力度均匀化的结果使喷嘴环叶片表面附面层内的潜移现象减弱，从而避免了过多的附面层在根部的堆积，这对降低叶片根部的能量损失也是有好处的。

12.2　级的流动损失

涡轮级中所遇到的流动损失有如下几种。

（1）叶型损失，亦即基元级中的流动损失。

（2）环面附面层引起的摩擦损失和对涡损失。

（3）潜流损失，如图 12-2 所示，以上几种损失和压气机中的相类似。

（4）漏气损失。这是和压气机中的情况不同的，对于涡轮来说，工作轮进口压力高于出口压力，希望气流流经工作轮通道与叶片相互作用而产生轮缘功。但是，部分气流直接从径向间隙流过（图12-3），并没有产生轮缘功，从而损失掉部分能量。

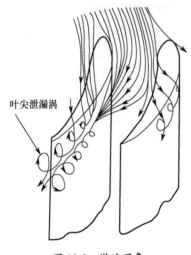

图12-2　潜流现象

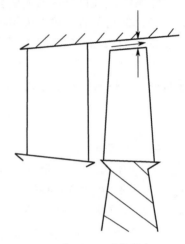

图12-3　漏气损失

在涡轮级中，除了上述第一项叶型损失外，其余各项损失统称为"二次损失"，而且和压气机中一样，把它平均分配到不同半径上的各基元级中。在涡轮气动设计中，一般用二次损失系数δ_{se}考虑二次损失的大小。扣除二次损失以后每千克燃气由涡轮轴实际输出的功称为涡轮功，用L_T表示，即

$$L_T = \delta_{se} L_u \tag{12-10}$$

单级涡轮的δ_{se}一般在0.97~0.98范围内。

12.3　涡轮效率和涡轮功率

为了表达涡轮级中的损失大小，在涡轮气动设计中一般采用"滞止绝热效率"，它是涡轮功L_T和滞止等熵功L_i^*之比，即

$$\eta_T^* = \frac{L_T}{L_{i,T}^*} = \frac{\delta_{se} L_u}{L_{i,T}^*} \tag{12-11}$$

根据目前气动设计和工艺水平，单级涡轮的效率$\eta_T^* = 0.88 \sim 0.91$。

为了提高涡轮效率，也就是提高每千克燃气所做的轮缘功，就必须设法减少叶型损失和二次损失。在减少二次损失方面，目前采取的措施有如下方面。

（1）安装轮箍（带冠叶片）以减少潜流损失，如图12-4所示。

（2）安装封严篦齿装置（又称迷宫）以减少漏气损失，如图12-5所示。

（3）主动间隙控制，从低压压气机/风扇引气，在涡轮外部冷却涡轮机匣，控制机匣的变形，使得叶尖间隙时刻处于最佳（图12-6）。

对于涡轮来说，不但要知道每千克燃气所做的涡轮功L_T，还要知道轴上所发出的总

功率是多少。由式（12-11）可得

$$L_T = \delta_{se} L_u = \eta_T^* L_{i,T}^*$$

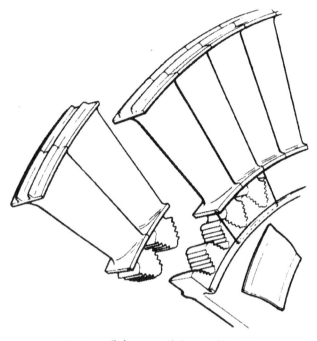

图 12-4 带有叶冠和篦齿的工作轮叶片

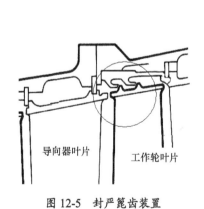

图 12-5 封严篦齿装置

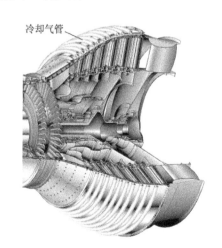

图 12-6 涡轮主动间隙控制

由于

$$L_{i,T}^* = \frac{k'}{k'-1} R' T_1^* \left(1 - \frac{1}{\pi_T^{*\frac{k'-1}{k'}}} \right) \quad (12\text{-}12)$$

所以涡轮功为

$$L_T = \frac{k'}{k'-1} R' T_1^* \left(1 - \frac{1}{\pi_T^{*\frac{k'-1}{k'}}}\right) \eta_T^* \tag{12-13}$$

式中 $\pi_T^* = \dfrac{P_1^*}{P_2^*}$——落压比或膨胀比；

T_1^*、P_1^*——涡轮进口的总温、总压；

P_2^*——涡轮出口总压。

如果这时流过涡轮的燃气流量为 $\dot{m}_g$，那么，涡轮在它的转轴上发出的总功率 N_T 就可按下式求得，即

$$N_T = \dot{m}_g L_T \tag{12-14}$$

或

$$N_T = \dot{m}_g \frac{k'}{k'-1} R' T_1^* \left(1 - \frac{1}{\pi_T^{*\frac{k'-1}{k'}}}\right) \eta_T^* \tag{12-15}$$

12.4 单级涡轮气动设计简介

涡轮气动设计的内容与压气机气动设计相仿，包括流程计算、级的详细计算和叶片造型，也同样要求在输出功大（涡轮功大）的同时，考虑到质量小、尺寸小、效率高以及工作可靠等。当然，涡轮也有自己的特点。由于在涡轮中气流是膨胀的，附面层不易分离，每千克燃气通过一级涡轮时可发出高达 300kJ 的功，所以涡轮级数往往很少。压气机增压比在 6 以下时，单级涡轮就可以胜任。涡轮的另一特点在气动设计中必须加以考虑，就是它的工作条件十分恶劣：高工作温度、高转速。一个叶片维持旋转所需的向心力可达本身质量的几万倍，而且还要在高温下工作，所以对强度问题不可等闲视之，而必须把它作为气动设计的一部分加以考虑。

12.4.1 参数选择

与涡轮的功率、效率、强度、质量、尺寸直接有关的参数主要有载荷系数 $\bar{H}_T$、反力度 Ω_T、喷嘴环出口气流角 α_1 及轴向速度比 C_{1a}/C_{2a}，这些也就是前面提到的决定基元级速度三角形的参数。此外，流程形式对涡能性能也有一定的影响，现在把这些参数如何影响涡轮性能的情况及目前使用的数值范围简述如下。

1. 载荷系数 $\bar{H}_T$

载荷系数 $\bar{H}_T$ 可表示为

$$L_u = \bar{H}_T U^2$$

所以载荷系数越大，单级涡轮作功能力也越大。

由式（11-6）可得

$$C_{2u} = U\left(\frac{\bar{H}_T}{2} - (1-\Omega_T)\right)$$

并考虑到 $C_{2u} = C_{2a}\cot\alpha_2$，若令 $\bar{C}_{2a} = \dfrac{C_{2a}}{U}$，则上式可改写为

$$\bar{C}_{2a}\cot\alpha_2 = \left(\frac{\bar{H}_T}{2} - (1-\Omega_T)\right)$$

由此可见，当 $\bar{C}_{2a}$ 及 Ω_T 一定时，$\bar{H}_T$ 上升，使 α_2 下降，即使气流偏离轴线方向，这对单级涡轮和多级涡轮的末级都是不希望的,它将导致动能损失增大。所以 $\bar{H}_T$ 不能过大，目前，亚音涡轮平均半径上的 $\bar{H}_T$ 在 1.4～1.7 范围内选用。

2. 反力度 Ω_T

中径上反力度的选择与许多因素有关，反力度选得小一点，可以使涡轮工作轮的工作温度下降。但 Ω_T 太小，在叶根处可能出现扩压。Ω_T 还与 α_2 有关，所以必须进行综合考虑。计算表明，在其他各种参数适当配合下，Ω_T 在 0.2～0.3 范围内可以得到能够接受的 α_2 角。

3. 喷嘴环出口气流角 α_1

α_1 的大小直接影响叶片的长短，α_1 小则叶片长。因为叶片长度主要决定于流道的环形面积，由流量方程可得

$$A_1 = \frac{m_g\sqrt{T_1^*}}{\sigma_{nz}P_1^* Kq(\lambda_{c1})}\frac{1}{\sin\alpha_1}$$

由上式可见，α_1 角越小，则环形面积越大；反之，α_1 角越大，则环形面积越小。面积大则叶片长；反之，叶片就短。所以，对于小流量及高压比的发动机，α_1 应取得小一些，使叶片长一些，以减少二次损失；反之，流量较大时，α_1 宜适当取大，使叶片短一些，容易保证叶片强度。当然，这只是一个因素，α_1 的大小还直接与涡轮的输出功有关，从而可影响涡轮所需要的级数。目前，α_1 的大致范围为 22°～35°。

4. 轴向速度比 C_{1a}/C_{2a}

C_{1a}/C_{2a} 的大小也直接影响叶片的长度及通道的扩张角，所以在气动计算时，往往用改变这一数值来达到调整叶片长短，从而改善强度条件的目的，因为它的变动对全局计算影响较小。C_{2a} 也不能过大，对于涡轮喷气发动机来说，一般不要使 $\lambda_{C_{2a}}$ 超过 0.5～0.7。否则，将不能依靠降低涡轮后反压来增加涡轮的落压比，影响涡轮功储备（后面还要讲到这点）。目前，一般 C_{1a}/C_{2a} 在 0.7～0.85 选取。

5. 流程形式

这与压气机类似，有等内径、等外径、等中径之分。等外径通道的优点是：除 U 较大外，这种通道的叶片径向间隙不会因转子热膨胀而改变，对发动机安全运转有好处。其他通道可做类似分析。目前，大多数涡轮采用接近等中径的流程。

12.4.2 单级涡轮气动计算的步骤

涡轮气动计算的方法较多，下面介绍其中的一种。

单级涡轮气动计算时，已知参数为涡轮应发出功率 N_T(kW)、流量 $\dot{m}_g$ (kg/s)、涡轮前总压 P_1^* (N/m²)、涡轮前总温 T_1^* (K)、涡轮转速 n(r/min)、涡轮效率 η_T^*。在这些条件下，单级涡轮气动计算大致可分以下几步进行。

1. 决定涡轮的轮缘功

决定涡轮的轮缘功为

$$L_u = \frac{N_T}{\dot{m}_g \delta_{se}}$$

2. 求中径上的速度三角形

选定中径上的载荷系数 $\bar{H}_T$ 和反力度 Ω_T，按式（11-6）计算 C_{1u}、C_{2u}，按式（11-5）计算 U_m。再选定一个 C_{1a}/C_{2a} 及一个 α_1，即可做出工作轮进出口处的速度三角形，从而可得有关的气流速度和气流角度。

3. 求工作轮进口尺寸

由流量方程可得

$$\dot{m}_g = \frac{KP_z^* \sigma_{nz} q(\lambda_{c1}) A_1 \sin\alpha_1}{\sqrt{T_z^*}}$$

式中：$\sigma_{nz} = \dfrac{\pi(\lambda_{C_1}/\varphi)}{\pi(\lambda_{C_1})}$，$\varphi$ 为喷嘴环速度损失系数，可求得 A_1，而

$$D_m = \frac{60 U_m}{\pi n}$$

则

$$D_t = \sqrt{\frac{2A_1}{\pi} + D_m^2}$$

$$D_h = \sqrt{D_m^2 - \frac{2A_1}{\pi}}$$

工作轮进口叶片高 $L_1 = (D_t - D_h)/2$。为了满足强度要求，一般 D_m/L_1 取值为 4.5～5.5。

4. 求涡轮落压比及验算效率

因为

$$P_1 = P_{1r}^* \pi(\lambda_{W_1}) = P_1^* \pi(\lambda_{C_1})$$

则

$$P_{1r}^* = P_1^* \frac{\pi(\lambda_{C_1})}{\pi(\lambda_{W_1})}$$

而

$$P_{2r}^* = P_{1r}^* \cdot \sigma_r$$

式中：$\sigma_r = \pi(\lambda_{W_2}/\psi)/\pi(\lambda_{W_2})$，$\psi$ 为工作轮速度损失系数。

同样，由于

$$P_2 = P_{2r}^* \pi(\lambda_{W_2}) = P_2^* \pi(\lambda_{C_2})$$

则
$$P_2^* = P_{2r}^* \frac{\pi(\lambda_{W_2})}{\pi(\lambda_{C_2})}$$

即可得落压比为
$$\pi_T^* = \frac{P_z^*}{P_2^*}$$

验算效率为 $L_{i,T}^* = \frac{k'}{k'-1} R'T_1^* \left(1 - \frac{1}{\pi_T^{*\frac{k'-1}{k'}}}\right)$

$$\eta_T^* = \frac{N_T}{\dot{m}_g L_{iT}^*} = \frac{N_T}{\dot{m}_g} \bigg/ \frac{k'}{k'-1} R'T_1^* \left(1 - \frac{1}{\pi_T^{*\frac{k'-1}{k'}}}\right)$$

对单级涡轮 η_T^* 值应达到 0.88~0.9。

5．求工作轮出口尺寸

由流量方程可得
$$\dot{m}_g = \frac{KP_2^* q(\lambda_{c2}) A_2 \sin\alpha_2}{\sqrt{T_2^*}}$$

即可求得 A_2。再根据选定的通道形式，可求出工作轮出口处内、外径，从而求出工作叶片出口处的高度 L_2。

做出工作轮的通道图（图 12-7），并测量通道的扩张角 γ_t 和 γ_h。为了避免气流分离，这两个角度一般应为 15°～18°。

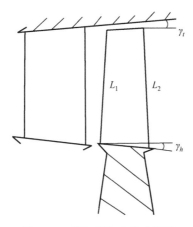

图 12-7 单级涡轮通道示意图

6．验算强度

初步验算，只能按叶片拉应力的大小计算，再给以较大的安全系数。

求涡轮转子叶片叶根处离心应力的经验公式为
$$\sigma_p = 14.7 n^2 A_2 \Phi \times 10^{-6} \text{MPa}$$

即拉应力与发动机转速 n 的平方成正比，与出口面积（A_2 反映叶高）成正比。其中 $\varPhi$ 是考虑叶片截面积沿叶高变化规律的一个系数。如叶片截面积沿叶高减少，则拉应力可以小一些，需要乘上一个小于 1 的因子。如图 12-8 所示，图中 $\mu = A_t/A_h$，是叶尖截面积与叶根截面积之比；D_m/L_1 为中径与叶高的比值，对于同一叶高中径越大，$\varPhi$ 值越大。

叶片的许用应力决定于材料、发动机寿命、气体温度沿叶高的分布以及叶片的冷却情况。图 12-9 所示为某几种耐热材料的强度 $\sigma_{0.2}$，随叶片根部温度 T_h 而变化的曲线。其中 T_h 一般取为 $0.95 T_r^*$，系数 0.95 主要考虑叶片向榫头的传热，从而减低叶片本身的温度。根据图上查得的许用应力，即可求出安全系数为

$$K = \frac{\sigma_{0.2}}{\sigma_p}$$

安全系数 K 一般取值为 1.4～1.5。这里安全系数之所以比一般规定高，是由于上述计算叶片应力时未考虑气动弯曲应力等项。如果强度不合格，但相差不多，可另选 C_{1a}/C_{2a}，如相差甚多，就要重新选择较大的喷嘴环出气角 α_1，进行重算，直到合格为止。

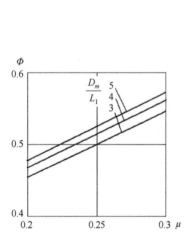

图 12-8　系数 $\varPhi$ 随 μ 的变化关系

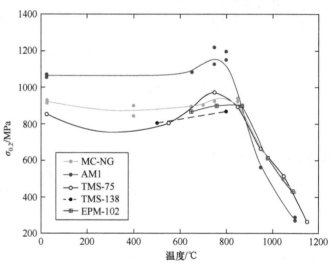

图 12-9　几种单晶镍基合金材料的强度

第 13 章 多级轴流涡轮

当压气机的增压比在 6 以下时，一般用单级涡轮带动压气机已经足够。随着高增压比（目前已达 50 甚至还要高）和大流量发动机的出现，涡轮已逐渐向多级发展，例如，美国的 JT3D-3B 涡轮风扇发动机共有四级涡轮，其中第一级高压涡轮带动七级高压压气机，余下的三级涡轮则带动两级风扇和六级低压压气机。GEnx 则有两级高压涡轮，七级低压涡轮，分别带动十级高压压气机、一级风扇/四级压气机。

一般来说，如果一级涡轮能够提供带动压气机和附件所需的功率，应该尽量采用单级，因为级数多，就有可能使发动机重量增加。

13.1 采用多级的原则

采用多级涡轮的情况可能有如下几种。

(1) 单级功率不够。

(2) 亚音轴流式压气机由于受到 $M_{w1}<1$ 的限制，圆周速度一般较低。如果为了采用单级涡轮而过分加大圆周速度，则势必造成涡轮的直径比压气机的直径超出很多，使发动机的迎风面积增大，这显然是不利的。这时，就应考虑采用多级涡轮，减低圆周速度，从而使涡轮的外径减小。

(3) 当涡轮的最大尺寸受到限制或者需要保证一定的效率时，也不宜采用单级。

13.2 主要参数在各级中的分配

多级涡轮是单级涡轮的组合，这是很清楚的。但是，必须考虑到各级之间的相互联系，以及涡轮与紧接在它后面的尾喷管的协调工作等。例如，在已知总涡轮功（亦即总焓降）的情况下，如何在多级中分配焓降就必须从效率、叶片长短和尾喷管的配合等方面来考虑。一般来说，采用膨胀功（亦即焓降）逐级下降为佳，因为它有如下的优点。

(1) 末级功小，易使末级出口气流接近轴向，能量损失较小。对于带加力燃烧室的发动机，可以减少进口扩压段的整流损失。

(2) 第一级功大则焓降大，反力度一定时，第一级喷嘴环中气流的膨胀功就大，气流在喷嘴环中的温度降低就多，第一级工作叶片以及后面多级工作叶片温度就低，对强度有利。

当然，这种分配方法也有缺点。第一级的轴向速度一般较低，α_1 较小，若分配的功大，则气流的转折角大，流动损失大。但由于涡轮再生热的特点，第一级损失的能量在后面级还可以部分利用，所以这种分配膨胀功的方式常被采用。

关于 α_1 的大小，一般是前小（18°～25°）后大（30°～35°）。这就使得前面级的叶片不致过短（二次损失较小）和后面级的叶片不致过长（容易保证强度），以及流道的扩张变化也较和缓。

中径上的反力度也是前小后大。在焓降前大后小的分配方案下，第一级的 Ω_T 小就可以降低工作轮前的温度。这里叶片又短，所以 Ω_T 可以小一些。后面几级 Ω_T 要选得大一些，则是为了避免叶根出现负的反力度。

关于流程形式已在前面提到，有等内径、等外径、等中径之分，如图 13-1 所示。

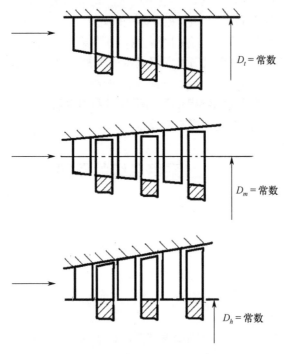

图 13-1　多级涡轮流程形式

除了这 3 种基本形式外，得到较为广泛采用的还有折中方案（内径、中径、外径都不是常数）和组合方案（如前几级用等中径，后几级用等外径）。

在选择流程形式时，还要考虑它对重量和扩张角的影响。显然，等外径流程的扩张角最大，等内径次之，等中径最小。

13.3　多级涡轮的绝热效率比平均级效率高

目前，多级涡轮的绝热效率 $\eta_T^* = 0.91\sim 0.94$，比单级效率高 1%～3%。

为了说明多级涡轮绝热效率比单级高，下面看一下一个三级涡轮的 T-S 图（图 13-2），图中 P_I^*、P_II^*、P_III^* 分别为各分级进口的总压。由图可见，多级涡轮的流动损失等于各分级涡轮的流动损失之和，即

$$L_{fT} = \sum_{i=1}^{3} L_{f,i}$$

多级涡轮的多变功等于各分级涡轮的多变功之和，即

$$L_{nT} = \sum_{i=1}^{3} L_{n,i}$$

此外，多级涡轮的焓差等于各级焓差之和，即

$$\Delta h_T = \sum_{i=1}^{3} \Delta h_i$$

而各级的焓差与流动损失之和即为该级的多变膨胀功，亦即

$$\sum_{i=1}^{3} h_i + \sum_{i=1}^{3} L_{f,i} = \sum_{i=1}^{3} (h_i + L_{f,i}) = \sum_{i=1}^{3} L_{n,i}$$

同时，多级涡轮的轮缘功也等于各分级涡轮的轮缘功之和，即

$$L_{uT} = \sum_{i=1}^{3} L_{u,i} \tag{13-1}$$

但是，多级涡轮的滞止等熵膨胀功，已不是各分级的绝热功之和了。由图 13-2 可见，第一分级的滞止等熵膨胀功为

$$L_{i,1}^* = \frac{k'}{k'-1} R' T_{\mathrm{I}}^* \left[1 - \left(\frac{P_{\mathrm{II}}^*}{P_{\mathrm{I}}^*} \right)^{\frac{k'-1}{k'}} \right]$$

这个数值与分级前是一样的。

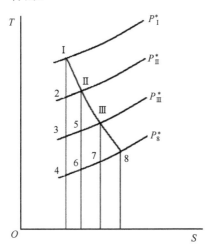

图 13-2　三级涡轮的 T–S 图

第二分级的滞止等熵膨胀功为

$$L_{i,2}^* = \frac{k'}{k'-1} R' T_{\mathrm{II}}^* \left[1 - \left(\frac{P_{\mathrm{III}}^*}{P_{\mathrm{II}}^*} \right)^{\frac{k'-1}{k'}} \right]$$

由于上一分级的流动损失中的一部分（再生热）把第二分级进口温度从分级前的 T_2^* 提高到 T_{II}^*，所以这个分级的滞止等熵膨胀功变大了。变大的数值就是面积 235Ⅱ。同样，第三分级的滞止等熵功也比不分级时加大了，即

$$L_{i,3}^* = \frac{k'}{k'-1} R' T_{\mathrm{III}}^* \left(1 - \left(\frac{P_8^*}{P_{\mathrm{III}}^*}\right)^{\frac{k'-1}{k'}}\right)$$

这是由于第一、二分级流动损失中的再生热把第三分级进口的温度由 T_3^* 提高到 T_{III}^*，这一分级滞止等熵功的增大量等于面积 347III，所以分级前与分级后，滞止等熵膨胀功之间有以下关系，即

$$L_{i,T}^* < \sum_{i=1}^{3} L_{i,i}^* \tag{13-2}$$

式中：前面的 i 表示等熵；后面的 i 表示分级序数。

考虑绝热效率的定义

$$\eta_T^* = \frac{\delta_{se} L_u}{L_{i,T}^*}$$

把各级间的关系代入式（13-1），可得

$$\frac{\eta_T^* L_{i,T}^*}{\delta_{se}} = \sum_{i=1}^{3} \left(\frac{\eta_T^* L_i^*}{\delta_{se}}\right)_i$$

若不计各级间 δ_{se} 的差别，并假定各分级的效率相等，用 η_{st}^* 表示，则

$$\eta_T^* = \eta_{st}^* \frac{\sum_{i=1}^{3} L_{i,i}^*}{L_{i,T}^*}$$

考虑到式（13-2）可得

$$\eta_T^* > \eta_{st}^*$$

即多级涡轮绝热效率高于平均级效率，可以从物理概念上说明这一现象。前面已经指出，在略去对外散热的情况下，涡轮实际膨胀过程由于"再生热"的作用，在相同的落压比下，膨胀终了的气体总温高于等熵膨胀终了的总温。在多变指数 n 值相同和落压比相同的情况下，气体的总温提高，则其所做的膨胀功增大，因此，在气体膨胀过程中发生的"流阻"损失，可在其以后的膨胀过程中回收一部分，落压比越大，则回收越多，涡轮效率也就越高。根据上述分析可以看出，关于涡轮效率的确切说法应该是：在多变线一定的前提下（多变指数 n 值一定），落压比越大，则涡轮效率越高，而和具体的涡轮级数无关，这也就是说，在多变线和落压比均为定值的情况下，将一级涡轮改成多级涡轮的做法，除了增加涡轮结构的繁杂外，并不能在效率方面带来好处。通常，合理的多级涡轮设计就意味着多变线的改进，因而效率可以提高。同时，合理的多级涡轮设计本身也意味着落压比大，因此，在一般情况下，人们关于多级涡轮效率高于单级涡轮效率的说法也是符合实际的。但是，绝不可以只根据级数的多少判断涡轮效率的高低。

根据上述分析可以看出，提高涡轮效率的正确途径在于减少气体流经涡轮的流阻损失，使多变线靠拢等熵线。合理的分级设计能够避免气流拐弯过大或马赫数过高引起的损失增大，使流阻减少。因此，在相同的落压比下，涡轮效率提高。

第 14 章 涡轮特性

14.1 涡轮的非设计工作状态

涡轮的气动设计计算都是针对涡轮的设计工作状态进行的,在这种设计工作状态下,通过涡轮的燃气,相对于叶片来说,气动参数和几何参数是一致的,是没有分离的,而且气体在通道中一般也没有局部扩压流动,因而效率也较高。涡轮的这种设计工作状态,一般相当于发动机的最大工作状态,或者额定工作状态。

但是,与压气机类似,涡轮常常是在与上述设计状态不同的工作状态下工作,称为非设计工作状态。涡轮工作状态的改变,可以由改变涡轮转速 n、涡轮前燃气总温 T_1^*、总压 P_1^* 和涡轮后反压 P_2 实现。n、T_1^*、P_1^* 和 P_2 就是决定涡轮工作状态的参数。

为了更好地了解和使用涡轮,就必须知道涡轮在非设计工作状态下,表征涡轮性能的基本参数(如涡轮功 L_T、燃气流量 $\dot{m}_g$、涡轮效率 η_T^*)与决定涡轮工作状态参数之间的关系,也就是说,要知道涡轮的特性。

下面首先分析一下涡轮在各种状态下的工作特点,下标 1 表示涡轮转子进口截面。

例如,发动机在启动过程中,转速低于设计值,落压比低,流量也小。流量小了必然使喷嘴环出口气流速度 C_1 减小。当 C_1 减小与转速 n 的降低成比例时。这时,速度三角形保持相似(图 14-1),气流流向叶片时无强烈撞击和分离。在大多数情况下,C_1 与 U 的变化不一定是成比例的,因而,气流进入叶栅的进口角 β_1 就会偏离设计方向。我们知道,决定涡轮工作状态的参数 n、T_1^*、P_1^*、P_2 的变化是各种各样的。然而,若从气流和叶片这一对矛盾来分析时,可分为以下 3 种情况。

(1) U/C_1 等于设计值(图 14-1(a))。这时,进口速度三角形与设计时的速度三角形相似,因而叶栅中不发生撞击和分离。

(2) U/C_1 大于设计值(图 14-1(b))。这时,叶栅进口攻角减小,为负值。若负值过大时,气流在叶盆上发生分离。试验表明,气流攻角负值低至 $-20°\sim-25°$ 以后才导致涡轮效率明显下降。

(3) U/C_1 小于设计值(图 14-1(c))。这时,叶栅进口攻角增加,为正值。若正值过大时,气流便在叶背上发生分离。试验表明,气流在叶背分离时对涡轮效率影响大,当气流正攻角达到 $12°\sim15°$ 时,便导致涡轮效率明显下降。

为了在定量估计涡轮在非设计状态工作时性能参数(L_T、$\dot{m}_g$、η_T^* 等)的变化,最好和压气机一样,用各种坐标将涡轮特性绘制成曲线形式,使用起来也比较方便。如果上述的特性线也能够用相似准则绘制出来,那么,这种特性线便是通用特性线。特性线又可以用数组的形式读入计算程序,以便用于计算。

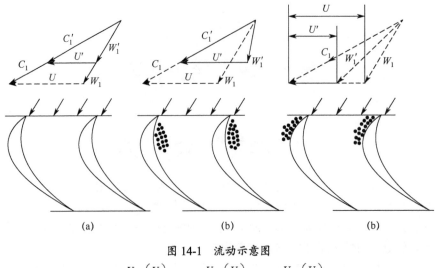

图 14-1 流动示意图

(a) $\dfrac{U}{C_1}=\left(\dfrac{U}{C_1}\right)_d$；(b) $\dfrac{U}{C_1}>\left(\dfrac{U}{C_1}\right)_d$；(c) $\dfrac{U}{C_1}<\left(\dfrac{U}{C_1}\right)_d$。

14.2 涡轮的相似工作条件

决定涡轮工作状态的独立变量至少有 4 个，如 T_1^*、P_1^*、P_2 和 n。与压气机中一样，用相似参数绘制的涡轮特性具有通用性，而可以不管单个 T_1^*、P_1^*、P_2 和 n 的绝对数值如何。同样，在涡轮中流动相似时，应满足几何相似，运动相似和动力相似。这些问题的讨论也和压气机相类似，这里不再一一讨论了。

涡轮中的动力相似，主要是要求对应的马赫数和雷诺数相等。关于马赫数相等，也分为 M_a 和 M_u 要对应相等。M_a 相应于 $\dot{m}_g\sqrt{T_1^*}/P_1^*$（称为流量相似参数），$M_u$ 对应于 $n/\sqrt{T_1^*}$（称为转速相似参数）。

对于几何相似的涡轮，当喷嘴环处于亚临界工作情况下，当其雷诺数大于自模化雷诺数（$Re = 3.5\times10^4 \sim 4.0\times10^4$）时，只要 $n/\sqrt{T_1^*}$、$\dot{m}_g\sqrt{T_1^*}/P_1^*$ 分别相等，其流动就相似。

当涡轮中流动状态相似时，对应位置上的对应物理量应成正比。所以，无因次参数落压比 $\pi_T^* = P_1^*/P_2^*$ 和效率 η_T^* 也应分别相等。由此可见，落压比和效率是转速相似参数和流量相似参数的函数，即

$$\pi_T^* = f_1\left(\dfrac{n}{\sqrt{T_1^*}},\dfrac{\dot{m}_g\sqrt{T_1^*}}{P_1^*}\right)$$

$$\eta_T^* = f_2\left(\dfrac{n}{\sqrt{T_1^*}},\dfrac{\dot{m}_g\sqrt{T_1^*}}{P_1^*}\right)$$

由于涡轮功是该部件的输出，也是人们设计它的目的，所以，特性中常可以有如下涡轮功的公式，即

$$L_T = \frac{k'}{k'-1} R' T_1^* \left(1 - \frac{1}{\pi_T^{*(k'-1)/k'}}\right) \eta_T^*$$

由于 π_T^* 和 η_T^* 都是 $\dfrac{n}{\sqrt{T_1^*}}$、$\dfrac{\dot{m}_g \sqrt{T_1^*}}{P_1^*}$ 的函数，则

$$\frac{L_T}{T_1^*} = f_3\left(\frac{n}{\sqrt{T_1^*}}, \frac{\dot{m}_g \sqrt{T_1^*}}{P_1^*}\right)$$

即 $\dfrac{L_T}{T_1^*}$ 也是 $\dfrac{n}{\sqrt{T_1^*}}$ 和 $\dfrac{\dot{m}_g \sqrt{T_1^*}}{P_1^*}$ 的函数。$\dfrac{L_T}{T_1^*}$ 称为涡轮功相似参数，显然，当涡轮中的流动相似时，涡轮功相似参数也为定值。

如果涡轮中的喷嘴环处于临界或超临界工作时，喷嘴环喉部形成了所谓阻塞状态，在这种情况下，喷嘴环进口马赫数虽然保持不变，而出口马赫数的大小和方向都会因涡轮后反压 P_2 的改变而变化。也就是说，即使在 M_a 和 M_u 均不变的前提下，由于喷嘴环出口马赫数的变化，造成工作轮进口相似条件无法保持，整个涡轮的相似工作状态遭到破坏。因此，在这种情况下，M_a（对应的 $\dfrac{\dot{m}_g \sqrt{T_1^*}}{P_1^*}$）失去了相似准则的意义，有必要采用另外一个相似条件代替 M_a，以保证整个涡轮的流动相似。

根据涡轮后反压 P_2 对流场的影响分析，可以用落压比 $\pi_T^* = P_1^*/P_2^*$ 代替 M_a 作为相似准则，这时的涡轮相似参数为 π_T^* 和 $\dfrac{n}{\sqrt{T_1^*}}$，而流量相似参数 $\dfrac{\dot{m}_g \sqrt{T_1^*}}{P_1^*}$ 和 $\dfrac{L_T}{T_1^*}$，以及 η_T^* 就是 π_T^* 和 $\dfrac{n}{\sqrt{T_1^*}}$ 的函数，即

$$\dot{m}_g \frac{\sqrt{T_1^*}}{P_1^*} = f_4\left(\frac{n}{\sqrt{T_1^*}}, \pi_T^*\right)$$

$$\frac{L_T}{T_1^*} = f_5\left(\frac{n}{\sqrt{T_1^*}}, \pi_T^*\right)$$

$$\eta_T^* = f_6\left(\frac{n}{\sqrt{T_1^*}}, \pi_T^*\right)$$

对于喷嘴环为亚临界流动的状态，上述式子也适用。所以上述关系式就是用相似参数表示的涡轮通用特性，按这种函数关系画成的曲线就是涡轮特性线。

14.3 单级涡轮的特性

图 14-2 所示为一个单级涡轮的特性线。

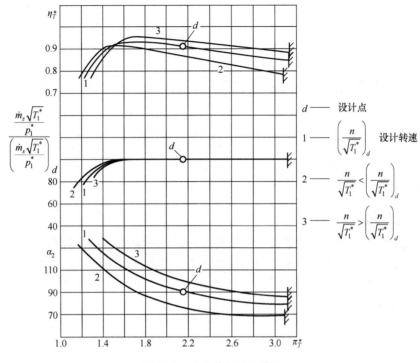

图 14-2 典型单级涡轮特性

先当 $\dfrac{n}{\sqrt{T_1^*}}$ 值不变（如为设计值）时，π_T^* 对涡轮性能参数的影响。随着级的落压比增大，喷嘴环中的压降也相应增大，从而引起了喷嘴环出口流速增大，所以 $\dfrac{\dot m_g \sqrt{T_1^*}}{P_1^*}$ 增大。但是，这只能继续到喷嘴环的压降接近临界（喷嘴环阻塞），或者位于其后的工作轮叶片通道的流动达到临界（工作轮阻塞）为止。再进一步增加 π_T^* 对 $\dfrac{\dot m_g \sqrt{T_1^*}}{P_1^*}$ 就不会有影响了。

π_T^* 变化时，η_T^* 的改变主要是由于速度三角形和攻角变化。例如，当 π_T^* 降低时，燃气流速减小，当 $n/\sqrt{T_1^*}$ 不变时，意味着 U/C_1 增大，而 $\alpha_1 \approx$ 常数，所以 β_1 角增大，攻角 i 减小。反之，当 π_T^* 增大时，β_1 减小攻角 i 增大。在某一个 U/C_1 值（设计值）下，$i \approx 0$，相当于 $(U/C_1)_d$ 点。在设计点附近，η_T^* 随 π_T^* 的变化不大，图 14-2 所示的 η_T^* 最大值是在 $(U/C_1) > (U/C_1)_d$ 时达到的。

涡轮功相似参数 L_T/T_1^* 随 π_T^* 的增大而增大，因为

$$L_T/T_1^* = \dfrac{k'}{k'-1} R' \left(1 - \dfrac{1}{\pi_T^{*(k'-1)/k'}}\right) \eta_T^* \tag{14-1}$$

主要取决于涡轮落压比 π_T^*，效率 η_T^* 的影响不大。

在图 14-2 中也画出了 α_2 的变化。π_T^* 增大引起工作轮中压降增大，因而，使流速 W_2 增大，而其方向实际上很少变化 ($\beta_2 \approx$ 常数)，从工作轮出口速度三角形得出 α_2 减小。

下面讨论 $\dfrac{n}{\sqrt{T_1^*}}$ 偏离设计值时，会有什么样的变化。

(1) 当 $\dfrac{n}{\sqrt{T_1^*}}$ 减小时，和设计 U/C_1 相适应的 λ_{C_1} 相应减小，所以 $\eta_T^* = f(\pi_T^*)$ 曲线向左移，最高效率值也有某些降低。

(2) 当喷嘴环超临界时，$\dfrac{n}{\sqrt{T_1^*}}$ 的变化对 $\dfrac{\dot{m}_g\sqrt{T_1^*}}{P_1^*}$ 无影响。但当喷嘴环中的气流是亚临界流动时，$\dfrac{n}{\sqrt{T_1^*}}$ 的下降，使 $\dfrac{\dot{m}_g\sqrt{T_1^*}}{P_1^*}$ 增大。当涡轮落压比一定时，可认为涡轮的轮缘功不变，当转速增加时，轮缘速度 U 增加，则 ΔC_u 必然减小，因为 C_{2u} 本身就很小，所以 C_{1u} 必然要减小，在 α_1 不变的情况下，C_{1a} 必然减小，因此流量减小。

(3) 当 π_T^*=常数时，降低 $\dfrac{n}{\sqrt{T_1^*}}$，使 α_2 减小，这可从分析速度三角形得出。

(4) 增大 $\dfrac{n}{\sqrt{T_1^*}}$ 对涡轮级主要性能参数的影响显然与上述结论相反，如图 14-2 中的曲线 3 所示。

涡轮级可能的工作范围是有限制的。如图 14-2 中曲线的右端所示，极限的 π_T^* 值相应于涡轮出口气流的轴流分速达到声速，即工作轮叶栅斜切口达到极限膨胀状态。

14.4　多级涡轮的特性

多级涡轮的特性和单级涡轮的相似，但因多级共同工作而另有一些特点。为了弄清这些特点，先分析多级涡轮在非设计工作状态下，多级落压比的分配和多级间作功量将会按怎样的比例变化，这对于分析双轴（以及多轴的）发动机的特性或了解发动机工作情况均很重要。

下面以一个三级涡轮为例（图 14-3）进行说明。

(1) 喷嘴环中气流都是亚临界流动时，当总落压比 π_T^* 减小时，各级落压比的变化将是怎样呢？

列出涡轮前的截面 1—1 和涡轮后的截面 2—2 的流量方程，即
$$C_{1a}A_1\rho_1 = C_{2a}A_2\rho_2$$
而
$$\frac{\rho_1}{\rho_2} = \left(\frac{P_1}{P_2}\right)^{1/n}$$
则
$$\frac{C_{2a}}{C_{1a}} = \frac{A_1}{A_2} \times \frac{\rho_1}{\rho_2} = \frac{A_1}{A_2}\left(\frac{P_1}{P_2}\right)^{1/n} \tag{14-2}$$

式（14-2）说明，涡轮在非设计状态工作时，当落压比 P_1/P_2 小于设计状态的落压比时，由于面积比 A_1/A_2 为定值，轴向速度比 C_{2a}/C_{1a} 要减小才能保证流动连续，并且落压比下降得越多，C_{2a}/C_{1a} 减小得也越多。从物理意义上说，因为在设计状态时，落压比比较大，膨胀做功后密度降低得也多，为了通过设计流量，涡轮出口圆环面积 A_2 要大于进口面积 A_1 才能保证流动连续。在上述非设计状态下，落压比小了，密度比也小了，这时气流要通过原来的出口面积，就必须减小轴向速度 C_{2a}，才能保持流动连续。在多级涡轮中越是后面的级，其轴向速度减小得越多，加之喷嘴环出气角 α_1 在非设计状态下变化不大，因此，喷嘴环出口速度必将减小得越多，这就使后面级涡轮作功能力和落压比降低很多，而前面级的轴向速度减小得最少。这一特点对双轴发动机的工作有好处，将在航空发动机原理课程中进一步讨论。

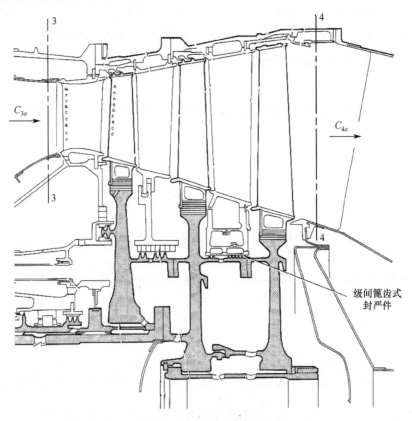

图 14-3　三级涡轮简图

当落压比增加，超过设计状态时，由式（14-2）可以看出，只有轴向速度比 C_{2a}/C_{1a} 增加才能保持流动连续，其原因是密度的降低将比设计状态时大，因而，出口环形面积显得小了，这样必然使 C_{2a} 的增加比 C_{1a} 的增加更快些才行，所以后面级的涡轮落压比的增加较前面级更多些。

因此，当各级喷嘴环为亚临界流动时，当总落压比 P_1/P_2 偏离设计状态时，不论是大了还是小了，对前面级，尤其是对第一级涡轮影响小，而对后面级涡轮影响大。同理，对单级涡轮而言，对喷嘴环影响较小，而对工作轮影响较大。

（2）随着涡轮的总落压比不断增加，如果各级涡轮喷嘴环出口都达到临界，同时发动机的尾喷管出口也达到临界，那么，落压比就不能再继续增加了，并且保持各级落压比不变。

综上两种情况，多级涡轮的落压比在很宽广的范围内变化时，第一级（或头几级）的压降实际上几乎不发生变化。下面通过图 14-3 中所示的曲线具体看看该三级涡轮在不同的工作状态下各级压降变化的特点。实线表示第一、二、三级的流量相似参数随 $\pi_{T,i}^*$ 的变化。对第一、二级来说，不仅画出了 $\dfrac{\dot{m}_g\sqrt{T_1^*}}{P_1^*}$ 值，而且也画出了 $\dot{m}_g\dfrac{\sqrt{T_2^*}}{P_2^*}$ 的值。这里的注脚"1"是指该级涡轮进口参数，注脚"2"是指该级涡轮出口参数。多级的这些值可通过下列简单的关系定出，即

$$\frac{\dot{m}_g\sqrt{T_2^*}}{P_2^*} = \frac{\dot{m}_g\sqrt{T_1^*}}{P_1^*}\frac{P_1^*}{P_2^*}\sqrt{\frac{T_2^*}{T_1^*}} = \frac{\dot{m}_g\sqrt{T_1^*}}{P_1^*}\pi_{T,i}^{*\frac{n+1}{2n}} \tag{14-3}$$

式中 n——涡轮中的燃气平均多变指数。

指数 $(n+1)/2n$ 值变化不大，可取为平均值 0.89。因为第 i 级的 $\dot{m}_g\dfrac{\sqrt{T_2^*}}{P_2^*}$ 值同时是跟着的第 $i+1$ 级的流量相似参数 $\dfrac{\dot{m}_g\sqrt{T_1^*}}{P_1^*}$，所以，如果任意给定末级的 $\pi_{T,i}^*$，不难定出所有前面级的 $\pi_{T,i}^*$，如图 14-4 中的箭头所示。由图 14-4 中看出，当某级的 $\pi_{T,i}^*$ 超过其临界值 $\pi_{T,icr}^*$ 之后，所有位于它前面的级的 $\pi_{T,i}^*$ 都将不变化，亦即涡轮中总的落压比改变，一般来说，不影响前面级的 $\pi_{T,i}^*$ 值，而只改变其后面级的 $\pi_{T,i}^*$。只当后面级处于亚临界时，前一级的落压比才有变化，但这一级还可能是临界。为了清楚说明起见，根据图 14-4 中的数据，图 14-5 中画出了这三级涡轮中各级 $\pi_{T,i}^*$ 随总落压比而变化的情况。

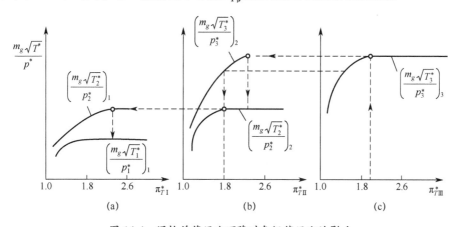

图 14-4 涡轮总落压比下降对各级落压比的影响

第一级的落压比随涡轮工作状态变化很小，使得燃气的流量相似参数 $\dfrac{\dot{m}_g\sqrt{T_1^*}}{P_1^*}$ 在很宽广的工作状态范围内保持不变，即

$$\frac{\dot{m}_g \sqrt{T_1^*}}{P_1^*} = 常数 \tag{14-4}$$

和单级一样，多级涡轮中 π_T^* 可能的变化范围受到 $\pi_{T\max}^*$ 的限制。它相应于末级出口燃气轴向分速度达到声速的状态。如果略去涡轮后气流方向与轴向的偏离，与此相应的 $q(\lambda_T)_{\max} \approx 1.0$，因此达到 $\pi_{T\max}^*$ 的条件可由流量方程得到，即

$$q(\lambda_T)\sin\alpha_T = \text{const} \cdot q(\lambda_1)\pi_T^{*\frac{n+1}{2n}} \tag{14-5}$$

式中：λ_1、λ_T 和 α_T 分别为涡轮进口的速度系数、涡轮出口的速度系数和出气角。

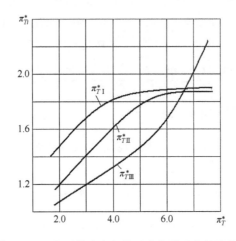

图 14-5　三级涡轮中各级落压比与总压比间的关系

那么，如果令 π_{Td}^* 和 $q(\lambda_1)_d$ 为设计状态下的 π_T^* 和 $q(\lambda_1)$ 值，并假定 $\sin\alpha_T \approx 1$，再应用式（14-4），则由式（14-5）可得

$$\pi_{T\max}^* = \pi_{Td}^* q(\lambda_T)_d^{-\frac{2n}{n+1}} \tag{14-6}$$

因此，$q(\lambda_T)_d$ 越小，$\pi_{T\max}^*$ 可超过 π_{Td}^* 越多。所以涡轮可以在 $\pi_T^* > \pi_{Td}^*$ 下工作，亦即存在着一定的涡轮功储备，即

$$L = \frac{1 - \dfrac{1}{\pi_{T\max}^{*\,(k'-1)/k'}}}{1 - \dfrac{1}{\pi_{Td}^{*\,(k'-1)/k'}}} \tag{14-7}$$

这是很重要的一条涡轮特性。由式（14-7）可见，L 大小取决于 π_T^* 和 $q(\lambda_T)$ 的设计值。所以一般涡轮的 λ_{Td} 取值为 $0.5\sim0.6$。

14.5　涡轮特性线的其他形式

前面所讨论的涡轮特性是把流量相似参数 $\dfrac{\dot{m}_g\sqrt{T_1^*}}{P_1^*}$、涡轮功相似参数 L_T/T_1^*、涡轮效

率 η_T^* 表示成转速相似参数 $\dfrac{n}{\sqrt{T_1^*}}$ 和落压比 π_T^* 的函数，画成涡轮特性线的。涡轮特性线还有其他的形式，因为相似参数还有别的表示方法。例如，可以用涡轮出口马赫数 M_{c4a} 或静落压比 (P_1/P_2) 作为相似准则，这是因为利用流量方程和气动函数关系可以方便地证明

$$M_{c2a} = f_1(M_a, P_1^*/P_2)$$
$$P_1/P_2 = f_2(M_a, P_1^*/P_2)$$

这样，决定涡轮工作的相似条件，可以从下列两组参数中按每组任选一个构成，即

M_{u2}；M_u；$U/\sqrt{T_2}$；$n/\sqrt{T_1^*}$；$\cdots$

M_{c2a}；P_1^*/P_2；P_1/P_2；P_1^*/P_2^*；$\cdots$

例如，可以选 $(M_{u2}, P_1/P_2)$、$(n/\sqrt{T_1^*}, P_1/P_2)$ 或 $(M_u, P_1^*/P_2)$ 等。但是，不能只在同一组中选取两个参数。例如，$\left(M_{c2a}, P_1^*/P_2\right)$ 虽然也有两个参数，但是不能保证涡轮工作相似。因为这两个相似参数都不反映涡轮工作轮旋转的特征，因而，不能保证气体流经涡轮工作轮处于相似工作状态。

在很多情况下，涡轮特性线用 $\dfrac{L_T}{n^2} = f\left(\dfrac{\dot{m}_g n}{P_1^*}, \dfrac{P_1^*}{P_2}\right)$ 函数关系画是合适的（图 14-6），特别是在研究涡轮喷气发动机中的压气机和涡轮的共同工作状态，从而确定整台发动机的特性时，因为在平衡状态，压气机与涡轮的 $\dot{m}_a(\dot{m}_g)$、n 和 $L_C(L_T)$ 是相同的（或接近相同），如果略而不计燃烧室中的压力下降，则

$$\dfrac{\dot{m}_g n}{P_{1,T}^*} = \dfrac{\dot{m}_a n}{P_{2,C}^*}, \quad \dfrac{L_T}{n^2} = \dfrac{L_C}{n^2}$$

式中　　$P_{1,T}^*$ 和 $P_{2,C}^*$——涡轮进口和压气机出口气流总压。

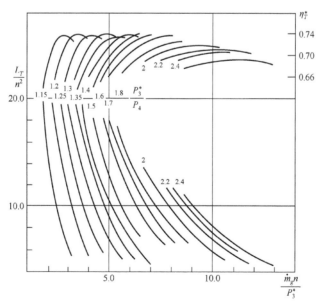

图 14-6　用 $\dfrac{L_T}{n^2}$、$\dfrac{\dot{m}_g n}{P_1^*}$ 和 $\dfrac{P_1^*}{P_2}$ 表示的涡轮特性线

另外,将涡轮和尾喷管联合在一起,进气道与压气机联合在一起。那么,压缩系统的增压比与膨胀系统的膨胀比应该相同。以发动机的压缩比和膨胀比为参数就可以画出涡轮和压气机的特性线图,如图14-7所示。从图14-7可以看出,两组曲线在压缩比和膨胀比相同的曲线交点就是压气机与涡轮的共同工作点,连接这些点的 a—a 曲线就是压气机与涡轮的共同工作线。

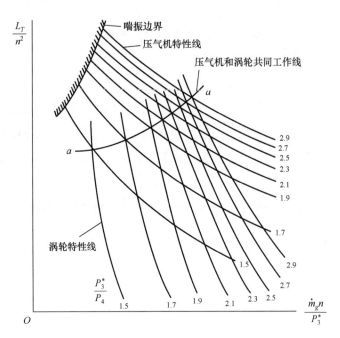

图14-7 用 $\dfrac{L_T}{n^2}$ 和 $\dfrac{\dot{m}_g n}{P_1^*}$ 表示的涡轮和压气机联合特性线

涡轮特性线也可以按 $\dfrac{P_1^*}{P_2} = f\left(\dfrac{\dot{m}_g n}{P_1^*}, \dfrac{n}{\sqrt{T_1^*}}\right)$ 函数关系画成如图14-8所示的曲线。由图14-8可以看出,等 $\dfrac{n}{\sqrt{T_1^*}}$ 线在高落压比 $\dfrac{P_1^*}{P_2}$ 区域内变化是很陡的,从物理上看,这是因为流量相似参数在高落压比区域几乎是不变的。

在图14-9上,用 $\dfrac{P_1^*}{P_2} = f\left(\dfrac{\dot{m}_g n}{P_2}, \dfrac{n}{\sqrt{T_1^*}}\right)$ 函数关系曲线表示涡轮特性线。这一曲线的优点是在于参数 $\dfrac{P_1^*}{P_2}$ 和 $\dfrac{\dot{m}_g n}{P_2}$ 之间是线性关系(当 $\dfrac{P_1^*}{P_2}$ 值很大时),这在涡轮研究工作中有很大方便。

涡轮特性线还有其他形式的表示方法,这里不一一列举了。

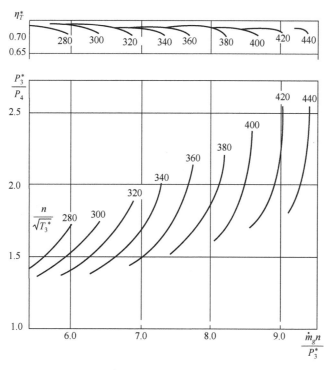

图 14-8 用 $\dfrac{P_1^*}{P_2}$、$\dfrac{n}{\sqrt{T_1^*}}$ 和 $\dfrac{\dot{m}_g n}{P_1^*}$ 表示的涡轮特性线

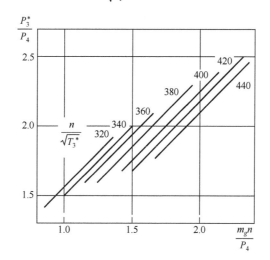

图 14-9 用 $\dfrac{P_1^*}{P_2}$、$\dfrac{n}{\sqrt{T_1^*}}$ 和 $\dfrac{\dot{m}_g n}{P_2}$ 表示的涡轮特性线

14.6 用转动喷嘴环的方法调节涡轮

旋转喷嘴环叶片是调节涡轮的有效方法之一，能够根据需要改变涡轮特性，可调喷嘴环目前已在一些辅助应用的涡轮和地面用的燃气涡轮中采用，但因为其结构复杂，至

今还未在航空发动机涡轮中应用,但无疑这是一种远景方案,在许多变循环发动机的方案中,都考虑采用可调的涡轮喷嘴环。

转动喷嘴环可有如下作用。

(1) 调节通过涡轮的流量。

(2) 按所希望的方向,改变速度三角形的形状。

(3) 重新分配各级涡轮的功。

因为喷嘴环只要转动几度就会使叶片间通道的喉部面积发生很大变化(图 14-10),所以调节第一级喷嘴环可以使流量相似参数在很大的范围内变化,这就有可能改善在各种不同的飞行条件下发动机中的压气机和涡轮工作的一致性。

转动喷嘴环时,α_1 和反力度随之发生变化,使整个叶高上基元级的速度三角形都变形了,因此级效率降低(在喷嘴环转动中,由于存在端面间隙,还有附加的效率下降)。在转动叶片减小 α_1("关闭")时,效率下降特别明显,因为这时气流对工作轮叶片的攻角增大,同时级的反力度减小,都使效率下降。

但对多级涡轮来说,当它在比设计 π_{Td}^* 小的 π_T^* 下工作时,末级的压降下降得很剧烈,使 U/C_1 急剧增大,结果造成效率大大下降。在这种情况下,"关闭"末级喷嘴环可能使末级的压降和 C_1 值上升,使末级和整个涡轮的效率上升。

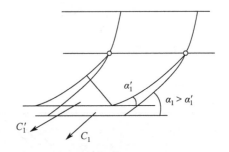

图 14-10 转动涡轮喷嘴环示意图

利用图 14-4 中的曲线可以分析调节喷嘴环对各级间压降分配(相应地对功的分配)的影响。例如,打开第一级喷嘴环(点画线),使 π_T^* 下降,即减少了第一级中的总焓降(功)。打开第二或第三级喷嘴环,就使该级的前面级的焓降分量增大。这一调节方式可作为控制多轴燃气涡轮发动机中压气机和涡轮共同工作的有效手段。

第 15 章　涡轮冷却

提高涡轮进口温度是提高燃气涡轮发动机性能的有效措施。因此，采用更高的涡轮进口温度是发动机设计的一个重要目标，但这在很大程度上却要受到涡轮部件材料（特别是叶片）强度的限制。很久以来，涡轮材料就在不断改进，根据统计数据，涡轮进口温度的改进大约每年提高 10℃。在 1960 年左右引入气冷涡轮后，涡轮进口温度提高的幅度就大大增加了，平均每年提高 20~30℃。目前的航空燃气涡轮发动机的涡轮进口温度有的已达 1800~2000K，如 TF-39 为 1580K，JT9D 为 1620~1640K。一些实验发动机则正以接近化学恰当比下燃烧的温度工作（在 2000~2500K 范围内）。因此，为了适应这一要求，各种形式的冷却方案，各种复杂的冷却通道相继出现，从而对材料、对工艺都提出了新的要求。

在任何涡轮冷却设计中，必须使叶片上的热平衡能保证叶片温度不超过给定金属材料的温度极限。目前，在航空燃气涡轮中广泛采用的是开式冷却系统，冷却气体从压气机引出，冷却涡轮后排入涡轮通道的燃气中。这一方案比较简单，结构上容易实现，缺点是引走了部分经过压气机压缩的气体，消耗能量，而且随着增压比和飞行速度的增加，冷却气体本身温度增高，冷却效果变差。下面简单介绍这种冷却系统的几种冷却方式。

图 15-1 是一种气冷涡轮的简图。从压气机引出的气体通过叶根进入叶片，涡轮盘和机匣同时也被冷却。冷却气体可以用各种不同的方法使用，如对前缘内表面的冲击冷却（实质上也是对流冷却的一种），叶片内表面对流冷却，冷却气体从小孔或缝隙流出，在叶片表面形成一层气体薄层，称为气膜冷却。还有一种称为发散冷却，被冷却的叶片壁面是用多孔材料制成的，冷却气体通过多孔壁均匀地从叶片各处排出，在叶片外表面形成气膜。气膜冷却和发散冷却的目的是通过气膜隔热，减少燃气对叶片表面的热交换，而对流冷却则是利用内部的冷却气体进行换热的办法，使叶片温度低于燃气温度。

冷却气流可能从 3 个方面影响涡轮效率，使涡轮效率降低。

（1）从叶片流出的冷却气体会改变叶片的阻力特性，可能增加阻力。

（2）冷却气体在流过冷却通道时有压力损失，因此，当它进入下游混合时，其滞止压力较低，使混合后的燃气压力下降，混合时还有附加损失。

（3）因为从热的主流到冷却气体之间有热交换，燃气的膨胀功减小。

冷却气体可以从叶片的不同部位排出，它们对涡轮性能的影响不同。采用从前缘排出的方式，冷却气体可冷却叶片最热的地方，并在前缘附近形成一层空气薄层；保护了叶片表面，其冷却效果最好，但影响了主流的进气方向，改变了攻角；从尾缘排出的方式，可吹除叶片后的尾迹，使尾部附近附面层有减薄的趋势，但为安排此出气孔，可能使尾缘厚度增加，这又是加大尾迹的因素。冷却气体流量 $\dot{m}_{cl}$ 占通过压气机的气体流量 $\dot{m}_a$ 的百分数增加时，涡轮效率下降，但采用尾缘排出冷却气体的方法使涡轮效率降低得最少，这说明尾缘排出冷却气体对吹除尾迹、旋涡和附面层的作用最大。某些实验指出，当尾缘厚度不变时，从尾缘排出的冷却气体量大到一定值时（有一定的范围），甚至可以使效率有一定的回升。排出部位放在叶型的高速区时，容易造成主流的燃气流动紊乱，使效率降低最多。

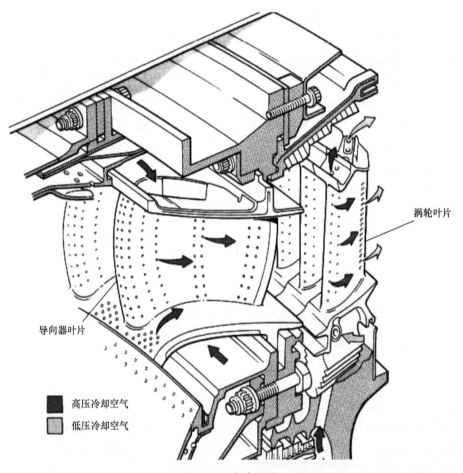

图 15-1　气冷涡轮

还有一种冷却气体从工作轮叶片体内流过，从叶尖排出的冷却方式。它在叶片中间沿半径方向有一组大小不同、形式不同的小孔，使冷却气体流过以带走叶片的热量，冷却气体的排出除靠冷却气体本身的压力外，还可借离心现象甩出，增加了流动速度，改善冷却效果。此外，这些被甩出的气体以较大的速度垂直地冲向机匣内壁，形成一层好像防止沿径间间隙漏气的封严层一样，起到了阻止主流的漏气和潜流的作用。所以这种冷却方式对不带冠的叶片减小二次损失有好处。

发散冷却的冷却气体是均匀地从叶片多处流出的，对主流流动虽无本质的影响，但主流的燃气与叶片不能直接接触，好像燃气是经过"气体叶栅"流动，燃气流经这样的叶栅当然与流经金属叶栅时的流阻不同，所以流动损失会增加一些。

在计算冷却涡轮的效率时，要考虑以上所有因素是十分困难的，根据现有冷却涡轮损失的统计数据，可以认为由于冷却中附加的能量消耗，涡轮效率要降低 1.5%～3.0% 或更多些，取决于 $(\dot{m}_{cl}/\dot{m}_a)\%$ 的大小。因此，在冷却涡轮气动计算中应该采用比不冷却涡轮效率 η_T^* 较小的效率 $\eta_{T冷}^*$，在初步计算中可应用如图 15-2 所示的经验曲线估算冷却涡轮的效率 $\eta_{T冷}^*$。

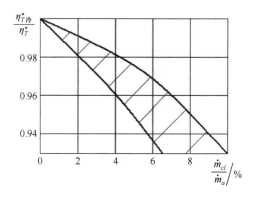

图 15-2 冷却涡轮的效率

思考题和习题

1. 涡轮为什么能向外做功？它必须具备什么条件？
2. 在涡轮中为什么要把喷嘴环安置在工作轮前面？
3. 试用热焓方程和伯努利方程分析喷嘴环和工作轮中的能量转换过程。
4. 试将压气机和涡轮做一比较，找出它们的共性和特性。
5. 什么叫作涡轮膨胀过程的再生热？
6. 决定涡轮基元级速度三角形的主要参数有哪些？
7. 涡轮的"反力度"概念和压气机的"反力度"概念是否一样？如何计算涡轮的运动反力度？
8. 在焓熵图上面画出零反力度的涡轮基元级中气流的膨胀过程。
9. 什么叫作涡轮叶栅的工况马赫数，临界马赫数，阻塞工况马赫数？
10. 什么叫作涡轮叶栅的极限负荷工况？
11. 涡轮叶栅流场是怎样随栅后反压变化的？
12. 涡轮喷嘴环和工作轮出口的气流速度如何计算？
13. 涡轮基元级的流动损失是由哪几部分组成？它和压气机基元级的是否完全一样？
14. 当喷嘴环和工作轮处于亚临界和超临界时，如何计算气流的流出角 α_1 和 β_2？
15. 试比较等环量压气机叶片和等环量涡轮叶片的异同。
16. 涡轮级的流动损失和压气机级的流动损失是否一样？

17. 什么是"二次损失"？一般用什么系数考虑二次损失？
18. 试分析影响涡轮功率的因素。
19. 试分析喷嘴环气流出口角 α_1 的大小与叶片长短的关系。
20. 在什么情况下采用多级涡轮？
21. 在多级涡轮中，各级轮缘功应如何分配？
22. 为什么说多级涡轮效率一般比单级涡轮效率高？
23. 怎样表示涡轮的特性？
24. 试分析说明单级涡轮特性的变化。
25. 多级涡轮特性的特点是什么？
26. 转动喷嘴环为什么可以调节涡轮特性？
27. 涡轮冷却气流对涡轮效率有什么影响？
28. 已知燃气流过涡轮叶栅时，$\alpha_1 = 25°$、$C_1 = 560\text{m/s}$、$T_1 = 920\text{K}$、$T_2 = 860\text{K}$、$U = 340\text{m/s}$、$C_{1a} = C_{2a}$，并已知燃气 $k' = \dfrac{C_p}{C_v} = 1.3$，$R' = 287\text{J/(kg·K)}$，试求：

    (1) 喷嘴环中之总焓的大小及其变化；
    (2) 工作轮中的相对总焓的大小及其变化；
    (3) 工作轮出口的相对速度 W_2；
    (4) 工作轮进出口的绝对总焓变化；
    (5) 喷嘴环进口至工作轮出口绝对总焓变化；
    (6) 轮缘功 L_u；
    (7) 运动反力度。

29. 在 h-S 图、T-S 图、P-V 图上表示涡轮中的气流膨胀过程（包括等熵过程和多变过程），并说明图上各小块面积（或线段）所表示的意义。
30. 某台发动机转速 $n = 11150\text{r/min}$，第一级涡轮平均直径 $D_m = 543\text{mm}$。在叶中截面处，动叶叶栅进口绝对速度 $C_1 = 491\text{m/s}$，$\alpha_1 = 25°31'$，求动叶叶栅进口相对速度 W_1 的大小和方向。
31. 某涡轮级的轮缘功 $L_u = 250\text{kJ/kg}$，且中径处的下列参数为已知：$\alpha_1 = 28°$，$\bar{H}_T = 1.5$，$\Omega_T = 0.3$，$C_{1a} = C_{2a}$，试画出该中径上的速度三角形。
32. 某涡轮级的喷嘴环的 $\varphi = 0.96$，$P_Z^*/P_1 = 1.8$，$T_Z^* = 1100\text{K}$，试求：

    (1) 出口速度 C_1；
    (2) 喷嘴环中的动能损失。

33. 已知某涡轮工作轮进口处的燃气温度 $T_{1r}^* = 1050\text{K}$，相对速度 $W_1 = 300\text{m/s}$，$\psi = 0.94$，落压比 $P_1/P_2 = 1.4$，且 $U_1 = U_2$，试求涡轮后的静温 T_2（$k' = 1.33$）。
34. 某单级涡轮中径基元级反力度为零，$U_1 = U_2$，$C_{1a} = C_{2a}$，排气方向为轴向，并已知 $\alpha_1 = 30°$，试画出气流流过该基元级的焓熵图、速度三角形和叶型的大致情况，并计算气流经过工作轮叶栅时的转角。
35. 如果通过某涡轮的燃气流量 $\dot{m}_g = 50\text{kg/s}$，中径处 $C_1 = 500\text{m/s}$，$C_2 = 300\text{m/s}$，反力

度 $\Omega_T = 0.5$，试求该涡轮的功率（$\delta_{se} = 0.97$）。

36. 一个单级涡轮，进口总温 $T_1^* = 1200K$，出口总温 $T_2^* = 935K$，涡轮效率 $\eta_T^* = 0.89$，$\delta_{se} = 0.97$，进口总压 $P_1^* = 5.4 \times 10^5 Pa$，试求：
   （1）涡轮功 L_T；
   （2）涡轮出口总压。

37. 单级涡轮设计膨胀比 $\pi_T^* = 1.9$，出口燃气马赫数为 0.47，试求该涡轮级所能达到的最大膨胀比及其涡轮功储备。

参 考 文 献

[1] BATHE W W. Fundamentals of gas turbine[M]. Hoboken：John Wiley and Sons，1984.

[2] 西北工业大学，南京航空学院，北京航空学院.航空燃气涡轮发动机原理[M].北京：国防工业出版社，1981.

[3] CUNPSTY N A. Compressor aerodynamics[M]. London: Longman Group UK Limited, 1989.

[4] WALSH P, FLETCHER P. Gas turbine performance[M]. Oxford: Blackwell Science Ltd, 1998.

[5] 刘大响，陈光. 航空发动机——飞机的心脏[M]. 北京：航空工业出版社，2003.

[6] HAWTHRONE W R. Aerodynamics of turbines and compressors[M]. London：Oxford University Press，1964.

[7] 利布因，施文克，布罗德里克. 确定轴流压气机基本叶栅中损失和极限叶片负荷的扩压因子[J]. 舰船透平锅炉，1978(1):32.

[8] 德甲 L S. 叶栅流的研究[M]. 北京：国防工业出版社，1978.

[9] GOSTELOW J P. Cascade aerodynamics[M]. London: Fergamon Press，1984.

[10] 国外航空部. 超跨音速压气机文集(第三辑)[C]. 北京：国外航空编辑部，1977.

[11] ABBOTT I H , DOENHOFF A , STIVERS L S. Summary of airfoil data[R]. Washington：NACA, 1945.

[12] HERRIG L J，EMERY J C，ERWIN J R. Systematic two-dimensional cascade tests of NACA 65-series compressor blades at low speeds: NACA TT3916[R]. Washington：NACA, 1957.

[13] HOBBS D E. Development of controlled diffusion airfoils for multistage compressor applications[J]. Journal of Engineering for Gas Turbine and Power，1984,106(2):271-278.

[14] DUNKER R. Design and performance analysis of a transonic axial compressor stator and equivalent plase cascade with subsonic controlled diffusion blades[J]. Journal of Engineering for Gas Turbine and Power，1984,106(2):279-287.

[15] REHLKE R F. The development of a second-generation of controlled diffusion airfoil for multistage compressors[R]. New York：ASME , 1985.

[16] 特雷申科. 压气机叶栅的空气动力学[M]. 北京：机械工业出版社，1984.

[17] 吴国钏，庄表南，郭秉衡. 串列叶栅在航空发动机中的应用[J]. 国外航空，1979(4):15-18.

[18] 吴国钏. 压气机静子串列叶栅的试验研究（总结报告）[R]. 南京：南京航空学院，1984.

[19] WU C H. A general theory of three-dimensional flow in subsonic and supersonic turbomachines of axial，radial and mixed-flow types[R]. New York：ASME, 1952.

[20] WU C H. Three-dimensional turbomachines flow equations expressed with respect to nonorthogonal curvilincar coordinates and methods of solution[R]. Beijing：Chinese Academy of Sciences，1979.

[21] 张惠民. 叶轮机械中的三元流理论及其应用[M]. 北京：国防工业出版社，1984.

[22] 斯捷奇金. 喷气发动机原理（叶片机）[M]. 北京：国防工业出版社，1958.

[23] 秦鹏. 轴流式压气机气动设计[M]. 北京：国防工业出版社，1975.

[24] 张惠民. 航空叶轮机原理[M]. 南京：南京航空学院，1964.

[25] KEREBROCK J L. Aircraft engines and gas turbines[M]. Boston：The MIT Press，1977.

[26] 左东启. 模型试验的理论和方法[M]. 北京：水力电力出版社，1984.

[27] DAY I J，CUMPSTY N A. The measurement and interpretation of how within rotating stall in axial compressors[J]. Journal of Mechanical Engineering Sciences，1978, 20(2):101-114.

[28] DAS D K. An experimental study of rotating stall in a multistage axial-flow compressor[J]. Journal of Engineering for Gas Turbine and Power，1984, 106(3):542-551.

[29] GREITZER E M. Surge and rotating stall in axial flow compressors[J]. ASME，Journal of Engineering for Power，1976, 98(2):190-198.

[30] NASA. Multistage compressor simulation applied to the prediction of axial-flow instabilities[R]. Washington：NASA，1969.

[31] MILNER E J. Analytical prediction of the performance and stability of a J85-B compressor with distortion inlet flow[R]. Washington：NASA, 1977.

[32] 刘大响，叶培梁，胡骏，等. 航空燃气涡轮发动机稳定性设计与评定技术[M].北京：航空工业出版社，2004.

[33] 南京航空学院. 进口为稳态周向总压畸变时压气南失速裕度的估算[R].南京：南京航空学院，1982.

[34] STETSAN H D. Designing for stability in advanced turbine engines[J]. International Journal of Turbo and Jet Engines，1984, 1(3):1-11.

[35] 《航空发动机设计手册》总编委会. 航空发动机设计手册（第八分册）[M]. 北京：航空工业出版社，2000.